見てわかる
Unity6
超入門

Tuyano SYODA
掌田津耶乃 著

●サンプルについて

本書で使用するサンプルのスクリプトは、以下の秀和システムのWebページのURLからダウンロードできます。

https://www.shuwasystem.co.jp/support/7980html/7432.html

●注　意

1. 本書は著者が独自に調査した結果を出版したものです。
2. 本書は内容において万全を期して制作しましたが、万一不備な点や誤り、記載漏れなどお気づきの点がございましたら、出版元まで書面にてご連絡ください。
3. 本書の内容の運用による結果の影響につきましては、上記2項にかかわらず責任を負いかねます。あらかじめご了承ください。
4. 本書の全部または一部について、出版元から文書による許諾を得ずに複製することは禁じられています。

●商標等

・本書に登場するシステム名称、製品名は一般に各社の商標または登録商標です。
・本書に登場するシステム名称、製品名は一般的な呼称で表記している場合があります。
・本文中には©、™、®マークを省略している場合があります。

はじめに

3Dゲームが作りたい！

　3Dゲームが作りたい。3Dでバリバリと動くゲームが。でもプログラミングはわからない。イラストやデザインのセンスもない。お金もない。才能も多分ない。でも、作りたい！ 自分で3Dゲームを作りたい！

　こんな世界中の「3Dゲームを作りたい！ でも作れる自信はまるでない」という人のためにあるのが「Unity」です。Unityは、誰でも本格的な3Dゲームを作れる画期的なツールです。とりあえずMacとWindowsがひと通り使えれば、3Dゲームを作ることができます。センスがない？ お金がない？ 才能もない？ 大丈夫、無問題。そんな三無人間が大勢、Unityでゲームを作っているんです。Unityならできるんです、これが。

　Unityには、とにかく3Dゲームを作るための膨大な機能が詰まっています。何の準備もなくいきなり始めようとすると、まず間違いなく膨大な機能に飲み込まれてしまうことでしょう。

　そこで本書では、Unityでゲームを作るのに必要な最低限の機能に絞り、「これだけ覚えれば、とりあえずゲームを作れるようになる」ということだけを取り上げ説明しています。

　そういう「超入門」書なので、Unityのすべてを網羅してはいません。高度な機能には一切触れていませんし、スクリプトなど本格的にやるなら改めてきちんとした解説書が必要となります。けれど、最後まで読めばちゃんと3Dでバリバリ動くミニゲームが完成します。そして多分、「じゃあ自分でも作ってみるかな」と思ったときも、「これを作るにはこれを使う」「これを実現するにはこいつが必要」という、ゲーム作りに最低限必要なものもちゃんと頭に入っているはずです。

　「3Dゲーム」という広大な海に飛び込む前の準備運動。本書でできるのはそれだけです。まずは、しっかり準備運動をしましょう。そして後は、飛び込むのみ！

※本書は、2015年7月に出版された「見てわかるUnity5ゲーム制作超入門」の改訂版です。最新のUnity6へ対応し、本格アプリを作る上で必要となる機能を精査して内容を大幅に変更しました。

2025.2 掌田津耶乃

Contents 目 次

はじめに III

Chapter 1 Unityを準備しよう

1-1 Unityをインストールしよう 2

Unityってなに？ 2
必要なものは決して多くない 4
Unityを手に入れよう！ 5
Unityをインストールする(macOS) 7
Unityアカウントでサインインする 8
Unityをインストールする 10
プロジェクトを作成しよう 14

1-2 Unityエディターの基本を覚えよう 17

エディターウィンドウの基本構成を頭に入れよう 17
エディターウィンドウの操作 21
実際に3DCG部品を配置して覚えよう 24

Chapter 2 最初にやること：シーンとゲームオブジェクト

2-1 シーンとゲームオブジェクト 26

シーンについて 26
シーンに用意されているもの 29
立方体のゲームオブジェクトを作る 31
移動ツールでキューブを動かす 33
回転ツールで向きを変える 34
シーンを保存しよう 36

2-2 インスペクターと設定項目 38

インスペクターをマスターしよう！ 38
名前と表示のON/OFF 38
タグについて 39
レイヤーの設定 41
Transform（トランスフォーム）について 42
メッシュフィルター（Mesh Filter)について 43

| 目 次 | Contents |

メッシュレンダラー（Mesh Renderer）について 45
コライダー（Collider）について 48

2-3 さまざまなゲームオブジェクトを作ろう 49

さまざまなゲームオブジェクトを使おう 49
スフィアは「球」のオブジェクト 50
カプセルを作る「カプセル」ゲームオブジェクト 52
シリンダーによる円筒形ゲームオブジェクト 54
二次元の平面を作成する「平面」 55
もう1つの平面「クアッド」 58
ゲームオブジェクトを組み合わせる 60

Chapter 3 3Dゲームのための基礎知識：ライトとカメラ

3-1 ライトをマスターしよう 66

シーンを用意する 66
ライトの設定について 67
タイプとモード 67
放出について 68
レンダリング 70
影の設定 71
4つあるライトの種類 72
決まった方向から世界を照らす「ディレクショナル」 74
ポイントライトについて 75
スポットライトについて 78
エリアライトについて 81
エリアライトをベイクする 83

3-2 ライティング環境を補佐する機能 88

ライティングに関する機能はまだまだある 88
スカイボックスを利用しよう 88
フォグについて 93
モデルに光源を設定する 95
ハローの利用 97
レンズフレアについて 101

3-3 カメラをマスターしよう 104

カメラの設定について 104
「Camera」のインスペクター 105
環境設定について 110
複数カメラの利用 112
優先度を調整する 114

Contents 目 次

アクティブ状態を操作する 115
ターゲットディスプレイの調整 115
複数カメラを同時に表示する 117
オーバーレイでカメラを重ねる 118
本格的な活用にはプログラミングが必要 120

Chapter 4 ゲームオブジェクトの表示の基本：マテリアルとシェーダー

4-1 マテリアルを作ろう 122

マテリアルは「表面」の情報を管理する 122
マテリアルを作ろう！ 124
マテリアルのインスペクター 125
サーフェスオプションを理解しよう 127
基本は「ベースマップ」 128
マテリアルを使おう 132

4-2 マテリアルのサーフェス設定 135

メタリックのサーフェス入力 135
鏡面（Specular）について 136
透明について 139
ブレンドモードについて 141
光の放出 143

4-3 AIでテクスチャーを作ろう 146

マテリアルとテクスチャー 146
生成AIとイメージ生成AIを組み合わせる 147
テクスチャーを表示するマテリアル 150
テクスチャーを調整する 151
石畳のマテリアルを作る 152
法線マップについて 156
ハイトマップの利用 160
オクルージョンマップ 162
応答を調整したマテリアルの完成 162

4-4 シェーダーグラフを使おう 163

シェーダーグラフとは？ 163
シェーダーグラフを作る 164
シェーダーエディターを開く 165
ノードの作成 168
シェーダーグラフを使うマテリアルを作成する 171
プロパティを利用しよう 173

| 目 次 | Contents |

位置の値を操作する 175
ノードを接続して完成する 177
シェーダーグラフを利用する 178
位置の値を操作する 179
往復する周期を変える 182
シェーダーグラフは奥が深い！ 183

Chapter 5　思い通りの世界を作る： 地形でシーンの世界を作ろう

5-1　地形を作ろう 186

「地形」とは？ 186
アセットストアで地形の部品を手配する 186
無料の地形データを検索する 188
地形作成のシーンを作ろう 193
地形を作成しよう 193
Terrain Tools について 194
地形のマテリアルを設定しよう 197
山の頂上に雪を積もらせよう 200

5-2　草原を作ろう 202

草原に植物を植えよう 202
Paint Details で植物を描く 203
草のテクスチャーを編集する 207
草のテクスチャーと詳細マスク 208
Bush_A ディテールを配置する 211
草のテクスチャーとディテールの使い分け 213

5-3　樹木を植えよう 214

Tree Collection Pack を追加する 214
樹木のシェーダーを設定する 216
森や林を作ろう 220

5-4　樹木を作ろう 224

樹木はゲームオブジェクト！ 224
インスペクターの設定を調べよう 225
枝グループを作成する 228
葉グループを作成する 230
枝のマテリアルを修正する 232
葉のマテリアルを修正する 235
完成した樹木を確認する 237

VII

| Contents | 目 次 |

Chapter 6 オブジェクトや効果を動かす： アニメーションとパーティクル

6-1 アニメーションの基本 240

ゲームオブジェクトとアニメーション 240
新しいシーンを用意する 240
「アニメーション」パネルを開こう 243
キューブのアニメーションを作成する 243
キューブを回転させよう 245
アニメーションを動かそう！ 246
「カーブ」の表示について 248
位置を操作する 249
マテリアルのカラーを操作しよう 251

6-2 アニメーションコントローラー 253

アニメーションクリップとアニメーションコントローラー 253
「Animator」コンポーネントについて 254
アニメーションクリップの設定 255
アニメーションコントローラーって？ 256
新しいアニメーションクリップを用意する 256
「アニメーター」パネルを編集しよう 258
動作を確認しよう 259

6-3 パーティクルシステム 261

パーティクルシステムってなに？ 261
パーティクルシステムを作ろう 262
「パーティクル」パネルについて 263
パーティクルシステムと回転 264
インスペクターの項目について 266
Particle System について 267
数値変化の方式について 271
パーティクルエフェクトを編集する 272
グラフを変更する 273
「放出」でブワッ！と噴き出す 275
形状で噴き出す形を調整しよう 276
色に関する設定について 278
テクスチャーを設定する 280
パーティクルシステムのレンダラーを設定する 282

| 目 次 | Contents |

Chapter 7 ゲームの世界を支える技術： 物理演算とヒューマンモデル

7-1 物理演算で動かそう 284

物理演算は「重力」を計算する 284
物理演算を使ったボール 285
リジッドボディを追加する 286
Rigidbody の設定を確認！ 288
コライダー（Collider）について 289
コライダーの設定について 290
衝突を試そう 292
物理的な性質を確かめよう 294
物理マテリアルを作ろう 295
物理マテリアルを設定しよう 297
本格活用はプログラミングで！ 299

7-2 ヒューマンモデルを使おう 300

ヒューマンモデルのサンプル 300
アセットストアからロボットをインストールする 300
プレイグラウンドを動かそう 303
シーンを実行してキャラクターを動かそう 305
シーンにキャラクターを配置しよう 306
アニメーションの設定を確認する 308
Animator の設定 309
Character Controller の設定 310
Third Person Controller の設定 310
Starter Assets Input の設定 311
ヒューマンモデルのアニメーションコントローラー 312
コントローラーを開く 313
ヒューマンモデルの動作はパラメーター次第 316

Chapter 8 オブジェクトを操作する： スクリプトプログラミング

8-1 スクリプトを使おう 320

スクリプトの仕組み 320
ゲームシーンを用意しよう 323
スクリプトを追加する 325
Visual Studio を開こう 327
MoveSphere のスクリプトをチェック！ 329

IX

| Contents | 目　次 |

8-2　スクリプトでオブジェクトを動かそう 333

Update イベントでオブジェクトを操作する 333
AI と相談しながらコードを作ろう 333
AI にコードを生成させる. 334
スフィアを移動させよう. 335
Translate メソッドを覚えよう！ 336
オブジェクトを回転する基本を覚えよう 338
スクリプトのプロパティについて 341
相対的な移動は？ 341
モデルを右向きに回そう 342
相対的な位置の示し方 344
指定の位置に移動する 345
指定場所に移動する処理は？ 346
わからないときは AI に訊こう 347

8-3　インタラクティブな操作 348

矢印キーで動かす！ 348
スクリプトの働きを整理しよう 350
物理演算の場合の動かし方. 351
球を押して転がそう 352
マウスクリックでジャンプする 357
衝突判定について 360
タグの設定を行う 361
衝突判定のスクリプトを作る 362
基本の操作ができれば、何か作れる！ 366

Chapter
9

ゲーム作りのテクを学ぼう：
UI を覚えてゲームを作ろう

9-1　UI を表示しよう 368

いくつもある、Unity の UI ！ 368
エディターウィンドウを作成する. 369
Visual Studio で UI のファイルを確認する 370
UI Builder でデザインする 373
スタイルを設定する 374
UI をシーンに配置する 375
ボタンを配置しよう 376
ボタンにスタイルを追加しよう 377
SampleUI.cs のスクリプト 379
シーンで UI を実行しよう 383

| 目 次 | Contents |

9-2 ミニゲームを作ろう！ 386

迷路を駆け抜けろ！ 386
ゲームのシーンを作る 388
プレイヤーを配置する 392
ゴールを用意する 394
動作を確認しよう！ 395
アニメーションで動く敵キャラを作る 395
アニメーションで動く壁を作る 398
スクリプトで動く敵キャラ 399
タグを作成する 399
敵キャラのスクリプトを作成する 401
スタートシーンを作ろう 402
スクリプトを作って組み込む 404
ゴールシーンを作ろう 407
スクリプトを作って組み込む 408
プレイヤーのスクリプトを作る 409
ビルドの準備を行う 412
ビルドプロファイルの設定 414
ビルドの実行 415
プラットフォームを追加する 417
完成したら動作をチェック！ 419

あとがき 421
索 引 422
プロフィール 427

Chapter 1

Unity を準備しよう

ようこそ、Unity ワールドへ！
まずは、Unity というのがどういうものか理解し、
実際にゲーム作成を開始できるところまで準備をしていきましょう。

Chapter 1 Unityを準備しよう

Section 1-1 Unityをインストールしよう

Unity ってなに?

Unity（ユニティ）。名前は耳にしたことはあるけれど、具体的にどういうものかよくわからない、という人はきっと多いことでしょう。皆さんは、どんなものを想像していますか？

「3DCGゲームを作るものだろう」

そう思った人。よくご存知ですね。確かに、Unityは「3DCGゲームを作るためのもの」です。けれど、もし、「3DCGゲームを作る」ということを「デスクトップアプリを作る」とか「スマホのアプリを作る」と同じようなものと考えていたなら、それは間違いです。

膨大なファイルの中から、さまざまな設定情報やデータを探して編集し、複雑な処理を行うための何百行ものコードをゴリゴリと書いていく。そんなものをイメージしていたなら、それはまったく違います。

Unityの作業は、どちらかというと「グラフィックツールでイラストを描く」というのに近いのです。マウスで自分がイメージする3Dのコンピュータ・グラフィックを作成していく。そしてそれらを作ったところで、少しだけグラフィックを操作するためのコードを書く。Unityの作業は、そんな感じです。「ツールを使ったビジュアルの作成が8割」「コードの作成が2割」とイメージするとよいでしょう（もちろん、作るゲームの規模や難易度によってその比率は変化しますが）。

3DCGエンジンとエディター

「それじゃあ、Unity っていうのは一体何なんだ？ 開発ソフトではないのか？ 3DCGの作成ツールなのか？」

そう思った人。それもまた、ちょっと違います。Unityというのは何なのか？ それは、「3DCG（3D Computer Graphics）ゲームエンジン」というものなのです。

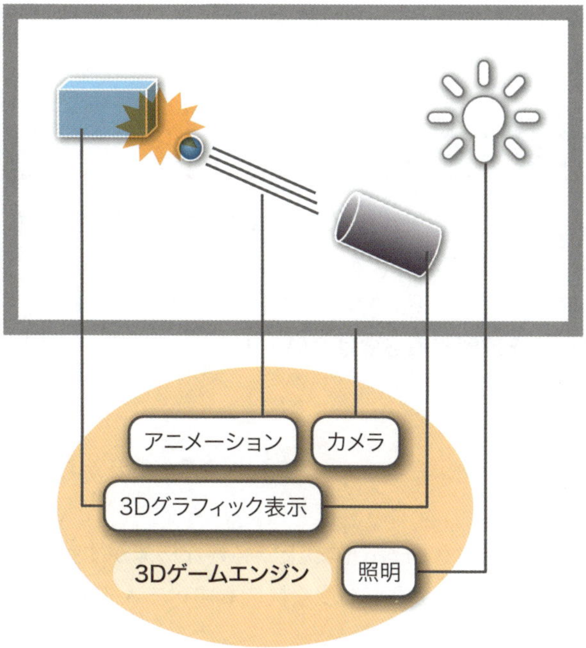

Unityをインストールしよう | 1-1

図 1-1 ゲームエンジンは、3DCGの表示や操作のためのさまざまな機能を提供する、ゲームプログラムの中心となるものだ。

　3DCGゲームエンジンというのは、文字通り、「3DCGゲームを動かすためのエンジン」です。3DCGゲームというのは、3Dのグラフィックを用意し、それをアニメーションさせて動かし操作します。これには膨大な計算処理が必要となるのです。このため、3DCGゲームを作ろうとすると、2次元とは比べものにならないほどのコストがかかってしまいました。

　ゲームエンジンは、3DCGを操作する基本機能を提供します。3DCGを表示したり動かしたりアニメーションしたり、そうしたさまざまな操作を実行するための機能を提供してくれるのです。

　もちろん、それら「3DCGを動かす機能」だけではゲームは作れません。3DCGのモデルを設計するにも、それをシーンに配置したりアニメーションしたりするにも、そのための専用のツールが必要です。

　そこでUnityは、3DCGゲームを作るための専用のエディターを用意し、それを使って誰でもゲーム設計ができるようにしました。専用エディターは、マウスを使ってさまざまな3DCGやシーンを作成していけます。また、3DCGを操作するためのプログラミングも、専用のツール（これはUnity内蔵のものではなくて別途用意します）を使って編集できます。

　そうして作成したゲームのための部品を統合し、実際に動くアプリを作る。そのために必要なものをすべて揃えたのが「Unity」です。整理するなら、Unityとはこういうものです。

3DCGゲームのエンジン＋3DCGのエディター＝Unity

Chapter 1 | Unityを準備しよう

「ゲームエンジン」と「ゲームを作る専用エディター」が融合したソフト、それがUnityなのです。

必要なものは決して多くない

では、さっそくUnityをインストールして……といいたいところですが、その前にちょっとだけ皆さんの頭に入れておいてほしいことがあります。それは、

「ゲームを作るのに、Unityのすべてを理解する必要はない！」

ということです。

Unityの画面に表示されるツールやアイコン、メニュー。それらを「全部わからないといけない」とは思わないでください。

Unityは非常に強力なツールです。3DCGゲームを作る上で必要な機能がすべて揃っているのです。それは、裏を返せば「普段使わないような高度な機能もすべて入っている」ということなのです。

本当に必要な知識は全体の1割

皆さんの目標は、「とりあえず何か動くゲームが作れるようになること」といったところではないでしょうか。もちろん、「フォートナイトをはるかに超える作品を作りたい」と内心では思っているかもしれませんが、とりあえずの目標としては「手頃な部品を寄せ集めてちょこちょこっと動くゲームみたいなものを作る」というあたりでしょう。

そのために必要なもの、覚えなければいけない機能や使い方というのは、実はUnity全体のせいぜい1～2割程度なのです。残る部分は「別に今は知らなくてもいい」というものなのです。

ほとんどの機能は、「基本的な3DCGを作って動かすだけ」なら使わないものです。もっと凝った本格的なビジュアルや動きを作ろうとしたときに初めて必要となるものであって、最初から覚えないといけないものではないのです。

ですから、たくさんのツールやアイコンやメニューがUnityには表示されているけれど、「9割は別に知らなくてもいいのだ」と考えてください。「ほとんどの機能は知らないし使い方もわからないけど、それでもゲームはちゃんと作れるのだ」と考えましょう。

本当に必要なのは「作る喜び」

「ゲームを作成する」ということを学習していくとき、もっとも大切なことは、「とにかくたくさんの知識を身につける」とか、「難しい概念を理解する」とかいったことではないのです。もっとも大切なのは、「ゲーム作りを通じて、さまざまな体験をすること」です。

知識や技術は、ずっとやり続けていれば時間とともに少しずつ身についてきます。では、「ずっとやり続ける」にはどうすればいいのでしょう？ それは、「ゲーム作りがどんなに楽しいことか」を知っている、ということなのです。

自分の作ったゲームが動いた！

この感動を知らずして、ゲーム作りを続けていくことなんて絶対にできません。作る喜びを知らない人間に、ものを作ることはできません。このことだけは断言できます。

逆にいえば、その体験があれば、他はなんとでもなるのです。その他の知識や技術は、ずっとやり続けていればいずれ必ず身につきます。もちろん、人によって時間がかかる人もそうでない人もいるでしょうが、重要なのはそこではないのです。

知識は、必要最低限でいいのです。Unityであなたが身につけるべきものは、知識ではありません。「作る喜び」です。

これからこの本を読み進めていけば、たくさんの「知識」が登場してきます。おそらく途中で「こんなに覚えきれないよ」とか、「こんなにたくさん覚えないといけないのでは自分には無理だ」と感じることもあるでしょう。

そんなときには、思い出してください。「重要なのは、知識ではない」ということを。「知識を身につけることが自分の目的ではない」ということを。あなたの目的は「ゲームを作ること」です。そのために、いくらかの知識は必要だから学んでいるのであって、「学ぶこと」が目的なのではありません。

学習を始めるにあたって、どうかこの一番大切なことだけは忘れずにいてください。

Unityを手に入れよう！

では、さっそくUnityを手に入れましょう。Unityには有料から無料までいくつかのプランが用意されています。個人が学習目的で利用するのであれば「Unity Personal」と呼ばれる無償プランが使えます。

この無償版は、いわゆるデモ版のように期限が来たら使えなくなるようなものではなく、ずっと使い続けられます。また「無償版だから使える機能がざっくり削られている」などということもありません。有料版とほぼ同じ機能を使えます。個人でちょっと何か作ってみたいなら、無料版で十分でしょう。

Chapter 1 | Unityを準備しよう

では、Webブラウザを開き、Unityのダウンロードページにアクセスしてください。URLは以下になります。そして「ダウンロード」ボタンをクリックしてファイルをダウンロードしましょう。

https://unity.com/ja/download

図1-2 ダウンロードサイト。

Unity Hubのインストール

ここでダウンロードされるのは、Unity本体ではなく「Unity Hub」というソフトウェアのインストーラです。このインストーラを起動し、インストールを行います。Windowsの場合、インストーラを起動し以下の手順でインストールを行います。

● 1. ライセンス契約書

起動して現れたウィンドウに「ライセンス契約書」と表示されます。そのまま「同意する」ボタンをクリックしてください。

図1-3 ライセンス契約書。「同意する」ボタンを選ぶ。

● 2. インストール先

「インストール先を選んでください」と表示が現れます。これもデフォルトのまま「インストール」ボタンをクリックしてください。インストールが開始されます。

図1-4 インストール先の指定。そのまま「インストール」を選ぶ。

● 3. インストールの完了

しばらく待っているとインストールが完了します。「Unity Hubを開く」というチェックをONにしたまま「完了」ボタンでインストーラを終了してください。

図1-5 終了したら「完了」ボタンで終える。

Unityをインストールする（macOS）

macOSユーザーの場合には、ダウンロードされるのはディスクイメージファイル（.dmg拡張子のファイル）になります。ファイルをダブルクリックすると、「Unity Terms of Service」という画面が現れます。これは、Unityの利用規約です。下にある「Agree」ボタンをクリックしてください。

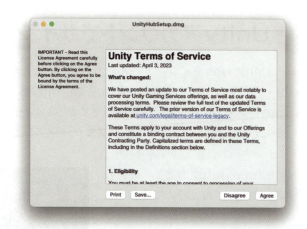

図1-6 「Unity Terms of Service（利用規約）」画面が現れる。「Agree」ボタンをクリックする。

Chapter 1 | Unityを準備しよう

　これでディスクイメージがマウントされます。この中には、「Unity Hub」というアプリと、アプリケーションフォルダーのエイリアスがあります。インストールは「Unity Hub」アプリのアイコンをアプリケーションフォルダーにドラッグ＆ドロップしてコピーするだけです。

図1-7 「Unity Hub」のアイコンをアプリケーションフォルダーにドラッグ＆ドロップする。

Unityアカウントでサインインする

　Unity Hubをインストールしたら、これを起動しましょう。Windowsの場合、インストーラを終了すると自動的にUnity Hubが起動します（しない場合は、「スタート」ボタンからUnity Hubを検索し、起動してください）。macOSでは、アプリケーションフォルダーからUnity Hubのアイコンをダブルクリックしてください。

　Unity Hubが起動し、最初の画面が現れます。初めて使うときは、「サインイン」というボタンが表示されているでしょう。Unity Hubでは、最初にUnityアカウントでサインインします。

（※以後の説明はWindows版をベースに行います。macOS版の場合も基本的な機能は同じです。また利用するバージョンやエディションなどによっては表示が英語になっていることもあるかもしれませんが、機能そのものは変わりないので日本語に翻訳しながら使ってください）

図1-8 Unity Hubの起動画面。

「サインイン」ボタンをクリックして、サインインを行います。画面に、メールアドレスとパスワードを入力するフォームが現れます。すでにUnityのサイトでアカウントを持っている人は、そのアカウント情報を記入しサインインしてください。

まだ持っていない場合は、「IDを作成」リンクをクリックしてアカウントの作成ページにアクセスすることもできますが、Googleアカウントなどを利用すればすぐにサインインできます。Google、Apple、Facebookなどのアカウントが利用可能です。フォーム下部にあるアイコンをクリックしてサインインしてください。

図1-9 サインインのフォーム。下部のアイコンでGoogleやAppleのアカウントでサインインできる。

アカウントによっては、携帯電話に認証コードが送られたりするものもあります。このあたりは利用するアカウントによって手順が変わります。選択したアカウントの指示に従って作業してください。

サインインすると、「Unityは更新を行いました」というアラートが表示されるでしょう。これは、Unityの利用規約が更新された場合に表示されます。これが表示されたら、そのまま「承認」ボタンを押して閉じてください。

これでサインインが完了します。アカウントのサインインにWebページが開かれていた場合は、これを閉じてUnity Hubに戻ってください。

図1-10 利用規約の更新のメッセージが表示される。

| Chapter 1 | Unityを準備しよう

Unityをインストールする

　これでUnity Hubが使える状態になりました。このアプリは、2つの表示エリアで構成されています。左側に表示内容を切り替えるメニューリストがあり、そこで選択した内容が右側の広いエリアに表示されます。

図1-11 Unity Hubの起動画面。

　デフォルトでは、「プロジェクト」という項目が表示されているでしょう。これは、Unityで作成したプロジェクトを管理するものです。まだ何も作ってはいませんから、ここには何も表示されません。

エディターのインストール

　Unity Hubで最初に行うのは、「Unityエディターのインストール」です。「Unityエディター」というのは、Unityでゲームを編集するための専用アプリです。Unityのゲーム開発は、このエディターを使って行います。このUnityエディターが、「Unityの本体」だと考えていいでしょう。ゲーム作りのほぼすべてはこれを利用して行いますから。

　では、Unity Hubウィンドウの左側にあるリストから「インストール」を選択してください。これで、インストールしたエディターの管理画面が表示されます。もちろん、今はまだ何も表示されていないでしょう。ここでインストール作業を行います。

図1-12 「インストール」を選択してインストールしたエディターの管理画面を表示する。

● 1. エディターをインストール

ウィンドウ右上にある「エディターをインストール」ボタンをクリックしてください。画面に「Unityエディターをインストール」という表示が現れ、ここに利用可能なUnityのバージョンがリスト表示されます。

最新の「Unity6」というところに最新のエディターが用意されていますから、この「インストール」ボタンをクリックしてください。

図1-13 「Unity 6」のエディターをインストールする。

● 2. Unity Personalを取得

画面に「Unity Personalを取得」というメッセージが表示されます。これは、Unityのプランを取得するためのものです。デフォルトでPersonal版（無償版）のプランを選択するようになっているので、そのまま「同意する」ボタンをクリックしてください。これで、Personal版がインストールされます。

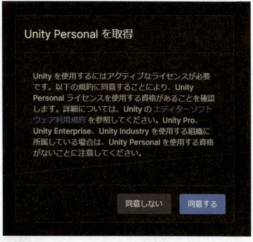

図1-14 「Unity Personalを取得」が表示されたら「同意する」を選ぶ。

3. インストール内容の設定

インストール内容が表示されます。Windowsの場合、「開発者ツール」というところに「Microsoft Visual Studio Community 2022」というものが選択されているでしょう。これは、UnityのプログラミングでつかうC#に関する機能がVisual Studioというツールを利用しているためです。すでにVisual Studioを持っているならこれはOFFにして構いません。そうでない場合はONにしておいてください。

図1-15 インストールする内容を設定する。

また、「プラットフォーム」というところには、アプリを作成するプラットフォームが一覧表示されています。デフォルトではすべてOFFのままです（つまり、どのプラットフォーム用のアプリも作れない状態）。

「言語パック」というところには、使用する言語に対応させるパッケージが用意されます。「日本語」が選択されています。もしOFFだった場合はONにしておいてください。他、「ドキュメント」に「Documentation」があり、これをONにすると説明のドキュメントがすべてインストールされます。

とりあえず、ここではデフォルトのまま（エディター本体、Visual Studio、日本語の言語パック）「続行する」ボタンをクリックしてインストールを行いましょう。これらのモジュール類は後から必要に応じて追加できますので、今すぐインストールする必要はありません。

4. Visual Studioの利用規約

「続行する」ボタンをクリックすると、「Visual Studio 2022 Community License Term」という表示が現れます。これは、Visual Studioの利用規約です。「上記利用規約を理解し、同意します」というチェックボックスをONにし、「インストール」ボタンをクリックしてインストールを開始します。

図1-16 Visual Studioの利用規約が表示される。

◉5. インストールを開始

インストールが開始されます。後はひたすら待ち続けるだけです。インストールする項目の左端にある▶をクリックすると、インストールされる項目が表示され、進行具合を把握できます。

図1-17 インストールを開始する。ひたすら待つだけ。

◉6. Visual Studio Installer

途中、「Visual Studio Installer」というものが起動します。これにより Visual Studio のインストールを行います。これは表示されたらそのままにしておいて構いません。インストール作業が終わったらそのまま Visual Studio Installer を終了してください。

図1-18 途中、Visual Studio Installer が起動し、Visual Studio 2022 Community がインストールされる。

◉7. ダウンロードを閉じる

すべてのモジュールがインストールされたら、「ダウンロード」という表示の右上の「×」をクリックして表示を閉じてください。これでインストールは完了です。

図1-19 インストール作業が完了したら、「×」をクリックして閉じる。

Chapter 1 | Unityを準備しよう

● 8. インストール完了

これで「インストール」の画面に戻ります。インストールしたUnity 6の項目が追加されているのがわかるでしょう。

他のバージョンを使いたい場合は、右上の「エディターをインストール」ボタンでいつでも追加できます。

図1-20 「Unity 6」エディターがインストールされた。

プロジェクトを作成しよう

これでUnityエディターが用意できました。では、さっそくUnityによる開発を行ってみることにしましょう。

Unityの開発は、「プロジェクト」というものを作成して行います。プロジェクトというのは、アプリに必要なさまざまなものをまとめて管理するものです。Unityでは、アプリの作成にはさまざまなものを用意する必要があります。3DCG関係のデータやイメージファイルの他、さまざまな設定ファイル、ソースコードファイルなど多くのファイルを組み合わせて作成していくのです。

これらはすべてまとめて管理し、アプリをビルドする際にはすべてが揃った状態で作成作業を行わないといけません。あちこちにファイルを配置していたら、それらは散逸してどこにあったかわからなくなるでしょう。そこでプロジェクトというものを用意し、ここですべてのファイルや情報を管理するようにしているのです。

では、Unity Hubの左側にあるリストから「プロジェクト」をクリックし、プロジェクトの管理画面に表示を切り替えてください。ここで新しいプロジェクトを作成します。

では、プロジェクトを作りましょう。プロジェクトの画面右上に見える「新しいプロジェクト」ボタンをクリックしてください。

図1-21 「新しいプロジェクト」ボタンをクリックする。

画面に、作成するプロジェクトの設定を行うための表示が現れます。ここでは以下のような項目が用意されています。

テンプレート	左端にある「すべてのテンプレート」というものが選択され、その右側にテンプレートの一覧リストが表示されます。ここから「Universal 3D」(デフォルトで選択されているもの)を選びます。
プロジェクト名	ここでは「My Sample」としておきます。
保存場所	デフォルトではホームディレクトリが選択されています。特に理由がない限り、このままにしておきます。
Unity 組織	組織を選択します。使用しているアカウントをもとに自動的に組織名が用意されているのでそのままにしておきます。
Unity Cloud に接続	Unityのクラウドサービスに接続をします。ONにしておきます。
Unity Version Controlを使用する	Unityのバージョン管理機能を使うためのものです。これはOFFにしておきます。

これらをひと通り設定し、右下の「プロジェクトを作成」ボタンをクリックしてください。

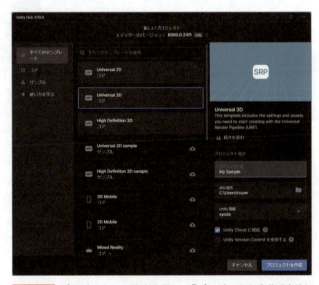

図1-22 プロジェクトの設定を行い、「プロジェクトを作成」ボタンをクリックする。

プロジェクトが作成され、「プロジェクト」の画面に追加されます。同時にUnityエディターが起動し、作成した「My Sample」プロジェクトが開かれます。

図1-23 「My Sample」プロジェクトが作成された。

Unityエディターが起動すると、「Unity Engine」と表示されたスプラッシュウィンドウ（起動中を表すウィンドウ）が表示されます。後は、ひたすらUnityエディターが起動するのを待つだけです。初回の起動にはかなり時間がかかるので慌てずに待ちましょう。

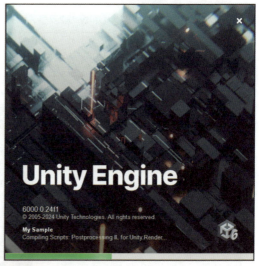

図1-24 Unityのスプラッシュウィンドウ。起動するまでひたすら待とう。

Chapter 1　Unityを準備しよう

Section 1-2　Unityエディターの基本を覚えよう

エディターウィンドウの基本構成を頭に入れよう

　プロジェクトを開き、しばらく待っていると、プロジェクトが開かれ、Unityエディターのウィンドウが表示されます。

　Unityの開発作業は、このエディターの使い方を覚えることからスタートします。エディターのウィンドウは、いくつかの小さなパネルが組み合わされたような形になっています。初期状態で表示されるのは以下のようなものになります。

- ツールバー
- ヒエラルキー
- シーン／ゲーム
- プロジェクト／コンソール
- インスペクター

　この他にもさまざまなツールが用意されているのですが、まずはこれらの役割を簡単に説明しておきましょう。

図1-25　Unityエディターのウィンドウ。

17

Column: Unityの日本語表示について

Unityエディターは標準で「日本語の言語パック」がインストールされるため日本語化されています。ただし、この日本語化は完全ではなく、部分的に英語が残っていることがあります。またUnityエディターのバージョンによって、英語だったところが日本語に変わったりすることもあります。

本書ではUnity6の2025年1月時点での最新版をベースに説明をしていますが、Unityはバージョンにより日本語化が微妙に変化します。本書説明で英語だったところが自分の環境では日本語になっていたり、あるいはその逆のこともあります。それぞれの機能や用語についての日本語・英語の表記は柔軟に捉えてください。

ツールバー

ウィンドウの一番上にある横長のバー部分です。いくつかのボタンが並んでいます。これらのボタンで、編集作業のもっとも基本的な操作の設定などを行います。用意されているボタン類は以下のようになっています。

- アカウント：Unityアカウントに関するものです。
- Asset Store：アセットストアという3Dデータの配布サービスに関するものです。
- Play/Pause/Stepボタン：実際にゲームを動かしたり止めたりするものです。
- サービスを管理：サービスを管理するウィンドウを呼び出します。
- Undo History：アンドゥ操作の履歴を管理します。
- Global Search。：検索ツールです。
- エディターレイアウト：画面にさまざまなツールが配置されている、そのレイアウトを設定するものです。

図1-26 ツールバーには多数のアイコンが並んでいる。

「ヒエラルキー」パネル

　デフォルトでは、画面の左側に表示されています。「ヒエラルキー」というのは「階層構造」を示す言葉です。Unityでは、3Dの画面を作るのにたくさんの部品を使います。それらは一種の親子関係のようになっていて、「これの中にこれが含まれている」というような入れ子構造になっていたりします。

　例えば、「バイクに乗った戦士」といった3Dモデルがあったとすると、バイクが動いたら乗っている人間も動かないといけないし、人間が動けば持っている銃もそれにあわせて動かないといけません。こうした場合、Unityでは「バイクの3Dモデルに人間のモデルを組み込む」というように階層的にモデルを組み込んで動かすようになっているのですね。

　「ヒエラルキー」パネルは、使われているたくさんの部品を、この親子の関係を階層的に整理して表示するものです。ただ表示するだけでなくて、ここから3Dモデルの部品をクリックして選択し、編集したりできます。

図1-27 「ヒエラルキー」パネルは部品の階層構造を管理する。

「シーン」パネル

　ウィンドウの上部中央に表示されているのが「シーン」パネルです。「シーン」というのは、ゲームの場面となるものです。シーンの中にさまざまな部品を配置して画面を作ります。このシーンの表示をするのが「シーン」パネルです。

　実際にゲームの画面を作るときは、この「シーン」パネルに配置している部品を選択し、移動したり向きを変えたり変形したりして操作します。具体的な部品の操作方法は、また改めて説明をします。

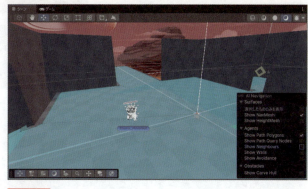

図1-28 「シーン」パネルでは、ゲームの場面に3Dの部品を配置し編集する。

「ゲーム」パネル

シーンパネルの領域をよく見ると、一番上に「シーン」「ゲーム」という切り替えタブがあることに気がつくでしょう。この「ゲーム」タブをクリックすると現れるのが「ゲーム」パネルです。Unityではこんな具合に、1つの領域に複数のツールが重なって表示されていて、タブで切り替えるようになっていることがあります。

図1-29 「ゲーム」パネルは実際のプレイ時の表示を確認する。

ゲームパネルは、実際にゲームをプレイしたときのプレビュー画面のようなものです。Unityは、その場で作ったゲームを動かして動作を確認できます。ゲームパネルは、「ゲームを実行したときの表示を行う」もの、というわけです。

「プロジェクト」パネル

ゲームを作るときには、「プロジェクト」というものを作りました。これは、ゲームで利用するさまざまなファイルなどをまとめたものでしたね。

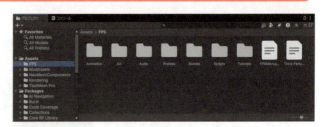

図1-30 「プロジェクト」パネルは、プロジェクトのファイルを管理する。

「プロジェクト」パネルは、プロジェクトに用意されている各種のファイル類を整理し管理するものです。ゲームを作るときには、「このファイルを開いて編集して、それからこれを開いて……」というように、さまざまなファイルを開いて作業をします。こんなとき、プロジェクトパネルから必要なものを探して開きます。

「コンソール」パネル

プロジェクトパネルのある領域にも、左上のあたりに「プロジェクト」「コンソール」という切り替えタブが見えるでしょう。この「プロジェクト」タブで表示されるのがプロジェクトパネルでした。

図1-31 「コンソール」パネルではさまざまなエラーなどが表示される。

コンソールは、「コンソール」タブをクリックすると切り替わり表示されます。これは、実行時のさまざまなエラーなどの情報を出力するところです。これ自体をあれこれ操作するということはあまりありません。「プログラムの状況報告をするところ」と考えましょう。

「インスペクター」パネル

「インスペクター」というパネルは、選択した部品のさまざまな情報を管理するためのものです。シーンパネルで配置されている部品をクリックして選ぶと、その部品の各種情報がインスペクターに表示されます。ここで、部品のさまざまな設定などを確認したり、その値を変更したりできます。

3Dの部品は、「シーン」パネルで位置や大きさ、向きなどを調整し、インスペクターでその設定などを行い作成していく、というわけです。

図1-32 「インスペクター」パネルには部品の設定や情報が表示される。

エディターウィンドウの操作

Unityのエディターウィンドウには、さまざまなツールが組み込まれています。これらは、固定されているわけではありません。大きさを変えたり、位置を変更したり、パネルを独立したウィンドウとして開いたりすることもできます。

まずは、このエディターウィンドウに表示されているツール類の基本的な操作から覚えましょう。

パネルについて

エディターウィンドウの中には、いくつもの部品が配置されていましたね。「プロジェクトパネル」とか「ヒエラルキー」とかいったものです。これらのパネルは、パネル間の仕切り部分をマウスでドラッグして幅を調整できます。ウィンドウ間の境界を動かす感じですので、「片方が広くなり、もう一方は狭くなる」ということになります（両方広くしたいなら、エディターウィンドウそのものを広くしてください）。

図1-33　パネル間の仕切り部分をドラッグして幅を調整する。

ウィンドウを移動する

ウィンドウには、左上にウィンドウ名の「タブ」が表示されています。このタブをマウスでドラッグすることで、そのウィンドウを別の領域に移動できます。

実際にタブをドラッグして動かしてみるとわかりますが、Unityでは、エディターウィンドウの中に組み込まれているウィンドウは、普通のウィンドウのように自由に動かせるわけではなくて、すでにウィンドウがある領域に重ねたり、ウィンドウとウィンドウの間に割りこむようにして嵌めこまれたり、というような形で移動されます。つまり、「こちらの領域からあちらの領域に移動できる」というような移動の仕方なのですね。

もし、なにか操作して、「あれ？ 表示されているウィンドウの配置が違うぞ？」となったら、慌てずに、ウィンドウのタブの部分をドラッグしてもとの場所に戻してください。これで本書掲載の図と同じ状態にすることができるでしょう。

図1-34　パネルはドラッグして配置場所を移動できる。

別ウィンドウに切り離す

ウィンドウの移動を読んで、「じゃあ、別のウィンドウにはできないの？」と思った人。もちろんできます。

ウィンドウのタブをドラッグして、エディターウィンドウの外まで移動し、離してください。新しいウィンドウとして表示されます。この場合も、ウィンドウの中にそのウィンドウのタブが表示され、別のウィンドウをそこに移動して並べて表示させたりできます。「別ウィンドウで表示する」というよりも、「新しいエディターウィンドウを作ってそこに移動した」と考えるとよいでしょう。

新しいウィンドウとして切り離したものをもとに戻すときは、そのウィンドウのタブをドラッグして、もとのウィンドウにドロップします。これで新しいウィンドウは消え、1枚のウィンドウに戻ります。

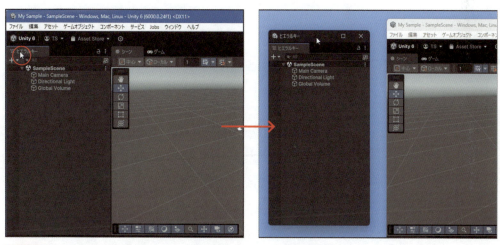

図1-35 パネルをウィンドウ外にドラッグすれば別ウィンドウにできる。

パネルを開く

新たにパネルを開くときは、「ウィンドウ」メニューから、開きたいウィンドウ名のメニュー項目を選びます。この「ウィンドウ」メニューには「パネル」という項目があり、この中にUnityに用意されているパネルがすべてまとめられています。例えば、「シーン」パネルを開きたいなら、「パネル」メニュー内の「シーン」を選びます。

図1-36 「ウィンドウ」メニューの「パネル」にパネルがまとめてある。

Chapter 1 Unityを準備しよう

実際に3DCG部品を配置して覚えよう

　以上、パネル類の基本的な操作をまとめておきました。これより先は、実際に3Dの部品を配置し、それを操作しながら使い方を覚えていくことにしましょう。

　3DCGの開発ツールは、「基本的な操作」をマスターするのがかなり大変です。逆にいえば、3DCGのシーンと配置した部品を思い通りに動かせるようになれば、もうそれだけで3DCG開発の基本はマスターできたといってもいいでしょう。

　では、次章から3DCGの部品の基本的な扱い方からしっかり説明していきましょう。

Chapter **2**

最初にやること：
シーンとゲームオブジェクト

Unityは、シーンにゲームオブジェクトと呼ばれる部品を配置して表示を作ります。
まずは、シーンとゲームオブジェクトの基本から学んでいきましょう。

Chapter 2 最初にやること：シーンとゲームオブジェクト

Section 2-1 シーンとゲームオブジェクト

シーンについて

Unityのゲームは、「シーン」にさまざまな3Dの部品を配置し、それらを編集したりプログラミングしたりしながら作ります。シーンはUnityゲームのもっとも基本となるものです。

デフォルトでは、何もない空っぽの状態のシーンが用意され、これが「シーン」パネルで表示されています。まずは、この「シーン」パネルの基本的な使い方から覚えましょう。

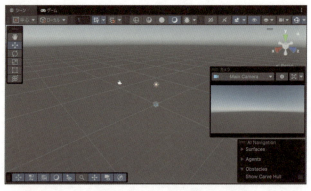

図2-1 「シーン」パネルには、シーンを操作するためのさまざまな機能が用意されている。

「シーン」パネルを見ると、3Dの表示の他にさまざまなものが表示されているのがわかります。「シーン」パネルには、シーンを操作するために必要なものをひと通り用意してあるのです。

オーバーレイについて

「シーン」パネルに表示されているさまざまなもの（ツールパレットのようなものや、小さな3D表示をしているものなど）は「オーバーレイ」と呼ばれるものです。これは、さまざまな便利なツールをシーンの上に重ねて表示しているのですね。

図2-2 シーンの下部に表示されている「Overlay Menu」のパレット。

これらの表示は、シーンの下部に見える横長のパレット（「Overlay Menu」と呼ばれます）でON/OFFします。ここに並んでいるアイコンをクリックすると、オーバーレイのツールをON/OFFすることができるのです。

では、実際にOverlay Menuパレットのアイコンをクリックして、表示をOFFにしていきましょう。すべてのアイコンをクリックしてOFFにすると、シーンはスッキリとしたものになります。いろいろなツールが重なって表示されていると、ときには「うざっ！」と思ってしまいますよね。Overlay Menuで簡単に表示をOFFにでき、いつでもONに戻せるのです。

まずは、「シーンに重ねて表示されている各種のものはいつでも簡単にON/OFFできる」ということを頭に入れておきましょう。

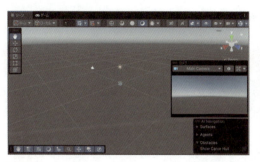 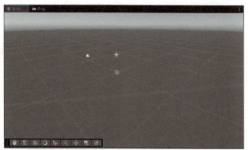

図2-3 デフォルトの状態と、オーバーレイのツール類をすべて非表示にした状態。

ツールについて

シーンの左側には、いくつかのアイコンが並んだツールが用意されています。これらは、シーンの表示を操作する際の基本的な「モード」を選択するためのものです。

シーンの操作は、「モードを選び、シーン内をドラッグする」という形で行います。例えば、シーンに表示されている場所を移動したければ、ツールから「ビューツール」のアイコンを選択し、マウスでシーン情報をドラッグすれば表示位置を移動できます。シーンの表示だけでなく、シーン上に配置された部品の移動や回転なども、すべてツールのアイコンを使って行えるのです。

まずは、ツールに用意されているアイコンの働きをざっと頭に入れておきましょう。

ビューツール	シーンの表示位置を移動するためのものです。
移動ツール	選択した部品を移動するものです。
回転ツール	選択した部品の向きを変えるものです。
スケールツール	選択した部品を拡大縮小するものです。
矩形ツール	選択した部品の形状を操作するものです。
トランスフォームツール	選択した部品の移動／回転／拡大縮小をまとめて行います。

図2-4 ツールはシーンと部品を操作するモードを切り替える。

表示位置を移動しよう

では、実際にツールを使ってみましょう。ツールのアイコンは基本的に配置した部品を操作するものですが、シーンを操作するアイコンも1つだけあります。一番上の「ビューツール」です。

これを選択し、マウスでシーン場をドラッグしてみましょう。すると、シーンの表示位置が上下左右に移動できます。

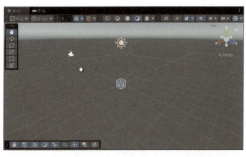
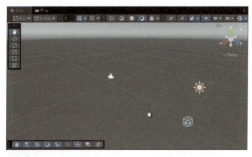

図2-5 マウスでシーン内をドラッグすると表示位置を移動する。

また、マウスホイールを回転すると、表示が拡大縮小（表示位置が前後に移動）します。まずは、ビューツールを使ってシーン内を自由に移動できるようになりましょう。

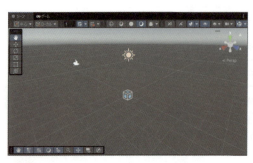
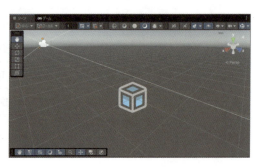

図2-6 マウスホイールで前後に移動する。

シーンに用意されているもの

では、デフォルトで用意されているシーンはどんなものなのでしょうか。「何もない、空っぽのシーン」と思うことでしょうが、実は違います。デフォルトのシーンには、何も見えないけれどちゃんといくつかの部品が用意されているのです。

「ヒエラルキー」パネルを見ると、こんなものが配置されていることがわかります。

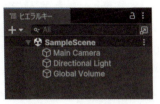

図2-7 シーンには、3つの部品が用意されている。

- Main Camera
- Directional Light
- Global Volume

Main Camera

では、各部品を見てみましょう。まずは「Main Camera」です。

これは、デフォルトで使われるカメラの部品です。Unityのゲームでは、3Dのシーンを表示し、その中を動き回ったりしていくわけですが、この表示は「カメラ」によって設定されているのです。つまり、シーンに配置したカメラで見えるものがゲーム画面として表示されるのですね。カメラがないと、何も表示できないのです。だからこそ、デフォルトで用意されているのですね。

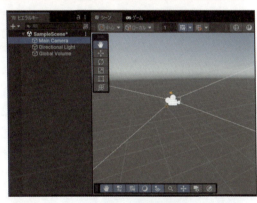

図2-8 Main Cameraはカメラの部品。

このMain Cameraを選択すると、シーン内にカメラのアイコンが選択されます。このアイコンが、Main Cameraです。実際には、これは表示されないのですが、「ここにMain Cameraがある」ということを表しているのですね。

カメラは改めて説明しますが、「デフォルトでメインカメラが用意されている」ということは知っておきましょう。

Directional Light

　Main Cameraと並んで、シーンの表示に重要な役割を果たしているのが「Directional Light」です。これは、ライトの部品です。

　シーンというのは、カメラだけでなく、もう1つのものがないと画面に表示されません。それは「光」です。真っ暗な状態では何もカメラには移りませんから。このDirectional Lightというのは、太陽のように決まった方向から差し込む光を作成するものです。デフォルトでこのライトが用意されることで、ちゃんとシーンが見えるようになっているのですね。

図2-9 Directional Lightは、太陽の光のライティング。

　ライトは改めて説明をしますが、「デフォルトで太陽光のライトが用意されている」ということは知っておいてください。

Global Volume

　残る「Global Volume」というのは、ちょっと他の2つとは毛色の違う部品です。これは、実はなくてもシーンは表示できます。これは、「シーンの環境に関する設定」のためのものなのです。

　例えばシーン全体の色調や高速な動きのブレ表示、カメラ周辺を暗くし中心を明るくする表示など、シーン全体の環境を設定するものなのです。

　これは、新しいシーンを作成したときなどには標準で用意されていません。なくてもまったく問題ないものなのです。ですから当面は「これは使わないものだ」と考えていいでしょう。

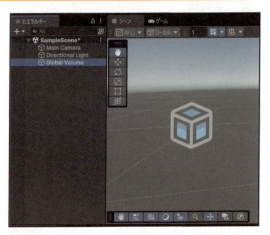

図2-10 Global Volumeは環境設定の部品。

立方体のゲームオブジェクトを作る

シーンの基本的な操作がわかったところで、実際になにかの3D部品を作成して操作してみることにしましょう。

ゲームオブジェクトを作る場合、いくつかの方法があります。1つは、基本となる図形（立方体とか球とか円筒とか、そういったもの）を作成し、それを組み合わせていく方法です。もう1つは、すでにある完成されたゲームオブジェクトを他から取り込んで使うというものです。

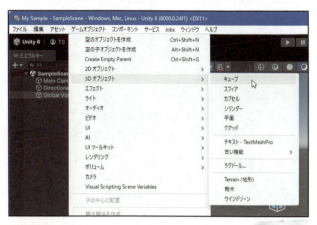

図2-11 「ゲームオブジェクト」メニューから「3Dオブジェクト」内の「キューブ」を選ぶ。

まずは、基本となる図形を作り、ゲームオブジェクトの基本的な扱い方を覚えていくことにしましょう。

最初に作るのは「立方体」です。一番シンプルな立体で、複雑なゲームオブジェクトを作る部品として一番よく使われます。それに、形の向きや形状などを操作するのに適しています。

シーンに配置する部品は「ゲームオブジェクト」と呼びます。これは「ゲームオブジェクト」メニューにまとめられています。ここから「3Dオブジェクト」というメニュー内にある「キューブ」メニューを選びましょう。

キューブが配置される

メニューを選ぶと、「シーン」パネルに四角い物体が表示されます。これが、作成したキューブという図形です。同時に、左側の「ヒエラルキー」パネルには「キューブ」という項目が追加されるのがわかるでしょう。ここでは「シーン」パネルでの操作を中心に、作ったモデルの基本的な操作の仕方を覚えていくことにします。

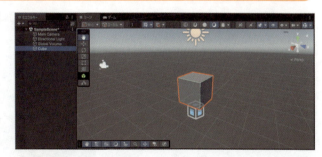

図2-12 キューブを作成したところ。シーンにキューブが追加され、「ヒエラルキー」パネルには「キューブ」という部品が追加される。

Column 「ゲームオブジェクト」って、なに？

　今回、作成したキューブは、ゲームオブジェクトというものでした。この「ゲームオブジェクト」って、一体何でしょう？

　これは、Unityのゲームで操作するさまざまな部品のことなのです。ゲームでは、さまざまなものを操作します。キャラクターを操作したり、アイテムを表示したり。こうしたゲームで操作するための部品がゲームオブジェクトなのです。

　「じゃあ、作ったものは全部ゲームオブジェクトなのか」と思った人。実はそうでもありません。例えば、ゲームシーンの背景に表示される「空」などは、ゲームの中で操作はしませんね？こうしたものはゲームオブジェクトではありません。逆に、直接表示はされなくとも、カメラやライトは、ゲームの中で操作するので、ゲームオブジェクトです。

　「ゲームの中で動かせる部品」は、基本的にすべてゲームオブジェクトだ、と考えていいでしょう。

「向き」ツールについて

　「シーン」パネルに作成したキューブが表示されていますが、その右上に赤や青のラッパ（？）のようなものがいくつも組み合わせられたようなものが表示されているのがわかるでしょう。これは、選択した部品の向きを設定するツールです。

図2-13 向きツールで、部品の前後左右上下の方向から見られるようになる。

　クリックすると、上下左右前後の方向に表示が切り替えられます。キューブならば、真正面、真横、真上から見るように表示位置と向きが変更されます。

　キューブのような単純なものはあまりあちこちから眺める必要はないでしょうが、いくつものゲームオブジェクトを組み合わせた複雑な形状の部品になると、横から見たり真上から見たりして部品の位置があっているかどうか確認しながら作っていかないといけません。

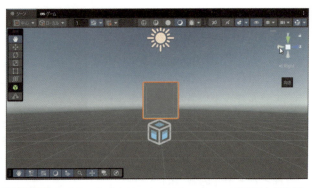

図2-14 向きツールをクリックすると、キューブの真上や真横、真正面から見られる。

こうしたときに、この「向き」ツールは役立ちます。ワンクリックするだけで瞬時に上下左右前後から部品を眺めて位置関係などを確認できるのです。

移動ツールでキューブを動かす

では、配置したキューブを操作しましょう。まずは「移動」からです。

シーンに配置したゲームオブジェクトの操作は、シーンの左側にあるツールから操作するモードのアイコンを選んで行います。移動は、ツールの上から2番目にある「移動ツール」のアイコンをクリックして行います。

これを選ぶと、選択したキューブに赤・青・緑の矢印のようなものが現れます。これは「ギズモ」と呼ばれます。

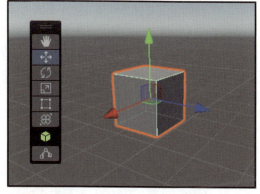

図2-15 移動ツールを選ぶと、選択したキューブに赤・青・緑の矢印のような形をしたギズモが表示される。

ギズモは、ゲームオブジェクトに関連付けられた視覚的な補助グラフィックです。ゲームオブジェクトを操作するには、表示されたギズモを使います。操作したいゲームオブジェクトを選択すると、それを操作するためのギズモが表示されるのですね。

移動ギズモで平行移動する

移動ツールのギズモは、上下左右前後の3方向に表示された矢印の形をしています。この矢印をマウスでドラッグすることで、そのゲームオブジェクトを矢印の方向に平行移動できます。実際にマウスで動かしてみましょう。

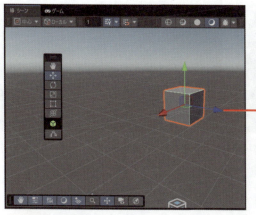 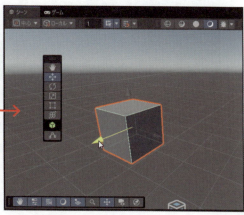

図2-16 ギズモをマウスでドラッグし動かすと、キューブを矢印の方向に移動できる。

回転ツールで向きを変える

　続いて「回転ツール」です。これはツールの上から3番目にある、回転する矢印アイコンのボタンです。

　これは部品を回転する（向きを変える）ためのものです。このツールを選び、シーンで部品をクリックして選択すると、その部品のまわりにいくつかの円が表示されます。これが回転ツールのギズモです。この円をマウスでドラッグして部品を回転させます。

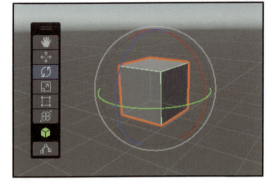

図2-17 回転ツールのギズモ。

　円は、全部で4種類あります。赤・緑・青は、先ほどの移動ツールの矢印と同じように、x, y, z軸のそれぞれの方向に回転するためのものです。ただし、回転ツールは部品を回転しますから、これらの軸の方向も部品とともに回転してしまいますので、「赤は横方向、緑は縦方向……」といった具合に覚えていてもあまり役にはたちません。赤緑青の円は、部品の回転とともに向きが変わりますので、これらを使って思い通りの向きにするのは思ったよりも大変です。

　この他に、部品のまわりをぐるりと囲むグレーの二重丸があります。これは、部品を左右にくるくると回転させるものです。このグレーの円は、赤緑青の円とは異なり、部品がどのように回転しても向きは変わりません。常に「今見ている方向から見て右回転・左回転する」というものなのです。

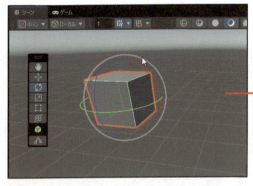 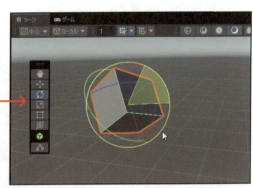

図2-18 ギズモの円をドラッグすると、円の向きにあわせて図形が回転する。

スケールツール

　一番右側のボタンです。これは部品を拡大縮小するためのものです。これを選択した状態で、「シーン」パネルから部品をクリックして選択すると、その部品の3方向に赤・緑・青のギズモが表示されます。

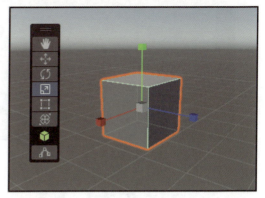

図2-19 スケールツールのギズモ。

　このギズモ部分をマウスでドラッグすることで、その部品の縦横奥行きのそれぞれの幅を広げたり縮めたりすることができます。実際にマウスでドラッグして、立方体を細長く伸ばしてみましょう。

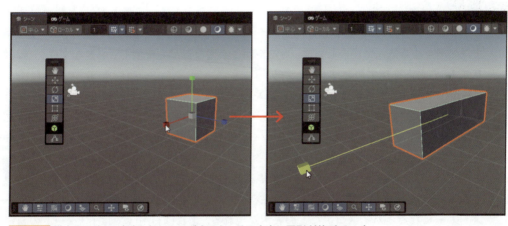

図2-20 横向きの赤いギズモをドラッグすると、その方向に図形が伸びていく。

　この他に、3方向のギズモの中心部分にグレーの立方体が表示されています。この部分をマウスでドラッグすると、その部品を3方向に等しい倍率で拡大縮小できます。その部品の巨大化したものやミニチュア版を作れるというわけです。

| Chapter 2 | 最初にやること：シーンとゲームオブジェクト |

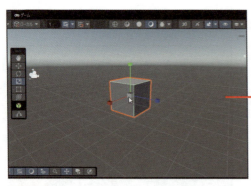 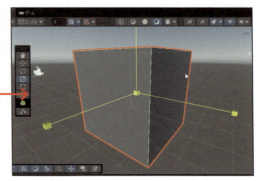

図2-21 図形の中心にあるグレーの立方体をドラッグすると、図形を今と同じ形のまま拡大縮小できる。

シーンを保存しよう

　これでとりあえず、キューブを配置して基本的な操作を行ってみました。これより先に進む前に、ここで現在のシーンを保存しておきましょう。

　今まで「シーン」パネルを使っていろいろと操作して来ましたが、そもそも「シーン」って、何でしょう？ 最初に「シーン」パネルの説明をしたとき、シーンを「ゲームの場面となるもの」といったことを覚えていますか？

　ゲームというのは、さまざまな部品（ゲームオブジェクト）を組み合わせ、それらにさまざまな処理を組み込んで動かします。ある空間に必要な部品を配置し、必要なプログラムを用意する。これらすべてのセットが「シーン」です。

　Unityでは、さまざまなゲームの場面をシーンとして作ります。それぞれのシーンでは、シーンごとにさまざまな部品が追加され、レイアウトされ、そしてプログラムが組み込まれます。そして、必要に応じて「こちらのシーンからあっちのシーンへ」という具合に、シーンを切り替えながら動くのです。

　例えば、ごく単純なゲームでも、起動するとまずタイトルなどの表示された画面が現れますね？ そして「スタート」といったボタンをクリックするとゲームが始まる。そしてゲームオーバーになるとハイスコアなどの表示が現れる。これはUnityでは「スタートのシーン」「ゲーム中のシーン」「スコア表示のシーン」というように、それぞれのシーンを用意して切り替えている、と考えるのですね。

シーンを保存するためのメニュー

シーンに関する操作は、「ファイル」メニューに用意されています。以下に簡単に整理しておきましょう。

図2-22 「ファイル」メニューにはシーンに関するメニューがいくつか用意されている。

新しいシーン	新しいシーンを開きます。
シーンを開く	すでにある別のシーンを開きます。これを選ぶと、シーンのファイルを選択するダイアログが現れます。
最近使ったシーンを開く	最近利用したシーンがサブメニューで現れます。ここから選ぶと、そのシーンが開かれます。
保存	そのままシーンを（名前を付けずに）保存します。すでにシーンを保存している場合、それを上書き保存するのに使います。
別名で保存	シーンに名前をつけて保存をします。新しくシーンを保存するときなどに使います。

シーンを保存する

デフォルトのシーンは、「Sample Scene」という名前で用意されています。「保存」メニューを選ぶとシーンが保存されます。

このSample Sceneは、プロジェクトの「Assets」フォルダー内にある「Scenes」というフォルダーに保存されています。「プロジェクト」パネルで、「Assets」という項目内の「Scenes」を選んでみてください。その中に、SampleScene.unityとい

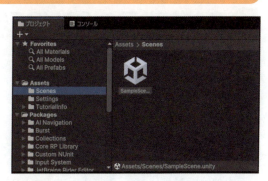

図2-23 「Assets」フォルダー内の「Scenes」フォルダーの中にSampleScene.unityがある。

うファイルが保存されているのがわかるでしょう。これがシーンのファイルです。

これから先、いろいろな操作を行っていきますが、必要に応じて適時「保存」メニューを実行してシーンを保存しておきましょう。

Chapter 2 最初にやること：シーンとゲームオブジェクト

Section 2-2 インスペクターと設定項目

インスペクターをマスターしよう！

ゲームオブジェクトの作成は、シーンに配置して位置や向き、大きさなどを調整したら、そのオブジェクトの細かな設定などを行っていきます。こうした細かな設定をまとめて管理するのが「インスペクター」です。

「シーン」パネルで、シーンに配置した部品を選択すると、右側のインスペクターにずらっと項目が表示されるのに気がついたことでしょう。これが、選択したゲームオブジェクトに用意されている各種の設定なのです。インスペクターに表示される内容

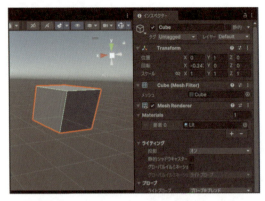

図2-24 ゲームオブジェクトを選択すると、インスペクターに設定が一覧表示される。

は、選択した部品の種類によって変わります。普通の立体図形、カメラ、ライトなど、種類によって表示内容は変化します。「その部品に用意されている設定が表示される」というものなので、種類が違えば表示内容も変わるのです。

では、シーンに配置したキューブを利用して、ゲームオブジェクトの基本的な設定について説明をしていきましょう。

名前と表示のON/OFF

インスペクターの一番上には、選択したオブジェクトの名前が表示されています。これは編集可能になっていて、クリックしていつでも書き換えられます。

名前の左側にはチェックボックスが用意されています。これは、このオブジェクト

図2-25 インスペクターの一番上にはオブジェクトの名前が用意される。

を使うかどうか（シーンに表示するか）を指定するものです。これをOFFにすると、シーンからオブジェクトが消えます。

OFFにしても、もちろんオブジェクト自体はちゃんと存在しています。シーンに表示されなくなっただけです。したがって、いつでもチェックをONにして表示を戻せます。また、

これを利用し、プログラムから表示のON/OFFを操作してオブジェクトを消したりすることもできるようになっています。

また、チェックボックスのさらに左側にあるアイコンをクリックすると、シーンに配置したゲームオブジェクトにアイコンを設定できます。たくさんのオブジェクトがある中、重要なものに何らかのマークを付けておきたいときに便利です。

タグについて

名前の下には「タグ」と「レイヤー」というものが用意されています。まずは「タグ」から説明しましょう。

「タグ」は、ゲームオブジェクトにつけておくラベルのようなものです。シーンにたくさんのゲームオブジェクトがあり、それらをいくつかに分類したいようなとき、それぞれのオブジェクトに「これはA」「これはB」というようにラベルのようなものをつけておけば分類しやすいですね？　これを行うのが「タグ」です。

図2-26　タグの表示をクリックすると、選択項目がプルダウンメニューで現れる。

デフォルトでは、「Untagged」と表示されていますが、これは「タグ付けされていない」ということを表しています。この表示部分をクリックすると、メニューがプルダウンして現れます。ここに表示されるのは、デフォルトで用意されているタグです。ここには「MainCamera」とか「Player」というように、ゲームシーンで使われる要素となるタグが用意されています。「ゲームシーンを作るとき、こういうタグがあったら便利でしょ」というものがあらかじめ用意されているのですね。

タグを追加する

　もちろん、これらのタグをそのまま利用してもいいし、自分でタグを設定しても構いません。メニューの最下部にある「タグを追加…」メニューを選ぶと、タグを作成するための表示が現れます。

図2-27　タグの管理画面。デフォルトではまだタグはない。

　ここには「タグ」という表示があり、その下にタグの一覧が表示されます。といっても、初期状態では「List is empty」と表示されているでしょう（何もタグがないため）。ここに自分でタグを追加していけばいいのですね。

　では、リスト表示部分にある「+」というボタンをクリックしましょう。その場に「New Tag Name」という入力フィールドが現れます。ここに新しいタグ名を入力し、「Save」ボタンを押せば、そのテキストがタグとして追加されます。

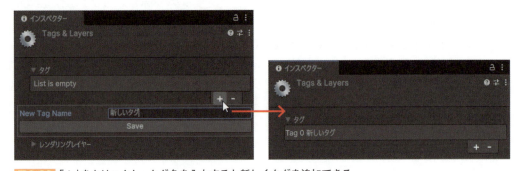

図2-28　「+」をクリックし、タグ名を入力すると新しくタグを追加できる。

タグを使用する

　タグを追加したら、再び「シーン」パネルや「ヒエラルキー」パネルでキューブを選択し、インスペクターを表示しましょう。そしてタグの項目をクリックしてみてください。先ほど作成したタグがプルダウンメニューに追加されているのがわかります。ここからそのメニューを選べば、そのタグがオブジェクトに設定されます。

図2-29　メニューに、作成したタグが追加されている。

レイヤーの設定

　続いて、「レイヤー」です。レイヤーは、ゲームシーン全体を覆う目に見えない層です。
　レイヤーは、シーンに配置したゲームオブジェクトをグループ化する、もう1つの方法です。タグは、それぞれに名前をつけましたが、レイヤーは「そのオブジェクトがどのグループに属するか」を指定する形で使います。
　レイヤーは、プログラムなどから特定のレイヤーのオブジェクトだけを操作したりするだけでなく、もっと基本的な機能で利用できます。例えば、特定のレイヤーのオブジェクトだけをカメラに表示したり、ライトを当てるようにすることができるようになります。

　「Default」という表示（デフォルトのレイヤーを示します）の部分をクリックすると、あらかじめ用意されたレイヤーがプルダウンメニューで現れます。ここから項目を選ぶだけで、そのレイヤーに配置されます。

図2-30　レイヤーには利用可能なレイヤーがメニューとして用意されている。

レイヤーの作成

自分で新しいレイヤーを作成したい場合は、メニューから「レイヤーを追加...」を選びます。これでレイヤーの設定を行う画面が現れます。

レイヤーは、0～31までの計32個が用意できます。デフォルトで、組み込み済みのレイヤー（Builtin Layer）がいくつか用意されており、それ以外のところ（名前が空白のレイヤー）に名前を設定することでそのレイヤーを使えるようにできます。

図2-31 レイヤーの設定画面。名前を入力することで使えるようになる。

名前を入力したレイヤーは、レイヤーのプルダウンメニューに追加され、選択できるようになります。レイヤー名を追記したら、シーンに配置したキューブを選択し、レイヤーのプルダウン項目をチェックしてみましょう。追記した項目が選択できるようになっています。

図2-32 追記してキューブを選ぶと、レイヤーのメニューで新しい項目が選べるようになっている。

Transform（トランスフォーム）について

名前・タグ・レイヤーなどの下には「Transform」という設定項目が表示されます。これは、ゲームオブジェクトの種類に関係なく、すべてのオブジェクトで必ず表示されます。

Transformというのは、その部品の位置や大きさを扱うためのものです。モデルでもライトでもカメラでも、シーン上に配置

図2-33 どんなゲームオブジェクトにも「Transform」という項目が必ず表示される。

する部品には必ずこのTransformというものが用意され、ここで位置や向き、大きさなどを設定するようになっています。

　これらの項目は、もちろん値を調べるだけでなく、項目の値を書き換えて部品の表示を操作することもできます。「シーン」パネルからマウスで操作する場合、どうしても「だいたいこのぐらい」といった大雑把な設定になりがちです。Transformを使えば、数値を使って正確に値を設定できます。

位置

　モデルの位置を示すものです。「x」「y」「z」の3つの方向の値が設定されています。「シーン」パネルでは、格子状のガイド線が表示されていますが、その中心が「すべての方向のゼロ地点」と考えるとよいでしょう。xとyが、格子状のガイド線の横と縦の方向を、zがこのガイド線のある面から上下にどれだけ離れているかをそれぞれ示すものと考えましょう。

回転

　モデルの角度を示すものです。これも「x」「y」「z」があり、それぞれの方向にどれだけ回転したかを示します。この角度の値は、「1回転＝360度」として計算したものになります。例えば「90」とすれば直角1つ分、回転します。複数のオブジェクトの向きを揃えるようなときは、ここで数値を直接入力して設定するとよいでしょう。

スケール

　これにも「x」「y」「z」があります。これはモデルの大きさに関するものです。ここの値を変更することで、モデルを決まった方向に引き伸ばせます。大きさは「シーン」パネルでマウスを使って調整するより、ここで直接入力したほうが早いでしょう。

メッシュフィルター（Mesh Filter）について

　インスペクターで、Transformの下に表示されているのは「Cube(Mesh Filter)」という項目です。これは、選択したモデルの形などによって表示が異なりますが、基本的には「メッシュフィルター」というものについての設定になります。ここでは立方体を使っているので、「Cube(Mesh Filter)」と表示されていたのですね。例えば球だと「Sphere(Mesh Filter)」となります。

「メッシュ」ってなに？

「メッシュ」というのは、3Dグラフィックを表現するのに用いられる小さい面です。例えば立方体の図形では、6つの正方形の面が組み合わされていますね？ これを表現するのに、Unityではたくさんの「メッシュ」と呼ばれるものを組み合わせて図形を描画するようになっているのです。

図2-34 メッシュフィルターの設定。「Cube（キューブ）」のメッシュが設定されている。

このメッシュは、「メッシュフィルター」と「メッシュレンダラー」というパーツとセットになっています。メッシュフィルターは、その部品にメッシュを設定するためのものです。

ゲームオブジェクトは、それぞれが決まった形をしていますね？ キューブは立方体の形をしているし、スフィアというものは球の形をしています。この「形を作っているもの」がメッシュです。メッシュは、3Dゲームオブジェクトの形状を作るためのデータなのです。

3Dの図形というのは、いくつかの頂点と、それらを結ぶ辺、辺で囲われた面で構成されています。これらの情報をもとに形状を表すために用いられるのがメッシュです。

例えばキューブならば、8個の頂点とそれらを結ぶ12本の辺、そしてそれらに囲まれた6つの面で形状が作られています。この形状を表すのがメッシュなのです。

Unityには、基本的な形状データ（メッシュ）がいくつも用意されています。「Mesh Filter」というところで、「このモデルの形状にはCubeというメッシュを設定している」ということを設定しているのです。

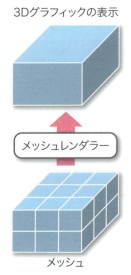

図2-35 3Dモデルは、メッシュというものを使って形を作っている。これをメッシュフィルターで取り出し、メッシュレンダラーというものでレンダリングして実際の表示が描かれる。

メッシュレンダラー（Mesh Renderer）について

メッシュフィルターの下には「Mesh Renderer」という項目が用意されています。これは、メッシュをレンダリングして描画するためのものです。

すでに説明したように、ゲームオブジェクトには「メッシュ」という形状データが割り当てられています。これをもとに、実際に3D空間に部品を描画するための設定などを行うのがメッシュレンダラーの役割です。

図2-36 Mesh Rendererにはさらに細かな項目がいくつも用意されている。

3Dグラフィックのレンダリングにはさまざまな情報が必要となります。このメッシュレンダラーには、さらに細かな項目がいくつか用意されています。

（※なお、重要な項目は改めて説明するので、ここでの説明は「そういうものがあるらしい」程度に考え、ざっと読み流してしまって構いません）

Materials（マテリアル）

マテリアルとは、ゲームオブジェクトの外観（見た目の色や模様、質感など）を定義するためのものです。これはゲームオブジェクトの表示を左右する非常に重要なものです。ゲームオブジェクトで使うマテリアルを設定するのが「Materials」です。

図2-37 Materialsはマテリアルを設定する。

デフォルトでは「Lit」というマテリアルが設定されています。これはグレーの無機的な表示を行うものです。

マテリアルは改めて説明をしますが、「このMaterialsというところで、マテリアルを設定している」ということだけ覚えておくとよいでしょう。

ライティング

このゲームオブジェクトが、ライトを当てられたときどのように表示されるかを設定するものです。ライティングは、ライトとして作成される光源と、その光を受けたときの表示の仕方の、両方の設定が必要です。このライティングは、光を受けたときの設定を行います。

ここにはいくつかの項目が用意されていますが、これらを使うことは当面の間、ありません。ざっと読み飛ばしてください。

◉ 投影

このレンダラーが適切なライトを照らしたときに影を落とすかどうか、またどのように影を落とすかを指定します。これには以下の値があります。

オン	ライトが照らすと影を落とします。
オフ	ライトが照らしても影を落としません。
両面	両面シャドウを投影します。平面などの片面オブジェクトは、光源がメッシュの背後にある場合でも影を落とす可能性があります。
影のみ	このレンダラーは影を落としますが、オブジェクト本体は表示されません。

◉ 静的シャドウキャスター

静的に設定されたオブジェクトが、ゲーム内で影を生成するかどうかを決定するオプションです。ONにすると影を生成します。

◉ グローバルイルミネーションに影響

グローバルイルミネーションとは、光がシーン内のオブジェクトや壁などに反射し、他のオブジェクトやエリアに間接的な光を広げる仕組みのことです。これにより、シーン内でリアルな光の反射や拡散効果が表現され、より自然な照明環境が実現されます。このグローバルイルミネーションの影響を受けるようにするかどうかを設定します。

図2-38 ライティングの設定。

プローブ

「プローブ」は、シーン内の特定の地点で環境の情報を収集し、それをもとに光の反射や陰影などの視覚効果をシミュレートするためのツールです。プローブを利用すると、光の影響や色の変化をオブジェクトにリアルに反映させることができます。

この設定も、はっきりいって「覚える必要はない」ものです。Unityについてかなりの技術が身についたときには使うことがあるでしょうが、当面、使うことはまったくありません。一応説明しておきますが、これも読み流してください。

◉ ライトプローブ

ライトプローブは、シーン内の特定のポイントに配置し、その地点での間接光や環境光の情報をサンプリングするためのプローブです。値には以下のものがあります。

オフ	この設定を選択すると、オブジェクトはライトプローブの影響を受けません。
プローブをブレンド	この設定は、オブジェクトが複数のライトプローブからのライティング情報をブレンド（補間）する方法です。
プロキシボリュームを使用	オブジェクトのライティングにライトプローブの情報をプロキシボリュームを通じて適用する方法です。
カスタム	特定のライトプローブ設定を自由にカスタマイズでき、オブジェクトがどのようにライティング情報を受け取るかを細かく制御できます。

◉ アンカーオーバーライド

ライトマップのベイク時に使用するサンプリング位置を指定するための設定です。ライティングのサンプリングにおいて特定のトランスフォーム位置を指定することで、より正確で自然なライティングを実現できます。

図2-39 プローブの設定。

この機能を利用することで、特に複雑な形状のオブジェクトに対してライティングの最適化が行えるため、リアルなビジュアルを実現しやすくなります。

追加機能

その他のレンダリングに関係する機能がまとめられています。以下に簡単にまとめておきますが、これらもほとんど使うことはありませんので忘れてしまってOKです。

◉ モーションベクトル

オブジェクトの動きをシェーダーに伝えるための情報です。この機能は、オブジェクトのアニメーションや移動の際、よりリアルな視覚効果を実現するためのものです。

動画やアニメーションなどでは、高速で動いたりするとブラー効果（物体がぼやけたり滲んだりしてより高速な動きを表す効果）でよりスピード感のある表現が実現できます。こうしたモーションの効果に関するものです。

カメラモーションのみ	カメラの高速移動の際のモーションを表現する。
オブジェクトモーションごと	オブジェクトごとに移動のモーションを表現する。
モーションなしを強制	モーションの表現をしない。

◉ 動的オクルージョン

これは、3Dグラフィックスにおいて、オブジェクトやシーン内の要素が他のオブジェクトによって隠される（オクルードされる）現象をリアルタイムで処理する技術です。

この技術は、視界に入るオブジェクトと入らないオブジェクトを識別し、描画する必要のないオブジェクトを省略することで、パフォーマンスを向上させ、描画の負荷を軽減します。

◉ レンダリングレイヤーマスク

これはオブジェクトがどのレンダリングレイヤーに属するかを指定するための設定です。この機能を使うことで、特定のカメラやライトがオブジェクトを描画または影響を与えるかどうかを制御できます。

設定値にはレイヤーがメニューとして用意されており、デフォルトレイヤー、すべてのレイヤー、個々のライティングレイヤーなどから使用するレイヤーを選べます。

図2-40 追加機能の設定。

コライダー（Collider）について

これも、当面の間は「忘れていい」ものです。メッシュフィルターの下にある「Box Collider」という項目は「コライダー（Collider）」に関する設定です。

コライダーは、物理演算を行なうようになったら使うものなので、今は理解する必要はありません（必要になったら改めて説明をします）。

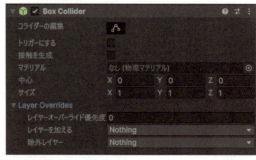

図2-41 Colliderの項目には、Box Colliderというもののサイズ設定が表示されている。

Chapter 2 最初にやること:シーンとゲームオブジェクト

Section 2-3 さまざまなゲームオブジェクトを作ろう

さまざまなゲームオブジェクトを使おう

　Unityには、キューブ以外のゲームオブジェクトもいろいろと用意されています。これらについても使ってみましょう。

　ゲームオブジェクトの作成は「ゲームオブジェクト」メニューの「3Dオブジェクト」の中に用意されていました。図形関係で用意されているものについてまとめて説明します。
　なお、ここでの基本図形のゲームオブジェクトの説明は、「こういうゲームオブジェクトがあって、こんな設定が用意されている」ということをざっと頭に入れておけば十分なので、1つ1つのゲームオブジェクトを実際に作って操作する必要はありません。
　実際にやればわかることですが、どんな形のゲームオブジェクトであれ、基本的な操作(移動したり回転したり大きさを変えたり、といった操作)はキューブと同じです。したがって、今ここで試してみなくとも、実際に利用するときになればちゃんと使えます。各ゲームオブジェクトの説明は、ざっと読み進めればOKですよ。

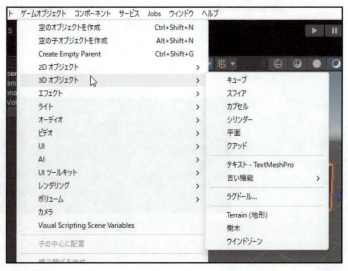

図2-42 「ゲームオブジェクト」メニューの「3Dオブジェクト」内に、基本図形のゲームオブジェクトを作成するための項目がまとめられている。

Chapter 2 | 最初にやること：シーンとゲームオブジェクト

スフィアは「球」のオブジェクト

まずは、「球」からです。これは「ゲームオブジェクト」メニューから、「3Dオブジェクト」内の「スフィア」というメニューを選ぶことで作成されます。

図2-43 「スフィア」メニューを選ぶ。

これは正球（縦横高さすべてが同じ半径）ですが、トランスフォームツールで幅を変えれば、楕円状の球を作ることもできます。ゲームオブジェクトの移動や回転、変形（幅の拡大縮小）は、立方体と同じくトランスフォームツールで行えます。「回転」などは球では無意味なように感じますが、そうでもありません。例えばスケールツールを使って楕円の球を作った場合、その向きを調整する必要があるでしょう。

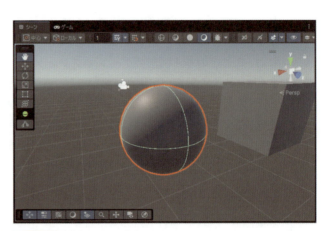

図2-44 球のゲームオブジェクト。

このスフィアでは、インスペクターの表示がキューブとは一部変わってきます。最初に「Transform」がありますが、これはすべて共通ですから改めて説明するまでもありませんね。これ以降の項目について以下に整理しておきます。

図2-45 スフィアのインスペクター。キューブとはだいぶ表示が変わっている。

50

Mesh Filter

　Mesh Filterというのは、ゲームオブジェクトの形を作っている「メッシュ」というものを取り出すものでしたね。スフィアでは、これが「Sphere」に変わっています。これがスフィアのメッシュ（球形のメッシュ）になります。キューブとは違うメッシュが設定されているのがわかりますね。

図2-46 Sphere (Mesh Filter)にはメッシュの種類が設定されている。

Mesh Renderer

　メッシュのレンダリングに関するものでしたね。ここには以下のような項目が内部に用意されています。

- Materials
- ライティング
- プローブ
- 追加設定

　どれも見たことがありますね。すべてキューブと同じものです。どちらもメッシュレンダラーの機能は同じことがわかりますね。
　これも「すぐに覚える必要のないもの」ですから忘れて構いません。用意されている設定項目はキューブのところで簡単に説明しましたのでそちらを参照してください。

図2-47 Mesh Rendererにはいくつかのサブ項目が用意されている。

Sphere Collider

その下に「Sphere Collider」という項目が追加されます。コライダーは、ゲームオブジェクトに物理的な扱いを持たせるためのものでした。ゲームオブジェクトどうしがぶつかったりするときに、このコライダーで衝突をチェックしたりするのでしたね。

これも、物理演算を扱うところで説明するので今は飛ばしてしまいましょう。

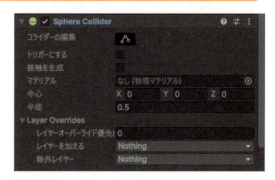
図2-48 Sphere Colliderの表示。

カプセルを作る「カプセル」ゲームオブジェクト

球はよく使われるゲームオブジェクトですが、中には「これ、そんなによく使うかな？」と思われるようなものもあります。それは「カプセル」です。これは、「ゲームオブジェクト」の「3Dオブジェクト」の中の「カプセル」を選んで作成します。

図2-49 「カプセル」メニューを選ぶと、カプセルの形のゲームオブジェクトが作れる。

実際に作ってみるとわかりますが、これは薬のカプセルのような形をしたものです。この図形は、球と円筒形の組み合わせでできています。そう考えると、「基本図形として別に用意しなくてもいいのではないか」と思うかもしれません。

けれど、このカプセルの形というのはけっこう頻繁に使うものなのです。例えば、机や椅子の足などは、円筒形の部品で作れそう

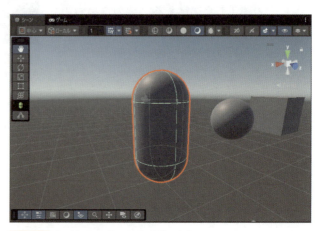
図2-50 カプセルのゲームオブジェクト。

なことは想像できるでしょう。しかし円筒形は両端が平らになっています。まっすぐに立てて配置しないと、地面と隙間があきそうですね。けれど、両端が丸くなっていると、斜めにした足でも違和感がありません。「カプセル」というと特殊なように思えますが、「両端が丸くなった円筒形」と考えれば、円筒形の代替品としてさまざまなところで使えます。

カプセルのインスペクター

これもインスペクターには基本の項目がひと通り揃っています。「Transform」「Capsule(Mesh Filter)」「Mesh Renderer」「Capsule Collider」といったものです。メッシュフィルターは名前が「Capsule 〜」となっていますね。カプセル用のメッシュが設定されているのがわかります。他、コライダーも名前が「Capsule 〜」となっていますが、違いはそれくらいです。

とりあえず使うことになるのは「Transform」だけですから、この表示だけ確認しておきましょう。その他のものは、「こういうものがひと通り揃っている」とだけ理解しておけば十分です。

図2-51 カプセルのインスペクター。

シリンダーによる円筒形ゲームオブジェクト

キューブやスフィアと並んで重要な図形ゲームオブジェクトが「シリンダー（円筒形）」です。「茶筒」のような形のことですね。これは、「ゲームオブジェクト」の「3Dオブジェクト」の中の「シリンダー」を選んで作成します。

図2-52 「シリンダー」メニューを選ぶ。

シリンダーは、円筒形のゲームオブジェクトです。これは基本の図形としてよく利用されます。円筒形といっても、例えば高さを低くして大きさを広げれば円盤のような形になりますし、大きさを小さくして高さを広げれば棒のようなものになります。縦横高さをいろいろ変更すると、思った以上にさまざまな用途に使えるのです。

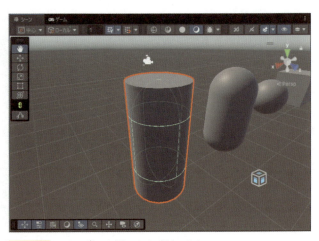

図2-53 シリンダーのゲームオブジェクト。

シリンダーのインスペクター

シリンダーのインスペクターも、基本的にはキューブなどと同じですが、一部の表示だけは違っています。最初に全オブジェクト共通のTransformがあり、それより下に細かな設定が用意されます。

ちょっと不思議なのは、コライダーに「Capsule Collider」が組み込まれていることでしょう。そう、コライダーはシリンダー用ではなく、カプセル用のものがそのまま使われているのです。

実は、コライダーにはシリンダー用のものは用意されていません。カプセル用をシリンダー用にも使うようになっているのですね。

図2-54 シリンダーのインスペクター。コライダーはなぜかカプセル用が使われる。

二次元の平面を作成する「平面」

立体図形のゲームオブジェクトはこれで終わりですが、この他にもう1つ「平面図形」のゲームオブジェクトをあげておきましょう。これは「ゲームオブジェクト」メニューの「3Dオブジェクト」内にある「平面」を選んで作成します。

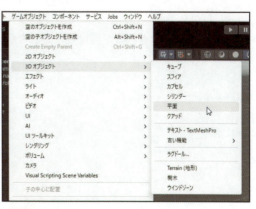

図2-55 「3Dオブジェクト」内にある「平面」メニューを選ぶ。

この平面は、折り紙のような正方形の一枚の紙のようなものです。厚さはなく、スケールでどんなに拡大してもぺらぺらなままです。厚さがないため、TransformのスケールでYの値（高さの値）をいくつに設定しても表示は変わりません。「非常に薄い図形」ではなく、「厚さがない図形」なのです。

これは、地面のように広い平面を用意したいときに利用されます。

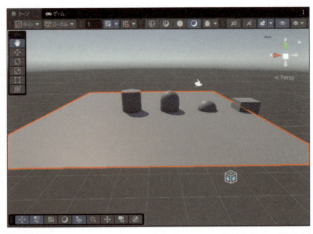

図2-56 プレーンは、正方形の平面ゲームオブジェクト。厚さがない図形だ。

表面しか表示されない！

この平面は、「片面しか表示されない」という特徴があります。シーンに追加すると、地面のように横に広がる形で配置されますが、これを上から見ると、ちゃんと四角い部品として表示されます。しかし、下から（つまり裏側から）見ると、何も見えないのです。

これは、Unityのゲームオブジェクトを更生しているポリゴン（小さな三角形のパーツ）の特徴です。3Dのゲームオブジェクトは、たくさんの小さなポリゴンを組み合わせて作られているのですが、このポリゴンは、基本的に片面しか表示されないのです。ポリゴンは「表面」だけが描画され、「裏面」は表示されないのが一般的です。

これまでのキューブやスフィアなどのゲームオブジェクトも、すべてポリゴンで作られています。が、これらは立体になっていて、図形全体はポリゴンの表面で構成されています。裏面（つまり、図形の内部）から見ることはまずありません。このため、「裏面は表示されない」ということに気がつかなかったのですね。

しかし平面は立体図形になっていない、ただの平面です。裏から見られるのです。このため、「表は表示されるが裏は表示されない」というのが丸見えになっているのですね。

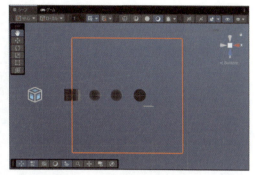

図2-57 平面は上から見ると表示されるが、下から見ると表示されない。

平面のインスペクター

平面のインスペクターも、基本的には他の立体図形のゲームオブジェクトとほとんど同じです。最初にTransformが表示されるのもまったく同じ。ただし、厚さの幅（Y軸の幅）は、どんなに変更しても変わりません。

コライダーは「Mesh Collider」というものが組み込まれており、平面独自のコライダーではなく、一般的なメッシュのコライダーが設定されています。

図2-58 平面のインスペクター。

Chapter 2 | 最初にやること：シーンとゲームオブジェクト

もう1つの平面「クアッド」

平面の図形は、実はもう1つあります。それが「クアッド」です。「ゲームオブジェクト」メニューの「3Dオブジェクト」内にある「クアッド」を選んで作成します。

図2-59 「3Dオブジェクト」メニューから「クアッド」を選ぶ。

作成されるのは、四角い平面部品です。「平面」ゲームオブジェクトの場合、地面のように横に広がる形で配置されますが、クアッドは縦に配置されます。また大きさもキューブやスフィア等と同じぐらいのサイズになっています。

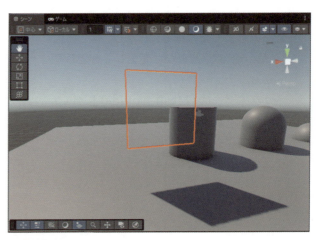

図2-60 配置されたクアッド。

このクアッドも、平面と同様に「表面だけ表示される」という特徴があります。平面と違い、縦に配置されるので、「見る側によって表示されたりしなかったりする」というのがよりはっきりとわかるでしょう。

58

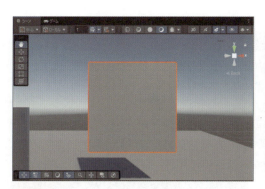 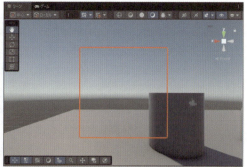

図2-61 クアッドも表面だけが表示され、裏面は表示されない。

クアッドのインスペクター

　クアッドのインスペクターも、他のものとほぼ同様のものが用意されています。メッシュは「Quad (Mesh Filter)」となっており、平面とも違うメッシュが割り当てられていることがわかります。またコライダーは「Mesh Collider」であり、平面と同様にメッシュの一般的なものが設定されています。

図2-62 クアッドのインスペクター。

| Chapter 2 | 最初にやること：シーンとゲームオブジェクト

> **Column**
> **平面とクアッドの違い**
>
> 　ここで、「どうして平面とメッシュの2つがあるの？」と疑問を持った人もいることでしょう。どちらも平面であり、表面だけが表示され裏面が表示されないなど性質もほぼ同じです。両者の違いは一体何でしょう？
>
> 　この2つの違いは、「構成するポリゴン」の違いといっていいでしょう。ポリゴンは、メッシュを構成する小さな部品です。これは小さな三角形の形をしており、すべての3Dゲームオブジェクトのメッシュは、このポリゴンを多数組み合わせて作られています。
>
> 　クアッドの場合、2つのポリゴンで作られています（クアッドは四角形ですから、2つの三角形を組み合わせて作ることができます）。本当に、ただの四角形でしかないのですね。
>
> 　これに対し、平面は、10×10の正方形でできています。ポリゴン数で考えるなら、200のポリゴンでできているのです。これにより、例えば平面を変形したりした場合もなめらかな形状を作り出せます。
>
> 　クアッドはただの四角形であり、曲げたりすることはできないのです。ただし圧倒的にポリゴン数が少ないため、軽量であり、平面に比べ表示に必要な計算量も少なく済みます。たくさんの平面図形を配置するような場合、クアッドを利用すれば平面よりも表示や動作が軽くなります。

ゲームオブジェクトを組み合わせる

　では、今のゲームオブジェクトを組み合わせて何かを作ってみましょう。簡単な例として、「テーブル」を作ってみることにします。

　まず、新たなシーンを作成しましょう。「ファイル」メニューから「新しいシーン」を選んでください。

図2-63　「新しいシーン」メニューを選ぶ。

画面に、シーンのテンプレートを選ぶダイアログが現れます。「Basic (Built-in)」というのが、デフォルトのシーンと同じくライトとカメラだけ用意されているシーンになります。これを選んで「作成」ボタンをクリックし、シーンを作成しましょう。

図2-64 「Basic (Built-in)」を選んでシーンを作る。

平面を作る

最初に、テーブルを設置する面（床？）を作っておきましょう。「ゲームオブジェクト」メニューの「3Dオブジェクト」から、「平面」を選んで新しい平面を作成してください。

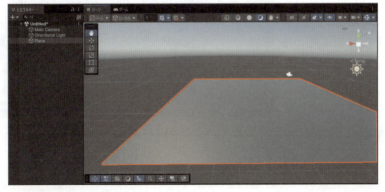

図2-65 平面を作成する。

作った平面の高さ（Y軸の位置）を、0.5にしておきましょう。これからいくつかゲームオブジェクトを作るので、この平面をゼロ地点として位置を調整していくことにします。

平面を選択し、インスペクターのTransformにある「位置」の値を以下のようにします。

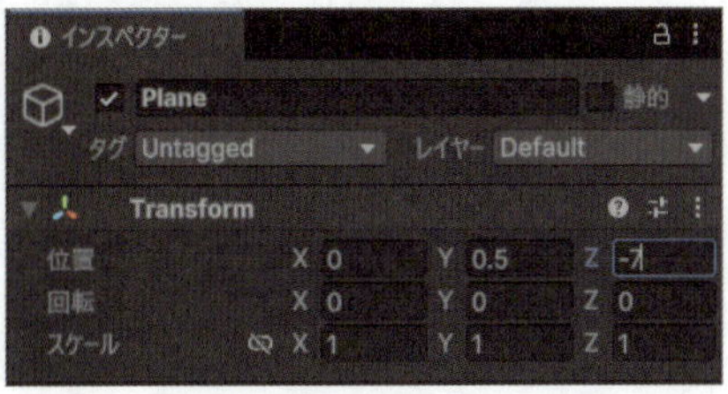

図2-66 位置の値を設定する。

X	0
Y	0.5
Z	-7

キューブを作る

テーブルの面となる部分を作りましょう。これはキューブで作ります。「ゲームオブジェクト」メニューの「3Dオブジェクト」から「キューブ」を選んで、キューブを1つ作成してください。

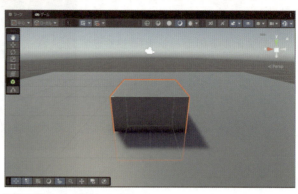

図2-67 キューブを1つ配置する。

このキューブを平たく伸ばして、テーブルの盤面にします。これには、インスペクターのTransformから、以下のように値を設定します。

位置	X = 0, Y = 1.5, Z = -7
回転	X = 0, Y = 0, Z = 0
スケール	X = 1, Y = 0.1, Z = 2

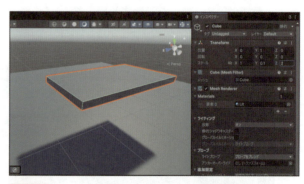

図2-68 キューブを変形してテーブルの盤面を作る。

シリンダーを作る

続いて、テーブルの足を作りましょう。これは「シリンダー」で作ります。「ゲームオブジェクト」メニューの「3Dオブジェクト」から「シリンダー」を選んでください。

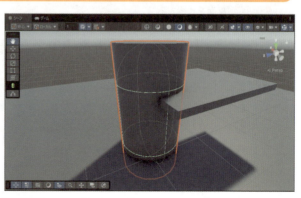

図2-69 シリンダーを1つ作る。

シリンダーの位置と大きさを調整する

このままでは太すぎますからもっと細くする必要がありますね。またテーブルの下に、盤面を支える位置に配置する必要があります。インスペクターで、Transformを以下のように設定してください。これで1本の足ができました。

位置	X = 0.4, Y = 1, Z = -7.9
回転	X = 0, Y = 0, Z = 0
スケール	X = 0.1, Y = 0.5, Z = 0.1

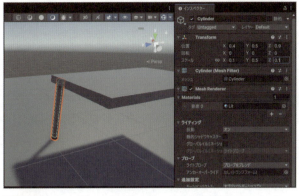

図2-70 シリンダーの位置とスケールを調整する。

コピー&ペーストで計4本の足を作る

できた足を選択して「編集」メニューから「コピー」を選び、続けて「貼り付け」メニューを選べば、足がペーストされ2本に増えます。同様にして計4つの足を作りましょう。

図2-71 シリンダーをコピー&ペーストとして4つに増やす。

それぞれの足の位置を設定する

ペーストして作った3本の足の位置を設定しましょう。インスペクターを使って位置を設定します。なお、部品の選択は、「シーン」パネルを使うより、「ヒエラルキー」パネルからシリンダーを選択したほうが簡単ですよ。

残る3本のPositionをそれぞれ以下のように設定すれば、4本の足がテーブルの四隅に配置されます。

図2-72 4つの足の位置を設定する。

2本目の位置	X = 0.4, Y = 1, Z = -6.1
3本目の位置	X = -0.4, Y = 1, Z = -7.9
4本目の位置	X = -0.4, Y = 1, Z = -6.1

シーンを表示する

　さあ、これでテーブルができました。では、プレイボタンを押してレンダリングした表示を確認してみましょう。テーブルがちゃんと表示されましたか？

　もちろん、まだまだちゃんとしたものにはなっていません。ただのグレーの図形ですから。けれど、とにかく「ゲームオブジェクトを組み合わせて何かを作る」という最初の一歩は踏み出せました！

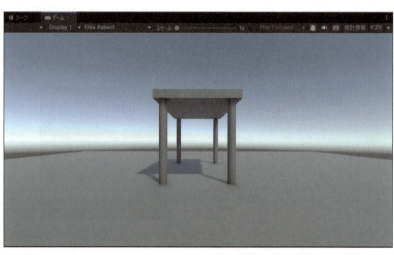

図2-73　プレイしたところ。とりあえずテーブルらしきものが作れた！

Chapter **3**

3Dゲームのための基礎知識：
ライトとカメラ

ゲームシーンに必ず必要となるのは「ライト」と「カメラ」です。
これらの基本的な使い方をこの章で覚え、
シーンの基本的な表示を作れるようになりましょう。

Chapter 3　3Dゲームのための基礎知識：ライトとカメラ

Section 3-1 ライトをマスターしよう

シーンを用意する

シーンは、ゲームオブジェクトだけで構成されているわけではありません。その他にも非常に重要なものが2つあります。それは「ライト」と「カメラ」です。この章では、この2つの部品について説明していきましょう。

その前に、シーンを準備しましょう。前章で、新しいシーンにテーブルを作成しましたね。「ファイル」メニューの「保存」で、

図3-1 「Scenes」フォルダー内に「TableScene」を保存する。

シーンに名前をつけて保存しておきましょう。ここでは「TableScene」という名前にしておきます。保存する場所は、「Assets」フォルダー内の「Scenes」というフォルダー内にしておきましょう。

保存したら、「Scenes」フォルダーにある「SampleScene」をダブルクリックして開きます。このシーンでは、キューブを1つ作成していましたね。その他のゲームオブジェクトについても説明をしました。

では、ライトのあたり具合がわかるように、地面となる平面も追

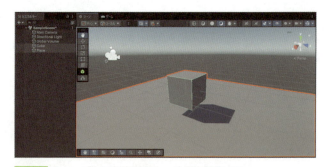

図3-2 キューブと平面を配置し、位置を調整する。

加しておきましょう。「ゲームオブジェクト」メニューの「3Dゲームオブジェクト」内にある「平面」メニューを選んで平面を1つ配置してください。そしてキューブと平面を以下の位置に設定します。

キューブ	X=0, Y=0, Z=-5
平面	X=0, Y=-1, Z=-5

ライトの設定について

では、ライトの基本的な設定から見ていきましょう。シーンには、「Directional Light」というライトが1つ配置されていました。これをクリックして選択しましょう。

ライトの場合、インスペクターには、まず「Transform」が表示されます。これは全部品に共通のものでしたね。部品の位置を指定するものでしたね。

その後には、「Light」という項目が追加表示されるようになります。ここにライトに関する設定項目がまとめられます。では、順に見ていきましょう。

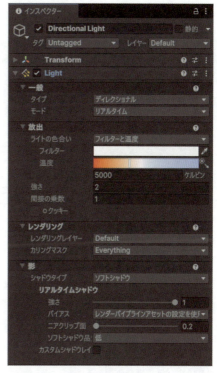

図3-3 「Light」の設定。けっこうたくさんの項目がある。

タイプとモード

最初に「一般」という表示があり、ここに「タイプ」と「モード」という設定が用意されています。

「タイプ」は、ライトの種類を指定するものです。クリックするとメニューがポップアップして現れ、そこから種類を選んで変更できます。デフォルトでは「ディレクショナル」というものが選択されています。このタイプを変更することで、ライトの種類を変えられます。用意されているタイプには以下のものがあります。

スポット	スポットライト。一定範囲を照らします。
ディレクショナル	今使っている、決まった方向から全体を照らすものです。
ポイント	指定の地点から光を放出するものです。
エリア	一定範囲を照らすものです。

ライトの種類は後ほど説明するので、ここでは「タイプにより、ライトの種類が設定されている」ということだけ覚えておきましょう。各タイプの詳細は改めて説明しますからご心配なく。

モードについて

その下の「モード」は、ライトがどのようにレンダリングされるかを指定するものです。これには以下の選択肢があります。

リアルタイム	リアルタイムにライティングを計算します。
ベイク	静的なオブジェクトに対し事前にライティングを計算します。
混合	静的オブジェクトにはベイク、動的オブジェクトにはリアルタイムでライティングします。

モードは、ベイクを導入することで描画にかかるコストを軽減できます。ただし、初心者のうちはほとんど設定することはないでしょう。今は忘れてしまって構いません。

図3-4 「一般」には「タイプ」と「モード」がある。

（※ベイクは後ほど説明します）

放出について

「一般」の下にある「放出」には、ライトとして放出される光に関する設定がまとめられています。

ライトの色合い

ライトの色合いをどのように指定するかを示すものです。これには「フィルターと温度」と「色」の2つが用意されています。どちらを選ぶかによって色合いの決まり方が変わります。

◉「色」の場合

指定した色でライトの光を設定するものです。これを選ぶと「色」の設定項目が追加されます。これで選択した色がライトの光として放出されます。

図3-5 ライトの色合いで「色」を選択した場合の設定。

◉「フィルターと温度」の場合

フィルターと温度を使ってライトの色合いを決定します。これらは、それぞれ以下のようなものです。

フィルター	光源の光の色を指定します。
温度	光源の温度を指定します。

温度により、光は赤っぽくなったり青っぽくなったりします。光の色合いは、温度次第と言っていいでしょう。基本の「白」は、6500Kになります。これをもとに、値を上下して色合いを決めていきましょう。

図3-6 ライトの色合いで「フィルターと温度」を選択した場合。

その他の設定

この他、以下のような設定項目も用意されています。ライトの色合いとこれらの設定で、放出される光が決まります。

強さ	光源の光の強さを示します。
間接の乗数	間接光の強さを示します。ゼロだと間接光はなくなります。
クッキー	光源にテクスチャーを使って光の強弱をつけたい場合に用います。

「強さ」でライトの強さが決まります。また間接の乗数で間接光の度合いも変わりますが、これは最初のうちは使うことはないでしょう。クッキーは、例えば木漏れ日の明かりのようなものを作りたいときに使いますが、これもビギナーの間は忘れていいです。

レンダリング

これは、ライティングのレンダリングに関するものです。「カリングマスク」という項目が用意されています。この項目には、レイヤー名がメニューとしてまとめられています。

この項目は、ライトと影のレンダリングを適用するレイヤーを指定するものです。これにより、特定のレイヤーだけレンダリングから除外できるようになります。これにより、そのレイヤーのオブジェクトでは影が表示されなくなったりします。

図3-7 レンダリングには「カリングマスク」がある。

レイヤーを除外する

これは、ビギナーのうちは使うことはないでしょうが、簡単に効果を確かめられるので実際に試してみましょう。シーンに配置したキューブを選択し、インスペクターからレイヤーを「新しいレイヤー」に設定しましょう。そして、ディレクショナルライトの「カリングマスク」から、「新しいレイヤー」の項目だけを除外してみます。すると、キューブの影が描かれなくなるのがわかります。

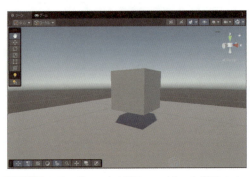 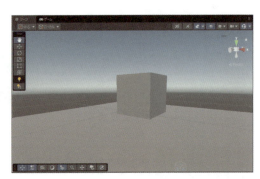

図3-8 カリングマスクが「Everything」「新しいレイヤーだけOFF」「Nothing」場合の表示の変化。

今度はカリングマスクを「Nothing」にしてみてください。すると、まったくライティングがされなくなるのがわかります。すべてのレイヤーがライティングの対象から除外されるためです。再び「Everything」にすると、通常の状態に戻ります。

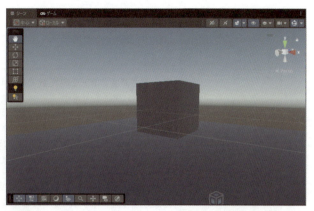

図3-9 「Nothing」にするとライティングがされなくなる。

影の設定

「影」は、ライティングで作成される影に関する設定です。「一般」でモードを「ベイク」にしている場合、以下の項目が用意されます。

■「シャドウタイプ」

影なし	影をつけません。
ハードシャドウ	明確な形状通りの影をつけます。
ソフトシャドウ	影の輪郭部分をぼかして表現します。

ソフトシャドウを選択すると、下にある「ベイクした影の角度」のスライダーが操作できるようになります。これにより、輪郭部分のぼかしの強さを調整できます。

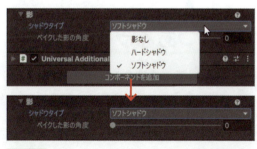

図3-10 「影」は、ライティングでできる影を設定する。

リアルタイムシャドウ

ライトのモードで「リアルタイム」または「混合」が選択されていると、さらに細かな影の設定が用意されます。「シャドウタイプ」で「影なし」「ハードシャドウ」「ソフトシャドウ」が用意されている点は同じですが、影に関する設定項目がさらに表示されます。

解像度	スポット及びポイントライトで表示されます。影の解像度です。「Low」「Medium」「High」といった項目があり、さらに「カスタム」により解像度を直接数値入力で設定できます。
強さ	影の濃さです。0〜1の実数で指定します。ゼロではほとんどなくなり、1ではもっとも濃い状態となります。
バイアス	影の処理にバイアスをかけ、オブジェクトが自身の表面に投影する影（自己影、セルフシャドウといいます）のズレを補正するためのものです。デフォルトで用意されている「レンダーパイプラインアセットの設定を使用」が選択されています。
ニアクリップ面	ニアクリップ面とは、影を計算する際の最小距離を示すものです。ここで指定した距離より近いオブジェクトには影を生成しないように設定できます。
ソフトシャドウ品質	ソフトシャドウを選択した際の品質を指定します。デフォルトの「レンダーパイプラインアセットの設定を使用」の他、「低」「中」「高」があります。

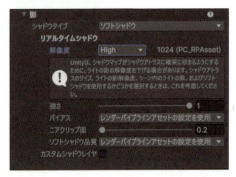

図3-11 リアルタイムライティングではより細かな影の設定が現れる。

4つあるライトの種類

　ライトの基本的な設定についてひと通り説明しましたが、こうした細かな設定よりももっと重要なことがあります。それは「ライトの種類」です。ライトにはいくつかの種類があり、それぞれどのような特徴を持っているか、それを把握することが何よりも重要なのです。

　私たちが暮らすリアル世界は、さまざまな光であふれています。太陽が雲に隠れていても、別に世の中が真っ暗になったりはしません。照明のないところでもなんとなくは見えます。これは、環境光といって、世界全体がいくらかの光で満たされているからです。もちろん、それは太陽の光なのですが、それがさまざまなところに反射して、世の中全体を明るくしているのですね。

　こうした雰囲気は、1つのライトだけでは作れません。いくつものライトを組み合わせて雰囲気を出していくことになるでしょう。

　今までデフォルトで用意されているライトを1つだけ使って来ましたが、これは「ディレ

クショナルライト」というものでした。Unityのライトには、この他にもいくつか種類があります。ざっと整理しておきましょう。

スポット	スポットライトですね。配置した地点から光を放射するものです。光の向きと角度が決まっており、その範囲内のものだけが照らされます。
ディレクショナル	今まで使っていたものですね。これは、一定の方向から照らすライトです。スポットのように、ある決まった地点から光が発せられるのではなくて、太陽の光のようにシーンの世界全体を決まった方角から照らします。
ポイント	決まった地点から全方向にむらなく光を放射します。電球のようなものの光を表すのに用いられます。
エリア	指定したエリア内を照らすライトです。ただし、これは「ベイク」という処理を行っておく必要があります。

これらのライトは、「ゲームオブジェクト」メニューから作成できます。この中にある「ライト」メニューの中に、それぞれのライトを作成するメニューがまとめられています。

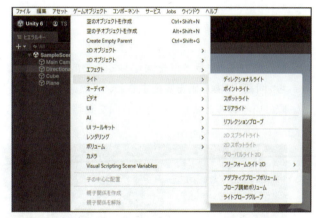

図3-12 ライトは「ライト」内にあるメニューで作成できる。

　これらの種類ごとの特徴と使い方を覚えておけば、基本的なライトは使えるようになる、と考えてよいでしょう。
　というわけで、これらの説明を行いますが、これも前にモデルの種類について説明したのと同様、「実際に操作しながら読まなくていい」ものです。そのまま、ただ読み流してもらって構いません。基本的な特徴がわかれば、それほど難しいものではありませんから。

決まった方向から世界を照らす「ディレクショナル」

まずは、今まで使ってきた「ディレクショナル」ライトからです。ディレクショナルライトは、世界全体に一定方向から光を注ぐライトを作るものです。このディレクショナルライトは、「ゲームオブジェクト」メニューの「ライト」内にあるディレクショナルライト」メニューを選んで作成します。

配置されたディレクショナルライトでは、トランスフォーム関係のギズモの他に、直線を何本も束ねたようなギズモが表示されます。これは、光が差す方向を示すものです。

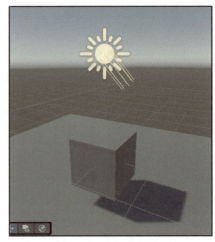

図3-13 光の差す方向を表す直線が表示される。オブジェクトには指定された方向から光が当たる。

この方向は、ライトを回転してその向きを調整します。インスペクターのTransformから「回転」にある値を変更すると、ディレクショナルライトの光の差す方向が変わります。実際にいろいろと試して、光の方向を調整しましょう。

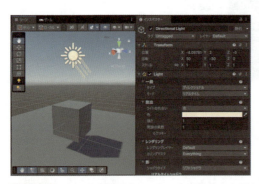 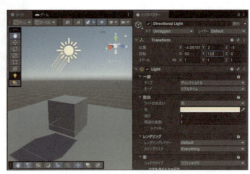

図3-14 回転の値を変更することで光が差す方向が変わる。

ディレクショナルライトは減衰しない！

このディレクショナルライトが他のライトと大きく異なるのは、「設置したライトから光が発せられるわけではない」という点です。

光は、このシーンの無限に遠いどこかから発せられます。どんなに遠く離れていても光はまったく減衰することなく届きますし、この先も無限に遠い先まで光は届きます。ディレクショナルライトは、「光源から離れると光が弱まる」という性質がないのです。

シーンの世界全体を照らすものですので、どこにモデルを置いても常にこのディレクショナルライトの光が当たります（もちろん、光が差す方向にオブジェクトがあって光を遮っていたら当たりませんが）。

現実世界で、ディレクショナルライトにもっとも近いのは「太陽光」です。これは、太陽の光を表すものと考えていいでしょう。

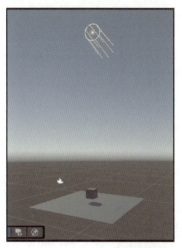

図3-15 ディレクショナルライトの光はどんなに遠く離れても減衰せずに届く。

ポイントライトについて

もっとも単純なライトといえば、「ポイントライト」でしょう。ポイントライトは、電球のようにある一点から全方向に光を発するライトです。これは「ゲームオブジェクト」メニューの「ライト」内にある「ポイントライト」メニューを選んで作成します。

実際に作成してみると、ポイントライトには「光が届く範囲」を示す球形のギズモがついていることがわかります。ライトの設定を調整することで、どの範囲に光を当てるかがギズモの表示でわかるようになっています。

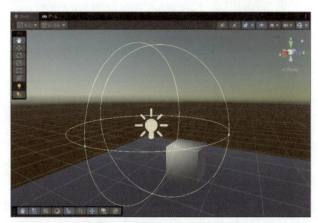

図3-16 ポイントライトは光が届く範囲を示すギズモが表示される。

Chapter 3 | 3Dゲームのための基礎知識：ライトとカメラ |

ポイントライトの設定

ポイントライトの基本的な設定は、インスペクターに用意されています。「Light」という項目には以下のようなものが用意されています。

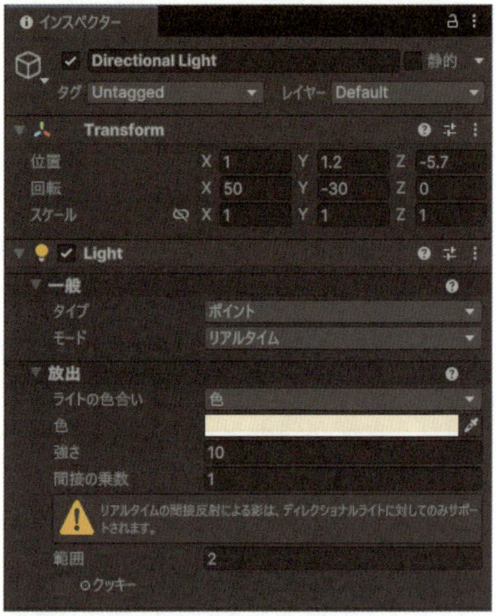

■「一般」項目内

タイプ	「ポイントライト」が選択されます。
モード	デフォルトでは「リアルタイム」が選択されます。

図3-17 インスペクターに用意されている基本的なポイントライトの設定。

■「放出」項目内

ライトの色合い	ポイントの場合、「色」がデフォルトで設定されます。
色	ここで選んだ色で光が放射されます。
強さ	光の強さです。ポイントライトはディレクショナルライトと異なり、距離によって光は減衰します。このため、けっこう強めに値を設定しないと思ったような効果は得られないかもしれません。
間接の定数	これはディレクショナルライトのみサポートされます。
範囲	光が届く範囲を指定します。値を大きくすることで遠くまで光が届くようになります。

ポイントライトを調整する

ポイントライトの基本的な調整は、「強さ」「範囲」「影の設定」の3つからなると考えていいでしょう。それ以外の要素ももちろんありますが、この3つをきちんと設定すれば、それだけで思い通りのポイントライトを作ることができます。

最初に考えるべきは「強さ」です。この値によって、ライトの光量が変わります。最適な光量はどの程度かを考えて値を調整しましょう。

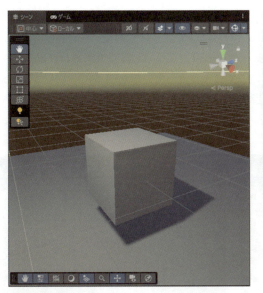 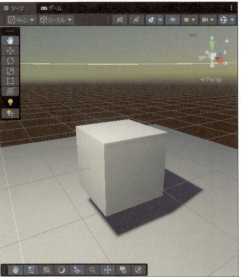

図3-18 強さの違い。強くするほど全体に明るくなる。

　次に調整するのは「範囲」です。これにより、光がどの当たりまで到達するかが決まります。ポイントライトは「ここに光を用意したい」ということを考えて設置します。そのとき、「どこまで明るくなってほしいか」を考えて範囲を調整してください。
　実際の光と違い、ポイントライトは指定した範囲を超えるともう光が届かなくなります。

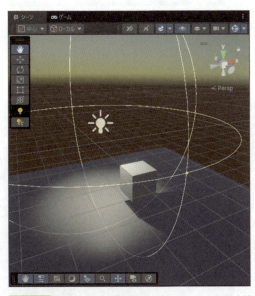 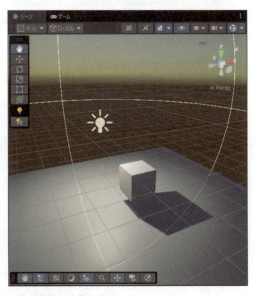

図3-19 範囲の違い。範囲を広げることで、より広範囲に光が当たるようになる。

もう1つ「影」についても注意が必要です。ソフトシャドウかハードシャドウかで影は変化しますが、ソフトシャドウでも「解像度をどうするか」でさらに変わります。解像度が上がるとよりシャープな影になりますが、下げると粗い影付けとなり、雰囲気が変わります。

美しさからいえば解像度が高いほうがいいでしょうが、低いほど演算にかかるコストは軽減されます。たくさんの部品にライトが当たる場合、ある程度解像度を下げたほうがシーンの表示も高速化されるでしょう。

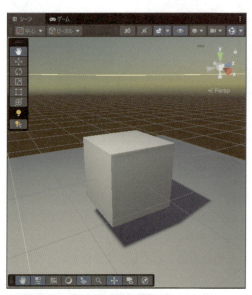 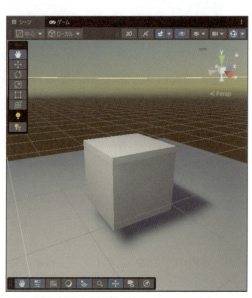

図3-20 影の違い。「High」(1024)と「カスタム」(128)の解像度を比べてみる。

スポットライトについて

ディレクショナルライトもポイントライトも、「決まったところに光を当てる」というような使い方はできません。ディレクショナルライトはすべての場所に決まった方向から光が当たりますし、ポイントライトはライトの地点から全方向に光が当たります。

では、「この部分にだけ光を当てたい」というようなときはどうすればいいのでしょうか。そんなときに使われるのが「スポットライト」です。

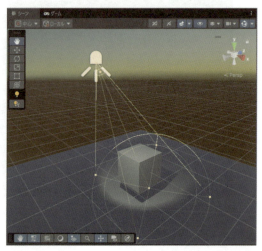

図3-21 スポットライトは決まった範囲にのみ光を当てる。

スポットライトは、「方向」と「サイズ」の情報が用意されています。指定した方向に、指定した範囲で光を当てる、それがスポットライトです。スポットライトは、「ゲームオブジェクト」メニューの「ライト」から「スポットライト」を選んで作成できます。

スポットライト特有の設定

スポットライトには、そのための専用の設定が用意されています。インスペクターの「Light」には、ライティングの基本的な設定がひと通り用意されていますが、その中にはスポットライトのための重要な項目が含まれています。順に説明しましょう。

◉ 形状

形状は、スポットライトの光が当たる範囲を指定するものです。これには「内径」と「外径」が用意されています。

図3-22 形状はスポットライトの範囲を指定する。

内径は、光が当たる範囲を示します。そして外形は、光が減衰し当たらなくなる範囲を示します。つまりスポットライトは、内径から外に広がるにつれて光が減衰していき、外形のところで完全に消えるようになっているのです。

同じ内径でも、外形が変わることで、くっきりとしたスポットライトから全体に光を当てるようなライトまで作ることができます。シャープなスポットライトが欲しい場合、ソフトに光を当てたい場合、欲しいスポットライトのイメージを下に形状を調整しましょう。

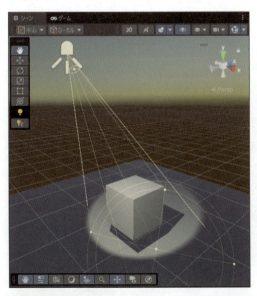 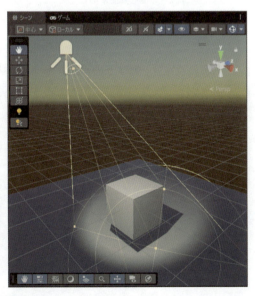

図3-23 同じ内径で外径が異なると、光が広がる範囲が変化する。

◉ 放出

　これは光の状態（色合い）を設定するものでしたね。スポットライトの場合、「ライトの色合い」は「色」がデフォルトになっています。「色」「強さ」「間接の定数」といったおなじみの項目が用意されています。

　この中の「強さ」が、光の強さを決めます。この値によって、どのぐらいの光が放出されるか光が当たる対象がどのぐらい明るくなるか）が決まります。

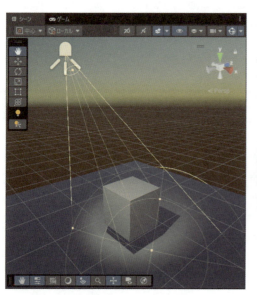 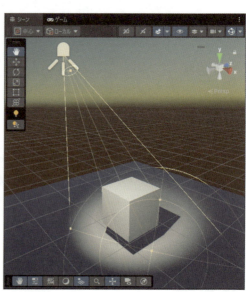

図3-24 強さの値を変更することで、当たる光の強さが変化する。

◉ 影

　影の設定は、先ほどのポイントライトと同じです。シャドウタイプの設定だけでなく、ソフトシャドウならば解像度をどうするかも考えましょう。

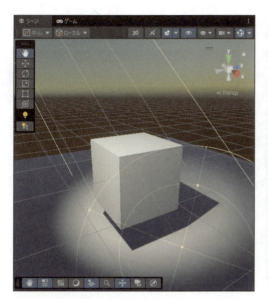 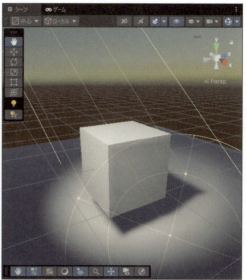

図3-25 影の違い。解像度がHigh（1024）とカスタム（128）を比べる。

エリアライトについて

　残るは「エリアライト」ですね。これは、他のものとはちょっと違う性質を持っているため、利用には注意が必要です。

　エリアライトは、一定範囲の面から光を放出するものです。これは、例えば天井照明や窓からの明かりなどのように、四角い範囲（あるいは円の範囲）の全体から光が放出されます。

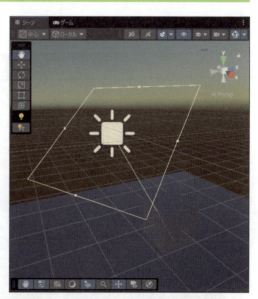

図3-26 エリアライトは光源となる範囲があり、そこから光が放出される。

形状について

エリアライトに用意されている設定は、基本的に他のものと同じです。エリアライトは平面のような形をしているので、Transformの回転を使い、向きを調整します。

図3-27 「形状」にはエリアライトの形と大きさの設定がある。

エリアライト独自の設定として用意されているのは「形状」です。これは、エリアライトの光源となる領域の形と大きさを設定します。まず「形状」から形を選び、その大きさを設定します。形状には「矩形」と「円形」が用意されています。

◉ 矩形

四角形の形状です。これを選ぶと、下に「幅」「高さ」という項目が現れ、これで縦横の幅を設定できます。

◉ 円形

円形（真円）の形状です。これを選ぶと、下に「半径」という項目が現れ、円の半径を設定できます。

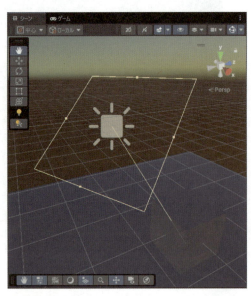
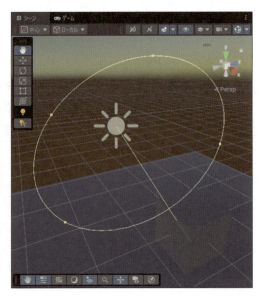

図3-28 矩形と円形の違い。エリアライトの形状が変わる。

エリアライトをベイクする

エリアライトは、そのままではプレビュー表示でもゲーム画面でもライティングされません。これは「ベイク」することで使えるようになるのです。

ベイクとは、シーンに配置されたゲームオブジェクトに対し、どのように光が当たるかをあらかじめ計算しておき、レンダリング時にそれをもとに明かりを当てる方法です。リアルタイムのライティングと違い、事前に計算しておくため、実行時に負荷も軽減され、高品質な照明表現を実現できます。

ただし、ベイクは事前に計算しておかなければいけないため、いろいろと制約があります。

1. ライティングの対象となるゲームオブジェクトは、静的オブジェクトでないといけません。これは「動かないオブジェクト」のことです。リアルタイムに変化するものはベイクの対象となりません。
2. 事前にライトの種類や強さ、色などの情報を設定しておく必要があります。ベイクでは、これらの情報をもとにライティングを計算します。したがって、後から設定を変更したりはできません（変更した場合は、ベイクし直しになります）。

静的オブジェクトの設定

では、実際にベイクをしてみましょう。ここでは、平面とキューブ、ライト、カメラがシーンに配置されていましたね。「ライト」のタイプを「エリアライト」に変更し、位置や形状、放出の設定を行っておきましょう。プレビューでライティング状態が表示されないため、ギズモとして表示される直線（光の方向と長さを表します）を頼りに値を調整してください。

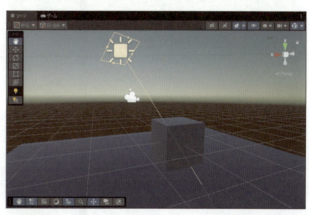

図3-29 エリアライトを調整し、キューブに当たるようにしておく。

シーンが用意できたら、以下の手順に従って作業をしていきましょう。

◉ 1. 静的オブジェクトの指定

最初に行うのは、使用するゲームオブジェクトを「静的オブジェクト」にする作業です。オブジェクトを選択すると、インスペクターの右上にある「静的」のチェックボックスをONにします。

続いて、「ライティング」にある「静的シャドウキャスター」をONにします。これで静的オブジェクトとしてライティングが行われるようになります。

キューブと平面の両方についてこの作業を行ってください。

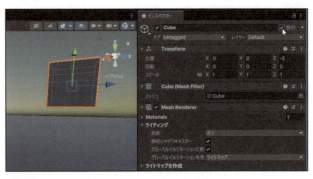

図3-30 ゲームオブジェクトの「静的」と「静的シャドウキャスター」のチェックをONにする。

◉ 2.「ライティング」メニューを選ぶ

ライティングの設定を開きます。「ウィンドウ」メニューの「レンダリング」内にある「ライティング」メニューを選んでください。

図3-31 「ライティング」メニューを選ぶ。

3. ライティングの設定が開かれる

画面に「ライティング」というウィンドウが現れます。これが、シーンのライティングに関する設定を行うところです。ここでベイク作業を行います。

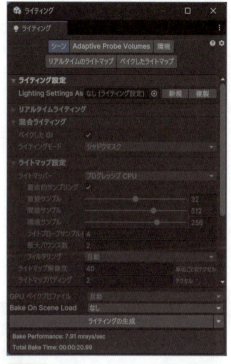

図3-32 ライティングのウィンドウが開かれる。

4. ベイクしたライトマップでライティングを生成する

上部にあるボタンから「ベイクしたライトマップ」をクリックしてください。これでベイクの設定画面になります。ここにある「ライティングの生成」ボタンをクリックし、ライティングを生成してください。

ベイクが実行されます。ライティングが生成されるまでしばらく時間がかかります。

図3-33 「ベイクしたライトマップ」にある「ライティングの生成」ボタンをクリックする。

◉5. ライトマップが生成される

ベイキングが完了すると、「ベイクしたライトマップ」というところに項目が追加されます。これがベイクで生成されたデータです。

図3-34 ベイクしたライトマップが生成される。

ベイクが完了したら、「シーン」パネルで表示を確認しましょう。ベイクした情報をもとにライティングが行われるようになっているのがわかるでしょう。

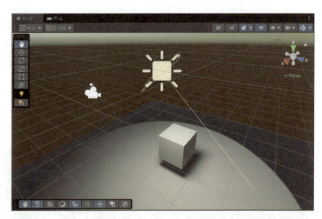

図3-35 「シーン」パネルにライティングが表示されるようになった。

さらに、シーンを実行して「ゲーム」パネルで表示を確認しましょう。カメラから見たシーンもきれいにライティングされているのがわかります。

ベイクは、何度でも実行できます。ゲームオブジェクトやライトを移動したときなどは、再度ベイクしてライトマップデータを更新しておきましょう。

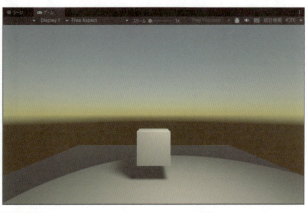

図3-36 シーンを実行してライティングを確認する。

ライティングマップの削除

ライティングマップは、ファイルとして作成されているだけなので、ファイルを削除すれば取り除けます。

先ほど使った「ライティングの生成」ボタンの右側にある「▼」を

図3-37 「Clear Baked Data」メニューでベイクしたデータを削除できる。

クリックすると、右側にメニューが現れます。ここから「Clear Baked Data」を選ぶと、作成したライトマップのファイルが削除されます。

ベイクの基本がわかったら、「Clear Baked Data」メニューでデータを削除し、シーンのDirectional Lightのタイプをディレクショナルライトに戻しておきましょう。

Chapter 3 3Dゲームのための基礎知識：ライトとカメラ

Section 3-2 ライティング環境を補佐する機能

ライティングに関する機能はまだまだある

　光は、シーンの世界を表現するためのもっとも重要な要素です。これは、ライトのゲームオブジェクトの設定がすべてではありません。それ以外にも、光と表示に関連したさまざまな機能が用意されているのです。

　「光のある世界の環境に関する機能」といわれても、具体的にどんなものがあるか想像しにくいでしょう。ここで取り上げるのは、ざっと以下のようなものです。

スカイボックス	世界の背景となるもの。空を表示するものです。
フォグ	霧の表示です。
ライトコンポーネント	ゲームオブジェクト自身に光源を組み込むものです。
ハロー	光源のあたりを視覚的に光らせるものです。
レンズフレア	レンズの効果として光源に特殊な効果を与えます。

　こうした機能を活用することで、より「光のある世界」をリアルに表現できるようになります。では、これらの使い方について説明していきましょう。

スカイボックスを利用しよう

　まず最初は「スカイボックス」についてです。

　シーンを作成すると、青空の世界が作られます。これ、よく考えると不思議ですね？　この青空はどこで用意されているのでしょうか。

　実は、この「青空」を提供しているのが「スカイボックス」というものなのです。これは、シーンのある世界の周辺に関する設定です。

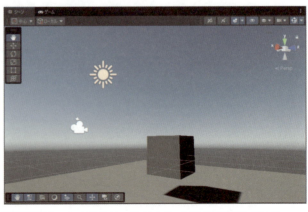

図3-38　シーンの青空は、スカイボックスで表示されている。

Unityのシーンでは、世界は無限の大きさの箱になっている、と考えてください。その箱の中心に自分がいて、そこにシーンのゲームオブジェクトなどを配置しているのです。そして、この箱の内側の面に、空や宇宙が描かれている、と考えるのです。

この「シーンの世界を取り囲む無限サイズのボックス」が、スカイボックスです。このボックスを設定することで、表示される空を編集できるのです。

環境の設定を開く

では、スカイボックスの設定を行ってみましょう。スカイボックスの設定も、エリアライトをベイクする際に利用したライティングの設定で行います。「ウィンドウ」メニューの「レンダリング」内にある「ライティング」メニューを選んでウィンドウを開いてください。

現れたウィンドウの上部にある「環境」をクリックして選択してください。これは、シーン全体の環境に関する設定がまとめられています。

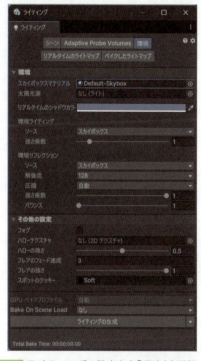

図3-39 ライティングの設定から「環境」を選択する。

スカイボックスマテリアルと太陽光源

「環境」というところに用意されているのが、スカイボックス関連の設定です。最初に以下の2つが用意されます。

図3-40 「環境」に最初に用意されている「スカイボックスマテリアル」と「太陽光源」の設定。

スカイボックスマテリアル	スカイボックスに割り当てるマテリアル。
太陽光源	太陽光で使用するディレクショナルライトを指定します。

太陽光源は、シェーダーという専用のプログラムをスカイボックスに使用する場合のものなので、当面、使うことはありません。忘れていいでしょう。

● スカイボックスマテリアル

スカイボックスマテリアルは、スカイボックスで使う「マテリアル」というものを指定します。マテリアルはもう少し後で詳しく説明をしますが、「物体の表面を設定するためのもの」と考えてください。これで、スカイボックスの表示を行うマテリアルを設定することで、空が表示されていたのですね。

デフォルトでは「Default-Skybox」というマテリアルが設定されています。この項目の右端

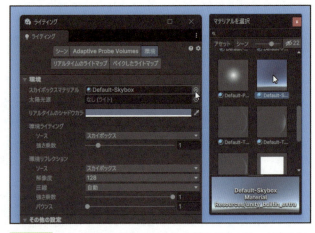

図3-41 スカイボックスマテリアル右端の◎をクリックすると、使用するマテリアルを選択するウィンドウが開かれる。

にある◎アイコンをクリックしてみましょう。画面にウィンドウが開かれ、そこに利用可能なマテリアルが一覧表示されます。ここからマテリアルを選択すれば、それがスカイボックスに設定されるのです。

用意されているマテリアルは、デフォルトの「Default-Skybox」以外はスカイボックス用のものではありませんが、スカイボックスに設定することはできます。では、この中から「Default-Particle」というものをクリックしてみましょう。これは、パーティクルという特殊な効果を与えるためのものです。

これを選ぶと、空に白く光る雲のようなものが現れます。これが、Default-Particleのマテリアルです。このようにスカイボックスに設定することで、空にマテリアルの表示が現れたのですね。

スカイボックスマテリアルの働きがわかったら、再びDefault-Skyboxを選んでもとに戻しておきましょう。

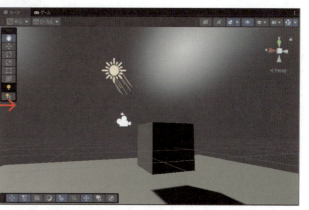

図3-42 Default-Particleマテリアルを選ぶと、空がこのように変わる。

リアルタイムのシャドウカラー

　その下にある「リアルタイムのシャドウカラー」は、リアルタイムの影とベイクによる影を混合する際に使われるものです。この項目をクリックするとカラーパレットが現れ、色を選択できます。

　これも、当面使うことはありませんから忘れてしまって構いません。

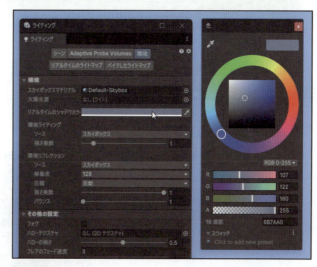

図3-43 リアルタイムのシャドウカラーの色を設定する。

Chapter 3 | 3Dゲームのための基礎知識：ライトとカメラ

環境ライティング

その下にある「環境ライティング」は、環境光に関するものです。普段、私たちが暮らす世界では、太陽が雲で陰っていても、証明などがついていなくとも、まわりが見えます。

図3-44 環境ライティングの設定。

これは、この世界全体に満ちている環境光によるものです。たとえ太陽が直接見えなくとも、空や雲やさまざまなものに太陽の光が当たり、それらが乱反射して地上に届き、ちゃんとまわりが見える程度の明るさを保っているのですね。日食などで太陽の光がまったく地球に届かなくなると途端に真っ暗になることから、直接見えていなくとも太陽の光がさまざまなところから反射して地上に届いていることがわかります。

この環境光に関するものが「環境ライティング」です。

ソース	環境光のもとになるものを指定します。通常はスカイボックスです。
強さ定数	ソースが「スカイボックス」のときに表示されます。環境光の強さを示します。

環境光は、通常はスカイボックスをソースに指定して空から降り注がれる光が環境光としてまわりを照らします。しかし、それ以外のソースも指定できます。

● ソースを「色」にする

「ソース」の値を「色」に変更すると、その下に「環境光の色」という項目が表示されます。この項目をクリックするとカラーパレットが現れ、色を選択できます。

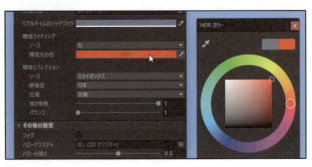

図3-45 ソースを「色」にして「環境光の光」をクリックするとカラーパレットで色が選択できる。

色を選択すると、シーンの影に指定の色が混じったようになります。影の色が、「環境光の光」の色そのものになるわけではありません。影に色が合成されたようになります。

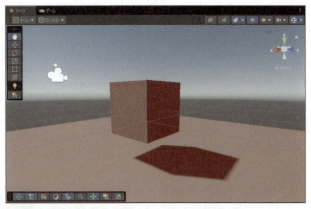

図3-46 環境光の光を設定すると、その色の影になる。

環境リフレクション

これは、オブジェクトの表面などに環境光などが映り込んだり反射したりするものです。これも当面使うことはないでしょう。忘れてしまって構いません。

図3-47 環境リフレクションは環境光のリフレクション（反射）に関する設定。

フォグについて

ライティング設定の「環境」には、スカイボックスの他にも設定があります。それは「フォグ」です。

フォグは、霧やモヤのような効果に関するものです。例えば霧がかかっていると、遠くのものに白っぽいモヤがかかり見えにくくなりますね。こうした効果を設定します。

図3-48 「その他の設定」にフォグの設定が用意されている。

「環境」の設定を見ると、「その他の設定」という項目が見えますね。ここにフォグの設定がまとめられています。

ここにある「フォグ」というチェックボックスをクリックしてください。すると、フォグに関する設定が現れます。

色	フォグの色を指定します。
モード	フォグのモード指定です。以下の3つがあります。
Linear	フォグの濃度がカメラからの距離に比例して線形に増加します。
Exponential	カメラからの距離が増えるにつれて、フォグの濃度が指数関数的に増加します。
Exponential Squared	「Exponential」モードよりもフォグが急激に濃くなるモードです。

Linearの場合、その下に「開始」「終了」という項目が追加され、開始地点と終了地点のそれぞれの距離を指定します。その他のものでは「密度」という項目が追加され、フォグの濃さを指定します。

図3-49 フォグ関連の設定。

実際にフォグの色と密度を適当に設定してみましょう。そして「ゲーム」パネルに切り替えて表示を確認すると、ゲームオブジェクト全体がフォグの色に変わっていくのがわかります。

フォグは、このように配置したゲームオブジェクトにモヤのような効果を与えます。ただし、実際の霧などのように何もないところまですべてモヤって表示されなくなるわけではありません。このあたり、用途と効果をよく考えて使う必要があるでしょう。

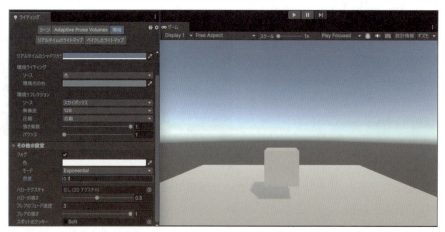

図3-50 フォグを設定するとその色に染まって見える。

モデルに光源を設定する

　これで、Unityに用意されているライトの基本的な設定はわかりました。じゃあこれでライトはマスターだ！……と思ったかもしれません。が、実はそうではないのです。ライトというのは、こうした基本的なライトを設置するだけでなく、それ以外のところでもいろいろと使われているのです。

　例えば、電球のモデルを作ったとしましょう。このとき、そのモデルそのものを光らせたいと思うはずです。こんなとき、どうすればいいのでしょう？

　こんなときに利用されるのが、「ライト」のコンポーネントです。コンポーネントというのは、ゲームオブジェクトに組み込むことのできるさまざまな「機能の部品」です。ゲームオブジェクトにコンポーネントを追加することで、さまざまな機能を追加できるのです。

　「ライト」は、ライトをモデルに追加するためのコンポーネントです。これを使うことで、モデル自体を光らせたりすることができます。

図3-51 ゲームオブジェクトにライトを追加すると光源を追加し、オブジェクトを光らせることができる。

スフィアを追加する

　では、実際に「ゲームオブジェクトにライトのコンポーネントを追加する」ということをやってみましょう。

　「ゲームオブジェクト」メニューの「3Dオブジェクト」から「スフィア」メニューを選んでシーンに追加してください。位置は以下のようにしておきました。

| 位置 | X=3, Y=3, Z=-3 |

| Chapter 3 | 3Dゲームのための基礎知識：ライトとカメラ |

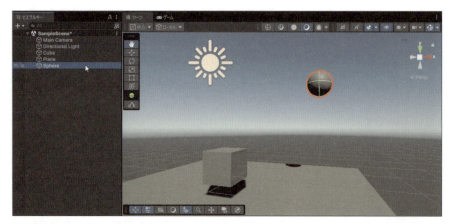

図3-52 スフィアを1つ配置する。

このスフィアにライトのコンポーネントを追加します。シーンに配置したスフィアを選択した状態で、「コンポーネント」メニューから「レンダリング」内にある「ライト」メニューを選んでください。

図3-53 「ライト」メニューを選ぶ。

「Light」が追加される

インスペクターに「Light」という設定が追加されます。これが、「ライト」コンポーネントの設定です。

コンポーネントを追加すると、インスペクターにそのコンポーネントの項目が追加されます。インスペクターを見れば、どんなコンポーネントが組み込まれたかが確認できます。

図3-54 「Light」の設定が追加された。

では、追加されたライトを設定しましょう。以下のように設定を調整しておきます。それ以外の項目はデフォルトのままでいいでしょう。

色	白にしていますが、好きな色を指定してOKです。
強さ	50
間接の定数	1
範囲	10
シャドウタイプ	ソフトシャドウ
解像度	Medium

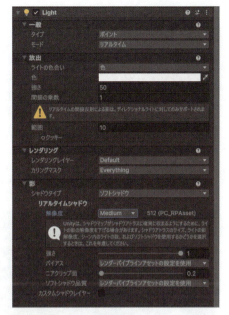

図3-55 Lightの設定を行う。

設定したら、「ゲーム」パネルに切り替えて表示を確認しましょう。スフィアから光が放出され、キューブに影ができているでしょう。光が放出されているのがわかりますね。

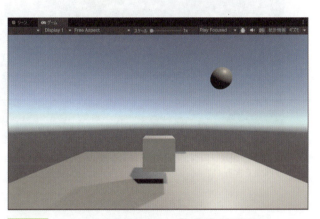

図3-56 スフィアからの光でキューブに影ができている。

ハローの利用

実際に表示を確かめると、なるほど球からの光でテーブルが光って表示されます。が、球そのものは、グレーの表示のままです。光っているのにグレーってのは、いくら何でも変ですね。といって、マテリアルで何かの色を設定したとしても、それ自体には「光っている雰囲気」はありませんね。

こういう「自分自身が光っている感じを出したい」というときに役立つのが「ハロー(Halo)」というものです。これは、光るモヤのようなものです。これを追加することで、光っている感じが出せるのです。

ただし！　このハローの利用には注意が必要です。ハローは、Unity 6よりサポートになった「Universal Render Pipeline (URP)」には対応していません。本書でプロジェクトを作成する際、「Universal 3D」というテンプレートを使いましたが、これはURPを利用するものでした。このため、現在使っているプロジェクトではハローは使えません。

　旧方式のプロジェクトである「3D(Built-In Render Pipeline)」というテンプレートを使って作成したプロジェクトでは利用できます。ハローを試してみたい人は、URPを使わないシーンを作成するか、あるいは「3D(Built-In Render Pipeline)」のプロジェクトを別途用意して使うようにしてください。

（※URP利用の場合は、この後で説明する「レンズフレア」を使ってハローと同等の効果を得られます）

図3-57　新規プロジェクトを作成する際、「3D(Built-In Render Pipeline)」を選ぶと旧方式のプロジェクトが作成できる。

Column
URPとレンダーパイプライン

　ここで「Universal Render Pipeline（URP）」という言葉が出てきました。このURPというのは、Unityの「レンダーパイプライン」の1つです。

　レンダーパイプラインとは、3Dシーンをレンダリング（描画）する一連の処理の流れを示す言葉です。レンダーパイプラインでは、3Dオブジェクトやエフェクト、ライティング、シャドウなどを画面に表示するために必要な計算を順序立てて実行します。Unityでは、これらのレンダリング処理を効率的に行い、リアルタイムで描画を行うことが求められます。このため、これまでさまざまなレンダーパイプラインが設計されてきました。

　このURPは、Unity 6よりサポートされた「スクリプタブルレンダーパイプライン（SRP）」と呼ばれるものの1つです。スクリプトでレンダーパイプラインを自由に制御できるため、拡張性に優れています。

　Unity 6より前のバージョンでは、ビルトインの固定レンダリングパイプラインを使うしかありませんでした。このため、細かな最適化や特定のプラットフォームに合わせた調整がしづらいといった制約がありました。

　Unity 6では、URPと、さらに高品質な「High Definition Render Pipeline（HDRP）」というレンダーパイプラインが追加されています。これらは非常に強力なものですが、それ以前のものとは大きく変わっているため互換性が完全には保たれていません。このため、URPやHDRPを利用するプロジェクトでは、それ以前のレンダーパイプラインのプロジェクトに用意されていた機能の一部が利用できなくなっています。ハローもこうしたものの1つです。

ハローを追加する

　では、先ほど作成したスフィアにハローを追加してみます。なお、新たに「3D(Built-In Render Pipeline)」テンプレートでプロジェクトを作成した場合は、この直前までのシーン（平面、キューブ、スフィアが配置された状態）を再現してから続きの作業を行ってください。

　まず、シーンに配置したスフィアを選択し、「コンポーネント」メニューの「エフェクト」内にある「ハロー」を選びます。これがハローのコンポーネントを追加するためのものです。

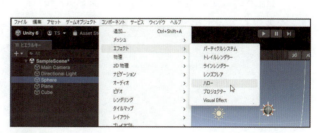

図3-58 スフィアを選択し、「エフェクト」から「ハロー」メニューを選ぶ。

ハローの設定を確認する

スフィアのインスペクターに「Halo」という項目が追加されます。これは、以下の2つの項目からなります。

色	ハローの色を設定するものです。マテリアルの色設定などと同様、右側の四角い領域をクリックして色のウィンドウを呼び出し設定します。
サイズ	ハローのサイズを指定します。デフォルトでは「5」になっています。ハローは小さくするほどはっきりとした表示になり、大きくするほど薄くぼんやりした表示になります。

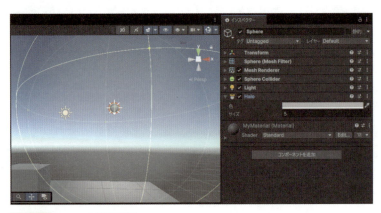

図3-59 ハローの設定項目。

Haloの設定を変更する

では、実際にHaloの設定を行ってから「ゲーム」パネルでシーンの表示を確認してみましょう。スフィアのまわりを取り巻くようにモヤのような表示が現れるのがわかります。

Haloの設定を変更すると、シーンビューの球の表示が変わります。実際に色とサイズを変更して表示を確認しましょう。

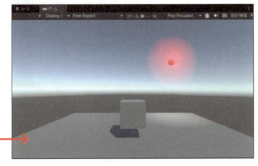

図3-60 Haloの色とサイズを設定して「ゲーム」パネルをチェックする。ハローが表示されているのがわかる。

レンズフレアについて

現在のURPプロジェクトでは、ハローは使えません。では、代わりになるものはないのでしょうか。

実は、あります。それは「レンズフレア」と呼ばれるものです。これはカメラが強い光源を捉えた際に生じる光の屈折や反射によって、光の輪や反射光が現れる視覚効果です。

このレンズフレアは、URP以前のプロジェクトにもありましたが、Unity 6ではURP対応のレンズフレアが追加され、これを利用することで光源に輝きを表せるようになりました。

このレンズフレアはコンポーネントとして提供されていますが、ちょっと注意が必要です。「コンポーネント」メニューから「レンダリング」内にある「Lens Flare (SRP)」という項目を選択してください。これでレンズフレアが追加されます。

図3-61 「Lens Flare (SRP)」メニューでコンポーネントを追加する。

注意が必要なのは「レンズフレアのコンポーネントはもう1つある」ためです。「コンポーネント」メニューの「エフェクト」内にも「レンズフレア」メニューがあります。こちらは、URP以前のプロジェクト用のものです。こちらを選んでも、URPプロジェクトではレンズフレアを表示できないので注意してください。

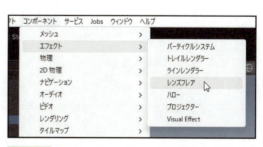

図3-62 「エフェクト」メニューにある「レンズフレア」は旧プロジェクト用のもの。

レンズフレアの設定

　追加された「Lens Flare (SRP)」には、たくさんの設定項目が用意されています。これらは、レンズフレアの表示に関する細かな調整をするためのものですが、よほど細かな演出の意図などがない限り、これを調整することはほとんどないでしょう。当面、以下の2つだけ覚えておいてください。

強さ	レンズフレアの強さ。
スケール	レンズフレアの大きさ。

　どちらもデフォルトは「1」になっています。プレビューの表示を見ながら値を調整してください。設定で利用するのはこの2つぐらいです。

　その他の設定はデフォルトのまま使う、と考えてください。デフォルトのままでも、コンポーネントを組み込んだスフィアにはレンズフレアの輝きがプレビューで表示されるようになります。

図3-63 Lens Flare (SRP) の設定。基本的にデフォルトのまま使う。

メインカメラの設定

　これでレンズフレアはもう使えるのですが、実はそのまま「ゲーム」パネルなどに切り替えてもレンズフレアは表示されません。これを実際に表示させるには、カメラの設定が必要です。

　シーンに配置したカメラ（Main Camera）を選択し、インスペクターから「Camera」の「レンダリング」というところにある「ポストプロセス」のチェックボックスをONに変更してください。これは、シーンのレンダリングが完了した後、画面全体にエフェクトを適用して視覚効果を追加するためのものです。これをONにすると、レンズフレアのエフェクトの効果が追加されるようになります。

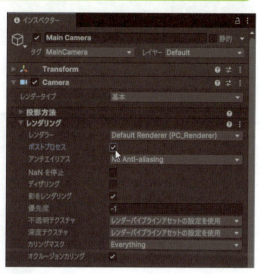

図3-64　Main Cameraの「ポストプロセス」をONにする。

　設定できたら「ゲーム」パネルに切り替えて表示を確認しましょう。スフィアに輝くような効果が表示されるのがわかります。ハローよりもよりリアルな感じがしますね。URPでは、このレンズフレアを使って光源の輝きを表現するようにしましょう。

図3-65　「ゲーム」パネルで表示を確認する。光源にレンズフレアが表示されるのがわかる。

Chapter 3　3Dゲームのための基礎知識：ライトとカメラ

Section 3-3　カメラをマスターしよう

カメラの設定について

　続いて、カメラの設定について説明しましょう。

　シーンには、デフォルトで「Main Camera」というカメラが1つだけ用意されています。このカメラを通じてシーンが表示されるわけですね。

　シーンに配置されているカメラ（Main Camera）を選択すると、白い直線のギズモが何本か表示されます。これは、カメラの視

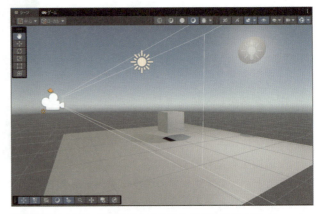

図3-66　カメラには視覚を表す直線のギズモが表示される。

覚を表しています。カメラから放出される4本の白い直線が囲む領域が、カメラに映る部分になります。カメラの位置や向きは、このギズモによる表示領域を確認しながら調整します。

カメラのプレビュー

　ただし、直線を見ただけでは、実際にどの領域がカメラに写っているのか把握しづらいでしょう。このようなときは、Overlay Menuパレットの「カメラ」を使います。パレットにある「カメラ」のアイコンをクリックしてONにすると、選択したカメラ（デフォルトで「Main Camera」が選択されています）から見た画面のプレビューが小さなウィンドウで表示されます。これを見ながら、カメラの配置を調整するとよいでしょう。

図3-67　Overlay Menuパレットの「カメラ」をONにすると小さなプレビューウィンドウが表示される。

「Camera」のインスペクター

カメラのインスペクターには、まず「Transform」が用意され、その下に「Camera」という項目が用意されます。ここにカメラ関係の設定がまとめられます。その他にもいくつかの項目が用意されているのがわかるでしょう。カメラの設定は「Camera」だけですが、カメラは実際にゲームに表示される画面そのものに関するものですから、関連する設定がいろいろと用意されるのです。

では、順に設定を見ていきましょう。まずは「Camera」の設定項目からです。

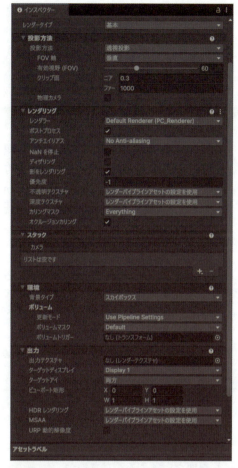

図3-68 カメラのインスペクター。「Camera」の下にもいくつか項目がある。

レンダータイプ

「Camera」の最初にある「レンダータイプ」は、カメラの表示を直接表示するか、別のカメラの出力に重ねて表示するかを示すものです。これは、複数のカメラを組み合わせて表示を作るようなときに用います。値は以下の2つがあります。

基本	通常の表示です。カメラを画面に直接レンダリングし表示します。
Overlay	オーバーレイモードで、他のカメラの画面にレンダリングします。

レンダータイプは、複数のカメラを使うようになるまでは触ることはありません。デフォルトの「基本」のままにしておきましょう。後ほど、実際に利用してみるので、今はどういう働きをするのか深く理解する必要はありません。

図3-69 レンダータイプ。「基本」と「Overlay」がある。

投影方法

その下には「投影方法」という設定があります。これは、カメラがどのような方法で3D世界を2次元の平面として描くかを指定するものです。これには2つの方法があります。

図3-70 投影方法には「透視投影」と「平行投影」がある。

透視投影	いわゆる一点透視法と呼ばれるものです。一点（消失点）に向かってすべての奥行きの線が収束する方法です。3D表示でもっとも一般的に用いられる方法です。近くのものは大きく、遠くのものは小さく描かれます。
平行投影	視点からの距離によらず、すべての投影線が平行に進むようにして描く方法です。カメラからの距離に関係なく、近くも遠くも同じ大きさで描かれます。

実際に平行投影を使ってみると、近いものも遠いものも同じ大きさのものは同じ大きさで描かれるため、遠近感がなく、不思議な表示になります。

平行投影は、特殊な表現などを行うような場合にのみ使うものといえます。通常は透視投影を使うと考えてください。

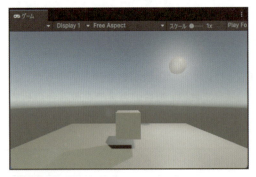 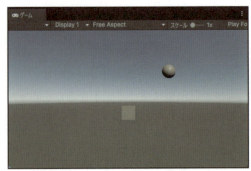

図3-71 投影方法の違い。透視投影と平行投影。

投影される領域の指定

投影方向の下には、投影に関するいくつかの設定が用意されています。これらを使って、投影される領域を調整します。

図3-72 投影方法に用意されている設定項目。

FOV軸	有効視野の角度を縦と横のどちらの軸を下に指定するかを示します。デフォルトは「横」です。
有効視野(FOV)	有効視野の角度を調整します。
クリップ面	カメラに描かれる範囲を指定します。ニアでもっとも近い距離、ファーでもっとも遠い距離を指定します。このニアからファーまでの範囲にあるものをカメラに投影します。

これらは、「どこからどこまでの範囲をカメラに投影するか」を指定する重要なものです。まずは「FOV」で有効視野の範囲を調整する、ということを理解しておいてください。また、クリップ面で「指定した範囲にあるものだけ表示する」ということができる、というのも知っておきましょう。

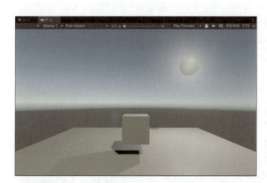

図3-73 FOVを横軸で60度と45度にした場合の表示の違い。

物理カメラ

その下には「物理カメラ」というチェックボックスがあります。これは、現実の世界で使われているカメラをエミュレートするモードです。

これをONにすると、その下に物理カメラに関する細かな設定が表示されます。センサーのタイプ、センサーの大きさ、ISO値、シャッタースピード、レンズの焦点距離、口径、フォーカス距離といった、現実のカメラで用いられているさまざまな値が設定として用意されます。これらを調整することで、現実のカメラで撮影したのと同じように映像を得られるようになります。

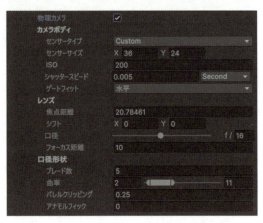

図3-74 物理カメラのチェックをONにすると、カメラに関する設定項目が表示される。

これは、例えばリアルな3D映像を写真のように撮影したい、といったときには役立ちますが、簡単な3Dゲームを作ろうというときはあまり重要ではありません。「そういう機能もあるのだ」という程度に覚えておけば十分でしょう。

レンダリング

その下には「レンダリング」という設定があります。ここには、レンダリングに関する細かな項目がいくつも用意されています。

以下に簡潔に説明しますが、これらは基本的に「デフォルトのまま変更しなくていい」ものです。特に理由がない限り、設定の変更は行わないでください。

● レンダラー

使用するレンダーパイプラインや設定を指定します。標準では「Default Renderer(PC_Renderer)」というものが1つだけあり、これが選択されています。

● ポストプロセス

これは、先にレンズフレアを表示するときにライティングの設定にあったものを使いましたね。レンダリング後に実行されるエフェクトを適用するかどうかを設定します。

● アンチエイリアス

エッジのギザギザをなめらかにするアンチエイリアス処理を有効にするかを設定します。

◉NaNを停止

NaN（非数）エラーが発生した際にレンダリングを停止するかどうかを指定するものです。

◉ディザリング

カラーのグラデーションをなめらかにするために用いられるディザリング効果を有効にするためのものです。

◉影をレンダリング

カメラが影を描画するかを設定します。OFFにすると、ライティングによる明るさは描かれますが、それによる影は描かれなくなります。

◉優先度

同じ深度のカメラが複数ある場合に、描画の優先順位を指定します。これは数値で指定され、値の大きいものが優先されます。デフォルトでは「-1」になっています。

◉不透明テクスチャー

不透明オブジェクトのレンダリング結果をテクスチャーとして使用できるようにします。「オン」「オフ」「レンダーパイプラインアセットの設定を使用」のいずれかになります。

◉深度テクスチャー

深度情報を含むテクスチャーを生成し、ポストプロセスやエフェクトに使用できるようにします。「オン」「オフ」「レンダーパイプラインアセットの設定を使用」のいずれかを指定します。

◉カリングマスク

カメラで表示するレイヤーを選択し、特定のオブジェクトのみを描画します。値はプルダウンメニューになっており、描画するレイヤーのチェックをONにします。

◉オクルージョンカリング

視界に入らないオブジェクトを非表示にして、描画負荷を軽減するためのものです。

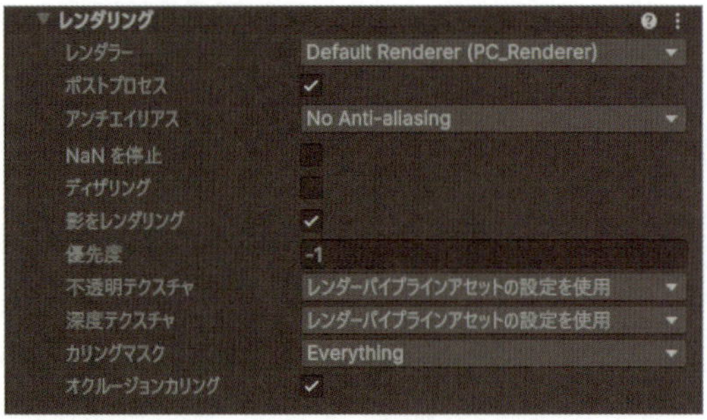

![図3-75 レンダリングの設定項目。]

図3-75 レンダリングの設定項目。

スタック

　その下にあるスタックは、カメラに別のカメラを組み込むためのものです。これは、先にレンダータイプのところで触れた「オーバーレイ（Overlay）」というものを使って別のカメラの映像を重ねて描くような場合に用いられます。これはリストになっており、「＋」ボタンをクリックしてカメラを選択することで、重ねて表示するカメラを追加できます。

図3-76 スタックの設定。

　これはオーバーレイを使うようにならないと利用しません。後ほどオーバーレイは触れるので、今は覚えなくてOKです。

環境設定について

　ここまでは、選択したカメラに関する設定でした。しかしカメラのインスペクターに用意されているのはそれだけではありません。カメラで描かれるシーンの環境に関する設定も用意されているのです。

図3-77 環境の設定項目。

　これは、先にライティングの設定にあった背景タイプとボリュームというものに関するものが用意されています。背景タイプは、3D空間の背景として描かれる内容を指定します。ボリュームは、シーン内の特定領域にカスタムのレンダリング設定を提供するための仕組みで、ポストプロセスのレンダリングなどの効果を表現するのに影響します。

背景タイプについて

環境についての設定では、「背景タイプ」が表示に大きく影響を与えるものとなります。これには以下の3つの値が用意されています。

スカイボックス	スカイボックスを使います。
ソリッドカラー	指定した色を表示します。これを選ぶと下に「背景」という色を選択する項目が追加されます。
Uninitialized	初期化されません。シーン全体が何かのオブジェクトで囲われていて背景が表示されないような場合に用います。

実際に、これらでどのように背景が変化するか確かめてみるとよいでしょう。ソリッドカラーは、背景に指定する色を選択できるので、これで好きな色を選んでみてください。

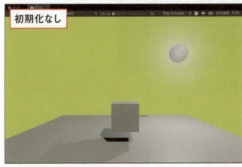

図3-78 スカイボックス、ソリッドカラー、初期化なしの背景を比較する。

出力

この他、「出力」という設定も用意されています。これは、カメラで写した映像の出力に関するものです。これは、実際にカメラの出力を操作するときにならないと役割がわからないでしょう。

この後でカメラの出力を操作するので、それまで「出力」の内容は忘れておきましょう。

複数カメラの利用

カメラは、標準でMain Cameraというものが用意されています。が、これしか使えないわけではありません。複数のカメラを用意して切り替えたり、あるいは同時に複数のカメラの映像を表示したりすることもできるのです。

では、実際に試してみましょう。「ゲームオブジェクト」メニューに「カメラ」というメニューが用意されています。これを選択して、カメラを1つシーンに追加しましょう。

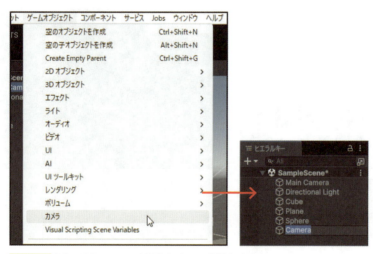

図3-79 「カメラ」メニューを選ぶとカメラが追加される。

作成されたカメラ（「Camera」という名前になっています）を選択し、インスペクターのTransformから以下のように配置を設定しておきます。これで高い位置から見下ろすような表示になります。

位置	X=0, Y=5, Z=0
回転	X=40, Y=180, Z=0
サイズ	X=1, Y=1, Z=1

3-3 カメラをマスターしよう

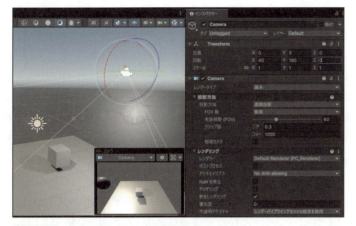

図3-80 カメラの位置と回転を調整する。

「ゲーム」パネルで表示を確認する

では、「ゲーム」パネルに切り替えて表示を確認してみましょう。すると、追加したCameraの映像が表示されるのがわかります。デフォルトで用意されていたMain Cameraの表示がされないようになっているのです。Unityでは、複数のカメラがある場合、最後に追加したカメラの映像が表示されます。

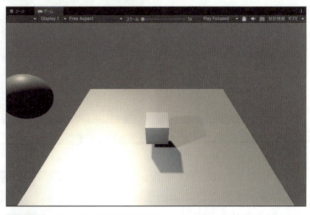

図3-81 「ゲーム」パネルでは追加したカメラの表示になっている。

優先度を調整する

では、Main Cameraの映像が表示されるようにするにはどうすればいいのでしょうか。これは、「Main Cameraが優先されるようにする」のです。

複数のカメラがあった場合、それらの映像はどのように表示されるのか。それは「優先度の高いものから順に重なる」ようにして表示されるのです。Main CameraとCameraがある場合、Main Cameraの優先度は「-1」、Cameraは「0」となっています。このため、値が大きいCameraの映像のほうが上になり、結果としてMain Cameraの映像が表示されなくなっていたのです。

Main Cameraを表示させるには、優先度を調整すればいいのです。Main Cameraを選択し、インスペクターから「レンダリング」というところにある「優先度」の値を「1」に変更してください。

図3-82 Main Cameraの優先度を「1」にする。

これで、再び「ゲーム」パネルを表示させると、Main Cameraの映像が表示されるようになります。このように、「どのカメラの映像を表示させるか」は、カメラの優先度次第で変わるのです。

図3-83 Main Cameraの映像が表示されるようになった。

アクティブ状態を操作する

　優先度とは別に、ゲーム画面に表示されるカメラの映像を操作するための機能はいろいろとあります。まず、「アクティブ状態」の操作から行ってみます。

　カメラは、優先度をもとに表示を行いますが、これは「アクティブになっているカメラ」から順に描画をしていきます。カメラには「アクティブ（利用状態）」の情報があり、使われるのはアクティブなカメラだけです。アクティブでないカメラは表示に使われないのです。

　カメラを作成すると、すべてアクティブな状態でシーンに追加されます。アクティブでない状態にするには、手作業で設定を行う必要があります。これは、メニューを選ぶだけで簡単に変更できます。

　現在、優先度を変更してMain Cameraが表示されるようになっていますね？では、「ヒエラルキー」パネルからMain Cameraを右クリックし、現れたメニューから「アクティブ状態を切り替える」を選んでください。これでアクティブから非アクティブに変わります。これによりMain Cameraの映像は使われなくなり、優先度は劣るけれどアクティブなCameraの映像が表示されるようになります。

　表示を確認したら、再びMain Cameraの「アクティブ状態を切り替える」メニューを選んでアクティブに戻しておきましょう。

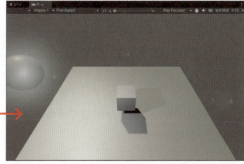

図3-84 「アクティブ状態を切り替える」メニューを選ぶと、Main CameraからCameraに表示が切り替わる。

ターゲットディスプレイの調整

　複数カメラを扱うとき、もう1つ頭に入れておきたいのが「ターゲットディスプレイ」というものです。

　Unityでは、カメラの映像を表示するディスプレイが複数用意されています。といっても、これは実際に表示をしているコンピュータのディスプレイのことではありません。Unityに備わっている仮想ディスプレイのことです。

　Unityでは、複数のカメラを用意し、それらをそれぞれ異なるディスプレイに設定してお

けます。そして必要に応じて、どのディスプレイを実際にゲーム画面に表示するかを設定し切り替えられるのです。これにより、ゲームの表示を瞬時に切り替えたりすることが可能になります。

それぞれのカメラには「ターゲットディスプレイ」という設定があり、これで選択したディスプレイにカメラの映像が送られるようになっています。

実際にターゲットディスプレイを変更してみましょう。Cameraを選択し、インスペクターから「出力」というところにある「ターゲットディスプレイ」を「Display 2」に変更してみてください。

図3-85 Cameraのターゲットディスプレイを「Display 2」に変更する。

ディスプレイを確認する

では、「ゲーム」パネルに切り替えて表示を確認しましょう。ビューの上部には、「Display 1」という表示が見えるでしょう。これをクリックすると、ディスプレイの一覧リストが現れます。ここからディスプレイを選択すると、それが表示されるようになります。「Display 2」を選べばCameraの表示になるし、「Display 1」にすればMain Cameraの表示に変わるのがわかるでしょう。

このように、ディスプレイを切り替えることで、複数のカメラの表示を簡単に切り替えできるのですね。表示が確認できたら、Cameraのターゲットディスプレイを「Display 1」に戻しておきましょう。

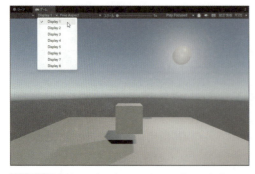
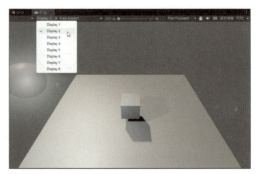

図3-86 「ゲーム」パネルでディスプレイを「Display 2」にするとCameraが、「Display 1」だとMain Cameraがそれぞれ表示される。

複数カメラを同時に表示する

カメラは、一度に1つのものしか表示できないわけではありません。同時に複数のカメラを表示させることもできるのです。これは、カメラの「出力」というところにある「ビューポート矩形」というもので設定されます。

図3-87 カメラの「出力」には、ビューポートの設定がある。

ビューポートというのは、カメラの映像がディスプレイのどの領域に表示されるかを指定するものです。これは以下の項目で設定されます。

X, Y	ビューポートの位置。ディスプレイの左下がゼロとなります。
W, H	ビューポートのサイズ。ディスプレイ全体を「1」とした実数値になります。

カメラのビューポートを修正する

では、カメラのビューポートを修正しましょう。その前に、Main CameraとCameraの2つのカメラがどちらもアクティブになっており、ターゲットディスプレイが「Display 1」となっていることを確認しておいてください。そして、2つのカメラのビューポートを以下のように修正しましょう。

図3-88 Main CameraとCameraのビューポートをそれぞれ設定する。

■Main Camera

X=0, Y=0.5, W=1, H=0.5

■Camera

X=0, Y=0, W=1, H=0.5

これで、Main Cameraの映像はディスプレイの上半分に、Cameraの映像は下半分に表示されるように設定されます。

「ゲーム」パネルで確認する

では、「ゲーム」パネルに切り替えて表示を確認してみましょう。すると、Main CameraとCameraの映像が上下に並んで表示されます。このように、ビューポートを調整することで複数のカメラの映像を1つにまとめて表示できます。

表示を確認したら、2つのカメラのビューポートを初期状態（X=0, Y=0, W=1, H=1）に戻しておきましょう。

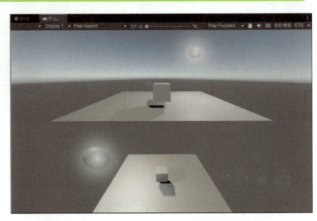

図3-89 2つのカメラの映像が上下に並んで表示される。

オーバーレイでカメラを重ねる

複数カメラの表示を同時に行う方法はもう1つあります。それは「オーバーレイ」という機能を使ったものです。

オーバーレイは、あるカメラの映像を別のカメラの映像に重ねて表示するものです。実際にやってみましょう。オーバーレイの利用には、2つの作業が必要です。

1.組み込むカメラのレンダータイプを「Overlay」にする。
2.組み込まれるカメラのスタックに組み込むカメラを追加する。

ここでは、Cameraの映像をMain Cameraに重ねて表示させてみます。まず、Cameraを選択し、インスペクターから「Camera」のレンダータイプの値を「Overlay」に変更します。

図3-90 Cameraのレンダータイプを「Overlay」にする。

CameraをMain Cameraにスタックする

では、オーバーレイに設定されたCameraを、Main Cameraにスタックします。Main Cameraのインスペクターから「スタック」という項目を探してください。そしてリスト表示の部分（まだ空の状態）の下にある「＋」をクリックしてください。これで、オーバーレイに設定されているカメラが表示されます。ここから「Camera」を選び、スタックに追加してください。

図3-91 スタックの「＋」をクリックし、「Camera」を選んで追加する。

オーバーレイで表示される

設定できたら、「ゲーム」パネルで表示を確認しましょう。Main Cameraの表示の上にCameraの映像が重なったように表示されるのがわかります。オーバーレイを使うと、こんな具合にカメラの映像に別のカメラの映像を重ねられます。

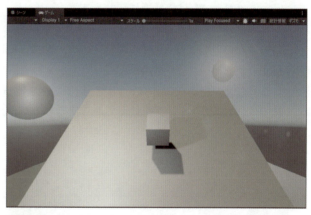

図3-92 オーバーレイでMain CameraにCameraを重ねて表示した状態。

この状態では、オーバーレイしたCameraが完全に上に重なっています。ただし、位置関係などを考えれば、完全に上に表示されるのはちょっと奇妙ですね。そこで、位置関係を正確にして表示させてみましょう。

オーバーレイしているCameraを選択し、インスペクターから「レンダリング」にある「震度を消去」のチェックをOFFにしてください。これで、前のカメラからの深度（カメラからどれぐらい離れているか）が消去され、Main Cameraの深度に合わせる形で表示されるようになります。これでCameraに写っているオブジェクトの位置関係も正確な状態でMain Cameraに重ねられるようになります。

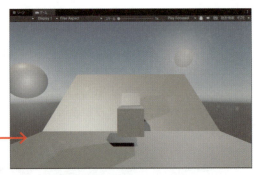

図3-93 「深度を消去」をOFFにすると、位置関係も正確な状態で重ねられる。

本格的な活用にはプログラミングが必要

　複数のカメラを利用したさまざまな表現を試してみました。基本的な使い方がひと通りわかったら、新たに作成したCameraオブジェクトは削除しておきましょう。またMain Cameraのスタックに追加した項目も「－」ボタンで削除しておいてください。これでMain Cameraが1つだけの状態に戻ります。

　カメラはいろいろな表現が可能ですが、これらは「ゲームに常に使われるもの」というわけではないでしょう。ゲームの特定のシーンで一時的に使用する、というようなことが多いはずです。

　こうしたシーンの操作は、プログラミングを使って行う必要があるでしょう。「これらの機能は、プログラミングを覚えてから使うものだ」と考えておきましょう。

Chapter **4**

ゲームオブジェクトの表示の基本：
マテリアルとシェーダー

この章では、ゲームオブジェクトの表面を設定する
「マテリアル」と「シェーダー」について説明します。
またAIを利用してテクスチャーを作成する方法についても触れています。
この章で、さまざまな表示を作れるようになりましょう。

Chapter 4　ゲームオブジェクトの表示の基本：マテリアルとシェーダー

Section 4-1 マテリアルを作ろう

マテリアルは「表面」の情報を管理する

　今まで作ってきたゲームオブジェクトは、すべてグレーの表示でした。ライトの具合によって明るいグレーになったり濃いグレーになったりはありましたが、結局は「色がない状態」だったわけです。ゲームオブジェクトにはどうして「色」の設定がないのか？　そう疑問を感じた人もいたことでしょう。

　なぜ、「色」の設定がないのか？　それは、ゲームオブジェクトというのが「決まった色を指定すればOK」というような単純なものではないからです。

　3Dグラフィックというのは、現実の世界をシミュレートするものです。一般のグラフィックツールのように、感性で色を塗って描いていくのと異なり、現実の世界がどういう形状のパーツから構成されているかを分析して、それを再構築する、というものです。そうした作り方をするものですから、普通のグラフィックツールのように「色を指定してペタペタ塗れば完成！」といったやり方は向いていません。

　むしろ、「物体の表面はどのようになっているのか」を考え、それをシミュレートすることで表面の見え方を設計する。それが3Dグラフィックにおける「表面を描く」という作業なのです。

　「物」の見え方というのは、さまざまな要素の組み合わせでできています。その物の「色」はもちろん、表面に描かれた模様、デコボコ状態、光がどう反射するか、表面の質感はどうか、といったさまざまな要素によって「どう見えるか」が決まってきます。単純に「色は何色か」というものではないのです。

　そこで、こうした「物の表面のあり方」を設定し管理するための特別な部品を用意し、それをそれぞれのゲームオブジェクトに設定して「そのゲームオブジェクトがどう見えるか」を指定することにしました。その「特別な部品」というのが「マテリアル」なのです。

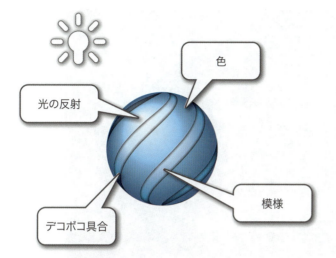

図4-1 「物」がどう見えるかは、色、模様、デコボコ具合、光の反射などさまざまな要因で決まる。

マテリアルとシェーダー

　このように、マテリアルはオブジェクトの表面を表すためのものということはわかりました。が、実を言えば、表面の表示はマテリアルだけで行われるわけではありません。もう1つ、重要な要素があるのです。それは「シェーダー」です。

　シェーダーは、オブジェクトの表面を計算するプログラムです。シェーダーは、光源やマテリアルの特性、オブジェクトの形状などの情報をもとにオブジェクトの表面に表示する色などを算出します。

　マテリアルは、表面の情報（色や模様など）を扱いますが、それをどのように計算して実際の表示を作成するかはシェーダー次第なのです。表面の表示に関する限り、マテリアルとシェーダーは切っても切れない関係にあるのです。

　「マテリアルは表面のデータ」「シェーダーは表面の計算方法」というわけですね。この2つの要素をしっかりと頭に入れておいてください。

シーンを開いておく

　マテリアルの説明を行う前に、シーンを用意しましょう。マテリアルは、実際にゲームオブジェクトに設定して表示を確認しないとどういうものかわかりません。そこで、作成する部品のあるシーンを用意しておきましょう。

　先に、ゲームオブジェクトを組み合わせてテーブルを作成し、シーンを保存しましたね？このシーンを開いておきましょう。「プロジェクト」パネルから、保存した「TableScene」シーンのファイルを探してダブルクリックしてください。これでシーンが開かれます。

| Chapter 4 | ゲームオブジェクトの表示の基本：マテリアルとシェーダー |

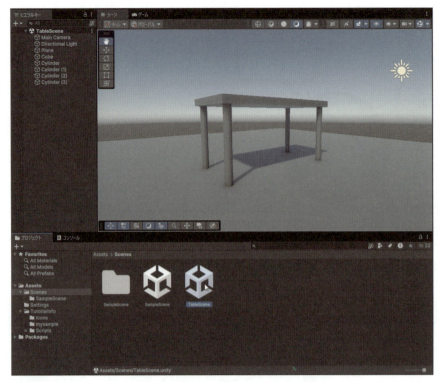

図4-2 プロジェクトから「TableScene」をダブルクリックして開く。

マテリアルを作ろう！

　では、実際に簡単なマテリアルを作ってみましょう。もっとも単純なマテリアルは「色」と「光の反射の具合」だけを指定したものです。表面のデコボコ具合や模様などは、グラフィックなどでパターンを用意しないといけませんが、色と光の反射の仕方は用意されている設定項目だけで指定できます。

　まず、マテリアルを保管しておくフォルダーを用意しましょう。「プロジェクト」パネルで「Assets」フォルダーを選択してから、パネルの左上にある「＋」アイコンをクリックします。これでメニューがプルダウンして現れます。

　ここから「フォルダー」メニューを選んでください。そして作成されたフォルダーに「Materials」と名前を入力しましょう。これでフォルダーが作成されます。

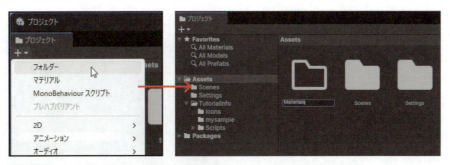

図4-3 「フォルダー」メニューでフォルダーを作り、「Materials」と入力する。

マテリアルの作成

　マテリアルの作成は、「アセット」メニューに用意されています。「プロジェクト」パネルで、先ほど作成した「Materials」フォルダーを選択しておき、「アセット」メニューの「作成」内にある「マテリアル」メニューを選んでください。これで「Materials」フォルダー内に新しいマテリアルが作成されます。今回は青色のマテリアルを作るので、「blue」と名前をつけておきましょう。

図4-4 「マテリアル」メニューを選び、「blue」と名前をつける。

マテリアルのインスペクター

　「blue」マテリアルが選択されていると、インスペクターにその設定が表示されます。ここには、かなり多くの項目が用意されています。まずは、どういうものがあるのかざっと把握しておきましょう。

Shader	一番上にあります。使用するシェーダーです。
サーフェスオプション	表面処理に関する基本的な設定です。
サーフェス入力	表面の表示のために必要なデータや情報を設定します。
ディテール入力	表面のより細かな処理に必要なデータや情報を用意します。
詳細オプション	その他の設定がまとめられています。

| Chapter 4 | ゲームオブジェクトの表示の基本：マテリアルとシェーダー |

　非常に難しそうな項目がたくさん並んでいますが、これらは一度にすべて理解しないといけないわけではありません。「最低限、これだけ覚えておけばマテリアルは作れる」というものがあるので、その基本部分をまずは覚え、少しずつ細かな設定ができるようにしていけばいいでしょう。

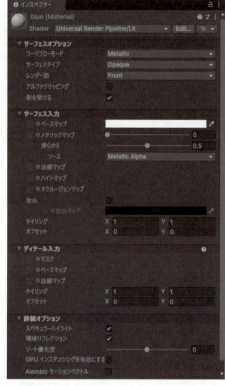

図4-5　マテリアルのインスペクター。

　また、インスペクターの下のほうには、グレーの球のようなものが表示されていますね？　これは、このマテリアルのプレビュー表示です。ここで、このマテリアルを設定したらどんな表示になるのかをチェックできます。このプレビューの表示を見ながら設定を調整すればいいのです。便利ですね！

図4-6　インスペクター下部にあるプレビュー表示。

サーフェスオプションを理解しよう

　最初に、マテリアルの基本的な設定となる「サーフェスオプション」の内容をざっと頭に入れておきましょう。

　これらは「マテリアルはこういう基本的な設定のもとに表示される」という基礎知識として知っておきたいものです。中には難しいものもありますが、それらを完全に理解する必要はありません。「こうした設定情報のもとに、表面の様子が描かれているのだ」ということを大雑把につかんでおいてください。

ワークフローモード

　表面を表現する手法です。「Metallic」と「Specular」の2つがあります。Metallicは、金属のような表面を表現します。金属の場合は鏡のように反射しますが、非金属の場合は表面の光を乱反射させることができます。金属と非金属の素材を区別してレンダリングできます。

図4-7　「ワークフローモード」には2つの選択肢がある。

　もう1つのSpecularは鏡面反射のためのものです。これは鏡のように表面にあたった光を反射します。

サーフェスタイプ

　表面の性質です。「Ｏｐａｑｕｅ」と「Transparent」があります。Opaqueは、不透明な表面を表します。通常のマテリアルはこれを選択すると考えていいでしょう。Transparentは、透明な表面を作成するためのものです。

図4-8　サーフェスタイプは透明か不透明かを指定する。

　Transparentにすると、表面に色や模様などをしっかりと設定しても、薄っすらと透けて見えるようになります。

レンダー面

　表面をレンダリングする面（表か裏か両方か）を指定します。通常、「Front（表面）」が選択されていますが、「Back（裏面）」や「Both（両面）」を選択することもできます。

図4-9　レンダー面で表面と裏面のどちらをレンダリングするか指定する。

● アルファクリッピング

アルファ値をもとにクリッピング（特定の値以上を非表示にする）する機能をON/OFFします。これをONにすると、下に「しきい値」というスライダーが現れ、ここで指定した値以上の領域が非表示になります。

図4-10 アルファクリッピングをONにすると、しきい値のスライダーが現れる。

● 影を受ける

他のオブジェクトの影を受け付けるかどうかを指定します。OFFにすると、他のオブジェクトの影がマテリアルを指定した表面に落ちても描画されなくなります。

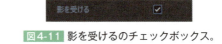

図4-11 影を受けるのチェックボックス。

基本は「ベースマップ」

サーフェスオプションにより、マテリアルのもっとも基本的な設定には以下のようなものが用意されていることがわかりました。

- ワークフローというもののモードにはメタリックと鏡面の2つがある。
- 表面のタイプには透明と不透明がある。
- レンダー面は表と裏を指定できる。
- 他、アルファクリッピングとか影を受けるとかいった設定がある。

以上を踏まえて、実際にマテリアルを作成していくことにしましょう。

マテリアルを作成する際、一番の基本となるものは「色の設定」でしょう。もっともシンプルなマテリアルは、「赤い色」「青い色」というように、色を表示するためのものです。今回作成したものも「blue」という名前にしてありますね。これは「青い色のマテリアル」を作るつもりで名付けたのです。

ベースマップについて

色の設定は、インスペクターの「サーフェス入力」というところにある「ベースマップ」というもので行います。これは、表面の表示を行うもっとも基本的なマッピング機能です。このベースマップでは、特定の色を設定したり、用意したテクスチャー（イメージデータ）を割り当てたりすることができます。

ここでは、もっとも簡単な「色」を指定してみることにします。

では、「ベースマップ」の項目の右側にある白い領域をクリックしてください。画面に、色を選択するカラーパレットのウィンドウが現れます。ここから色を選択すると、それがベースマップに設定されます。

図4-12 ベースマップの白い表示部分をクリックするとカラーパレットが表示される。

では、カラーパレットから青を選択しましょう。パレットには、RGBAの各色を数値で入力できる項目があります。ここでRとGを「0」に、BとAを「255」に設定しましょう。これで青色が選択されます（もちろん、それぞれでもっときれいな青を設定しても構いません）。

図4-13 R,Gを0、B, Aを255に設定する。

カラーパレットで色を選択すると、瞬時にベースマップにその色が設定されます。インスペクター下部にあるプレビュー表示は青色で表示された球に変わるのがわかるでしょう。

図4-14 プレビューの表示。青く表示されるようになった。

Column 「Lit」シェーダーについて

ここで使った「ベースマップ」は、マテリアル全般にある機能ではありません。これは、マテリアルに標準で設定されている「Lit」というシェーダーに用意されている機能なのです。

Litシェーダーは、Universal Render Pipeline (URP)で使用される標準的なシェーダーで、以下のような特徴があります

- 現実世界の表面(石、木、ガラス、プラスチック、金属など)を写実的な品質でレンダリングできる。
- さまざまな照明条件(明るい日光や暗い洞窟など)で、リアルな光の反射や陰影を表現できる。
- URPの中でもっとも計算負荷の高いシェーディングモデルを使用している。

URPではもっともよく使われるシェーダーであり、URPのプロジェクトで新しいマテリアルを作成すると自動的にLitがシェーダーとして設定されます。通常は、このLitシェーダーを使ってマテリアルを設定していくのがよいでしょう。

もちろん、Lit以外のシェーダーを使うこともできます。マテリアルのインスペクターでは、上部に「Shader」という表示があります。ここには、デフォルトで「Universal Render Pipeline/Lit」と表示されているでしょう。これをクリックするとメニューがプルダウンして現れ、利用可能なシェーダーが表示されます。ここから使ってみたいシェーダーを選べば、そのシェーダーを使ってレンダリングするようになります。

マテリアルを作ろう 4-1

図4-15 「Shader」をクリックすると、利用可能なシェーダーがプルダウンメニューで現れる。

「赤」のマテリアルを作ろう

　これでマテリアルの作り方はわかりました。復習も兼ねて「赤」のマテリアル「red」を作ってみましょう。

　やり方はもう頭に入っていますね？　まず、「アセット」メニューの「作成」内にある「マテリアル」メニューを選び、作られたファイルに名前を「red」と入力します。

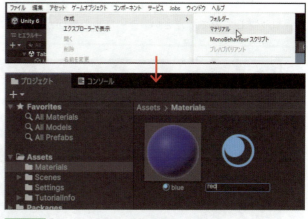

図4-16 「red」マテリアルを作成する。

Chapter 4 ゲームオブジェクトの表示の基本：マテリアルとシェーダー

インスペクターからベースマップのカラー表示部分をクリックし、現れたカラーパレットで赤（R＝255, G＝0, B＝0, A＝255）を選択します。これで赤いマテリアルが作成されました。

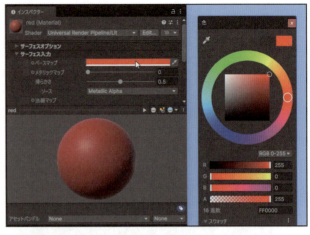

図4-17 ベースマップで赤い色を選択する。

マテリアルを使おう

では、作成したマテリアルをゲームオブジェクトに設定して使ってみましょう。

マテリアルの設定は簡単です。プロジェクトビューにあるマテリアルのアイコンをドラッグし、ゲームオブジェクトにドロップするだけです。

まずは、「red」マテリアルをドラッグして、テーブルの盤面のゲームオブジェクトにドロップしてみてください。テーブルの盤面が赤く変わります。

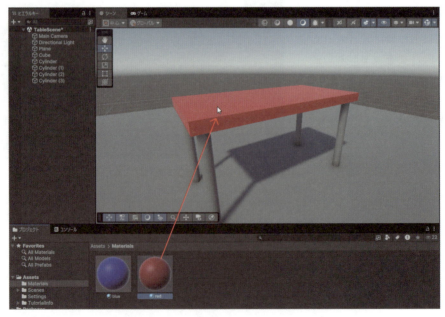

図4-18 「red」マテリアルをテーブルの盤面にドラッグ＆ドロップする。

続いて、テーブルの4本の足に「blue」マテリアルをドラッグ&ドロップで設定しましょう。足は細くてドロップしづらいでしょうから、「シーン」パネルにあるゲームオブジェクトではなく、「ヒエラルキー」パネルに表示されるゲームオブジェクト名の項目にドロップするといいでしょう。これでも設定できます。

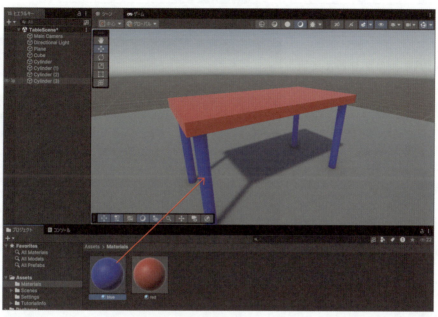

図4-19 4つの足に「blue」のマテリアルを設定する。

カメラとライトを調整する

では、マテリアルを設定したゲームオブジェクトがどう表示されるか確認しましょう。その前に、カメラとライトの位置や向きを調整しておきましょう。シーンにあるMain CameraとDirectional LightのTransformを以下のように調整してください。

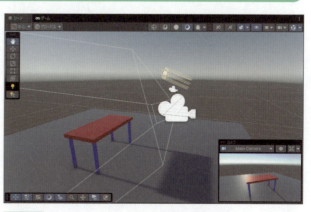

図4-20 ライトとカメラの位置と向きを調整する。

■Main Camera

位置	X=2.5, Y=2.5, Z=-8
回転	X=20, Y=-70, Z=0
スケール	X=1, Y=1, Z=1

■Directional Light

位置	X=0, Y=3, Z=0
回転	X=25, Y=90, Z=0
スケール	X=1, Y=1, Z=1

マテリアルの設定ができたら、「ゲーム」パネルに切り替えて表示を確認してみましょう。赤と青に色分けされたテーブルが表示されましたね。こんな具合に、マテリアルを使えば、思ったよりも簡単にゲームオブジェクトに色を設定できるのです。

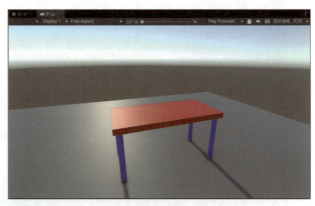

図4-21 「ゲーム」パネルで表示を確認する。

Chapter 4　ゲームオブジェクトの表示の基本：マテリアルとシェーダー

Section 4-2 マテリアルのサーフェス設定

メタリックのサーフェス入力

　基本がわかったところで、マテリアルのインスペクターに用意されている設定を使っていろいろな調整を行ってみましょう。

　ワークフローモードで「Metallic（メタリック）」が選択されている場合、サーフェス入力にはベースマップの下にメタリックに関する設定が追加されます。これにより、メタリックの表示に関する調整が行えます。

図4-22　サーフェス入力にはメタリックに関する設定が用意される。

（※これ以降は、作成した「red」マテリアルをベースに説明をしていきます）

メタリックマップ

　メタリックの基本調整は「メタリックマップ」で行います。これは、「表面がどのぐらい金属的か」を示すものです。値は0〜1の実数で指定します。0ならば金属的な要素はゼロになり、1では完全に金属的な表面となります。

　スライダーの値をいろいろと変更し、インスペクター下部にあるプレビューで表示を確認してみましょう。

 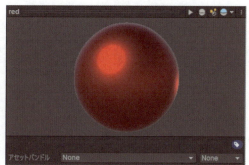

図4-23　メタリックマップが0と1のプレビュー表示。

なめらかさ

メタリックに用意されているもう1つの調整の項目が「なめらかさ」です。これは、表面のなめらかさを指定するもので、やはり値は0〜1の範囲で設定します。

このなめらかさは、光の反射具合に影響を与えます。表面が非常になめらかだと、鏡のようにきれいに光を反射しますが、なめらかでなくなっていくと光もきれいに反射しにくくなっていきます。

普通の金属などではない素材の場合、表面のなめらかさはゼロに近いでしょう。金属になると、なめらかさの値は高くなっていき、ガラスやダイヤモンドのようなものではほぼ1に近いなめらかさとなるでしょう。

 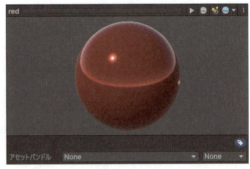

図4-24 なめらかさが0と1のプレビュー表示。

鏡面（Specular）について

ワークフローモードには、メタリックの他に「Specular（鏡面）」もあります。これは、文字通り鏡のような表面を作成するためのものです。これを選ぶと、鏡面用の設定がその下に追加されます。

鏡面もメタリックも、基本的な扱いは似ています。以下に設定についてまとめましょう。

図4-25 Specular（鏡面）モードの場合、サーフェス入力に用意される設定項目。

スペキュラーマップ

サーフェス入力に用意されている「スペキュラーマップ」は、表面の反射の強さや見え方を制御するためのものです。表面がどのように光を反射するかを設定するのに用います。

まずは、「色」をスペキュラーマップに設定してみましょう。色の表示部分（黒い色の部分）をクリックすると、カラーパレットが現れます。これで反射する色を設定します。

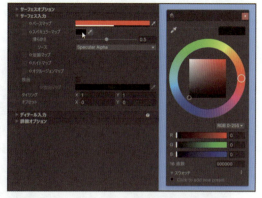

図4-26 スペキュラーマップは色を設定できる。

なめらかさ

スペキュラーマップの設定は、もう1つの設定である「なめらかさ」と関連しています。これはメタリックにもありましたね。表面のなめらかさを示すもので、0～1の範囲で設定されます。

図4-27 なめらかさは0～1の範囲で設定する。

なめらかさにより、表面にあたった光がどのぐらいきれいに反射するかが決まります。1に近ければ鏡のようにきれいに反射し、ゼロに近くなるほど乱反射し鏡のように写り込まなくなります。

2つの設定を調整する

実際に鏡面の調整をする場合、この2つの設定をうまく組み合わせていくことになります。スペキュラーマップでは、反射する光に色を溶け込ませることができます。この色は、各色の輝度の値に応じて強さが決まります。黒に近い場合、反射光には非常にかすかに色が付く程度ですが、輝度が強くなるとほとんどその色でベースマップの色が上書きされるくらいになるでしょう。

またスペキュラーマップの色は、なめらかさが上がるにつれて明確に光の部分に現れるようになります。なめらかさの値が小さければほとんど気がつかないくらいですが、強くなっていくと光のくっきりとした反射がわかるようになります。の2つの値を調整していくことで、鏡面の反射の状態が調整されていきます。

試しに、なめらかさを0.5にし、スペキュラーマップの色をいろいろと変更してみてください。すると、スペキュラーマップで指定した色がベースマップの色に重なり、輝度によってはほとんど上書きされるように表示されるのがわかります。

図4-28 なめらかさを0.5で固定し、スペキュラーマップを黒、赤、白に変更した場合の表示。

　今度は、スペキュラーマップの色をグレー（RGB各輝度が125程度）に設定し、なめらかさを操作してみましょう。
　この値がゼロだとほとんどスペキュラーマップの影響は感じられませんが、0.5にすると全体に薄っすらとスペキュラーマップの色が感じられるようになります。さらに1.0にすると、明確に反射するエリア内にスペキュラーマップの色がよりはっきりと感じられるようになります。
　このように、2つの設定は相互に影響し合っています。両者を少しずつ調整しながら理想の表示を探っていきましょう。

図4-29 スペキュラーマップにグレーを設定し、なめらかさを0, 0.5, 1に変更した場合の表示。

透明について

続いて、「透明なマテリアル」についてです。透明なマテリアルは、サーフェスタイプで設定できます。デフォルトでは「Opaque（不透明）」に設定されていますが、これを「Transparent（透明）」にすることで、透き通ったマテリアルを作成できます。

透過度についての説明を進める前に、ここまで操作した「red」マテリアルの状態を以下のように調整しておきましょう。

ワークフローモード	Metallic
ベースマップ	赤
メタリックマップ	0.5
なめらかさ	0.5

これらを設定した上で、サーフェスタイプを「Transparent」に変更してください。

図4-30 サーフェスタイプを「Transparent」に変更する。

ベースマップで透過度を設定する

透過度の設定は、ベースマップで行います。ベースマップの色の表示部分をクリックしてカラーパレットを呼び出してください。

ここでは、ベースに設定する色を選択しました。このとき、アルファ値（Aの値）が透過度の値として使われるようになります。この値が大きいほど（255に近いほど）不透明になっていき、小さくなるほど透過度が増していきます。ゼロになると透明になり見えなくなります。

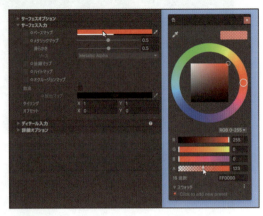

図4-31 ベースマップのカラーパレットにあるアルファ値で透過度を設定する。

メタリックマップ／スペキュラーマップは活きている

透過度を指定することで半透明なマテリアルを簡単に作成できました。Transparentのマテリアルを作る場合、半透明になった段階で「できた！」と思い、他のことはほとんど考えなくなってしまうかもしれません。

半透明のマテリアルを作成する場合、忘れてほしくないのが「メタリックマップやスペキュラーマップなどの設定は、半透明でも活きている」という点です。半透明でも、表面の処理は活きており、調整によって見え方は変わります。マテリアルの基本の設定は、半透明でも不透明でも変わりはない、ということを忘れないでください。

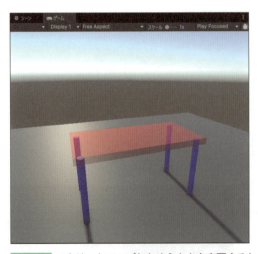 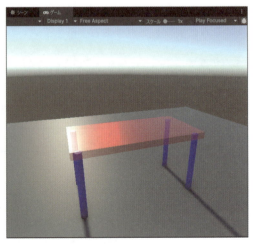

図4-32 メタリックマップとなめらかさを変更すると、半透明でも表示は変化する。

マテリアルのサーフェス設定 | 4-2

ブレンドモードについて

半透明のマテリアルを作成する場合、注意したいのが「ブレンドモード」です。ブレンドモードは、「どのようにしてベースマップの色と透過度を示すアルファ値を調整するか」を指定するものです。ブレンドモードにより、透過度の具合がかなり変化するのです。

デフォルトでは、4つのモードが用意されています。それぞれの働きと表示を確認しましょう。

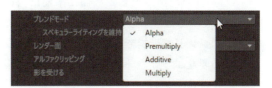

図4-33 ブレンドモードには4つのモードが用意されている。

● Alpha

ピクセルのアルファ値にもとづき、背景とブレンドします。通常の透明表現では、アルファ値が低いほど透明になります。

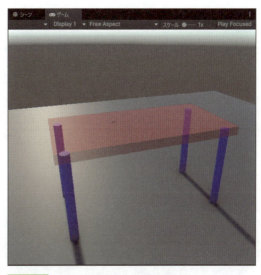

図4-34 Alphaを指定した場合の表示。

141

◉ Premultiply

RGBの色値がアルファ値に事前に掛けられていきます。透明なエッジでのきれいなブレンドが可能で、特にソフトなエッジが必要なエフェクト（煙や炎）などの表現に向いています。

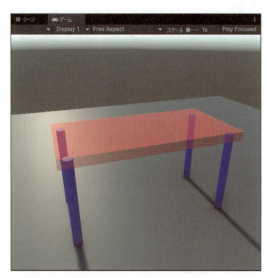

図4-35 Premultiplyを指定した場合の表示。

◉ Additive

背景色にピクセルの色を加算する方法で、アルファ値に関係なく加算ブレンドします。光やエネルギー系のエフェクト（レーザー、炎）に適しており、明るさが強調されます。

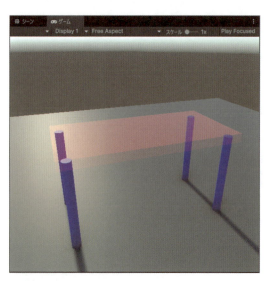

図4-36 Additiveを指定した場合の表示。

●Multiply

ピクセルの色が背景色と乗算され、暗くなります。影や汚れのように、色が背景に溶け込むような効果を出すのに向いています。

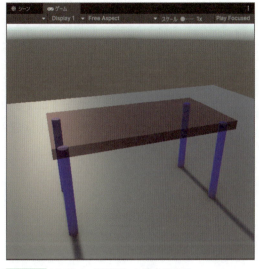

図4-37 Multiplyを指定した場合の表示。

光の放出

マテリアルは基本的に表面に光があたったときの見え方を指定するものですが、ときには「そのオブジェクト自体が発光している」というような表現をする場合もあります。

このような「光を放出しているマテリアル」を作成するときに用いられるのが「放出」です。このチェックをONにし、「放出マップ」で放出する光の色を設定することで、指定した色で発光しているようなマテリアルを作ることができます。

図4-38 放出と放出マップで発光マテリアルを作る。

実際に放出をONにし、放出マップで適当な色を指定して「ゲーム」パネルで表示を確認してみてください。指定した色で発行しているような表面に変わっていることがわかるでしょう。

ただし、この発光は、実際に光るわけではありません。「光っているようなマテリアル」を作成するものです。この点、間違えないようにしましょう。

図4-39 放出をONにしてテーブルを発光しているようにする。

「ライト」コンポーネントを追加する

放出をONにし、発光の表現を行う場合、実際にそのオブジェクトにライトを追加して光らせる必要があるでしょう。これはライトのコンポーネントを追加して行えましたね。

では、テーブルの盤面であるキューブを選択し、「コンポーネント」メニューの「レンダリング」から「ライト」メニューを選んでください。これでライトのコンポーネントが追加されます。

図4-40 「ライト」メニューを選んでコンポーネントを追加する。

ライトを設定する

インスペクターから、追加した「Light」の設定を行います。ここでは以下のように設定しておきます。

ライトの色合い	色
色	赤（マテリアルと同系統の色）
強さ	5
間接の乗数	1
範囲	10
影	ソフトシャドウ
解像度	Medium

図4-41 ライトの設定を行う。

表示を確認しよう

ライトの設定ができたら、「ゲーム」パネルに切り替え、表示を確認しましょう。テーブルから光が放出され、テーブルの足の影が床に映っているのがわかります。このように、マテリアルで光を放出するようにしたら、このマテリアルを使用するゲームオブジェクトにライトを追加して、実際に光らせるようにします。

図4-42 テーブルから光が放出されるようになった。

Chapter 4 ゲームオブジェクトの表示の基本：マテリアルとシェーダー

Section 4-3 AIでテクスチャーを作ろう

マテリアルとテクスチャー

　ここまで、マテリアルの基本的な機能についてひと通り説明をしてきました。が、これらはすべて「色のマテリアル」でした。

　マテリアルは、色を指定することでゲームオブジェクトに特定の色を割り当てられます。が、使用できるのは色だけではありません。それ以上に広く利用されるのが「テクスチャー」です。

　テクスチャーというのは、オブジェクトの表面に貼り付ける画像のことです。といっても、オブジェクトに直接イメージファイルを貼っていくわけではありません。マテリアルにテクスチャーとなる画像データを割り当てることで、表面に指定した画像のイメージを表示させることができるようになっているのです。

　「それじゃ、テクスチャーはどうやって作るの？」と思った人。実は、Unityにはテクスチャーを作るための機能は標準で用意されていません。あらかじめ画像データを用意しておき、これをプロジェクトに取り込んで利用するようになっているのです。

　画像データさえ用意できれば、それを利用して、地面や草原、道路、石畳などさまざまなものを作ることができます。こうした本格的なマテリアルの作成は、用意するテクスチャー次第なのです。

テクスチャーを作りたい！

　では、どうやってテクスチャーを用意すればいいのでしょうか。地面にしろ草原にしろ石畳にしろ、あらかじめこれらの画像データを用意しておかなければいけません。「あとは自分でなんとかして」では、まったく絵心のない人間にはかなりつらいですね。

　しかし、悲観することはありません。以前ならば「各自でなんとか画像データを用意しろ」でおしまいだったのですが、今ではなんとかするための便利な道具があります。そう、「AI」です。

　今では、イメージを生成するAIも普通に存在します。「こういうイメージを作って」と頼めば、いくらでもイメージを作成してくれるのです。こんな便利な機能を使わない手はありません。

AIでテクスチャーを作ろう | 4-3

生成AIとイメージ生成AIを組み合わせる

イメージ生成AIは、作成するイメージをテキストで記述し実行するとイメージを生成してくれます。最近では、普通のAIチャットでもイメージを生成できるものが出てきました（ChatGPTなどがそうです）。こうしたものを使って「○○なテクスチャーの画像を作って」といえば、簡単にイメージが作成できそうですね。

しかし、実際にやってみるとわかりますが、これでUnityのマテリアルに利用できそうなテクスチャーの画像データを作るのはなかなか大変です。テクスチャーというのは、通常、平面で一定方向から同じように光が当たっているような状態のものを作成する必要があります。すべてが均一であり、場所によって光の当たり方などが違っていたりするとテクスチャーに使いづらくなります。

こうしたイメージをAIに作ってもらうためには、プロンプトをかなり工夫しなければいけません。「Unityのマテリアルで使う○○なテクスチャーのイメージを作って」というような単純なプロンプトでは、まず使えそうなイメージは作れません。

AIの進歩は目覚ましいので、いずれはこんな単純なプロンプトで使えるテクスチャーを生成できるようになるでしょう。ただし、それは今ではないようです。

画像生成のプロンプトを作ってもらう

では、どうすればいいのか。イメージを作るのではなく、「イメージを作るためのプロンプトを作ってもらう」のです。

では、実際にやってみましょう。ここでは、ChatGPTを利用しますが、他のAIチャットでも構いません。では、Webブラウザから ChatGPT (https://chatgpt.com/) にアクセスしましょう。

ここでは簡単なサンプルとして、草原のテクスチャーを作成するプロンプトを作成してもらいます。以下のように質問をしてみましょう。

リスト4-1 プロンプト

草原のアルベドのテクスチャーを生成するプロンプトを作成してください。

すると、プロンプトとして以下のようなテキストが作成されました。これが草原のテクスチャーを作成するためのプロンプトです。

リスト4-2

A seamless texture of a grassy field viewed from above, with vibrant green grass, natural and slightly uneven patterns, small patches of earth, and subtle color variations. Designed to tile smoothly as an albedo texture in a 3D environment with realistic, close-up detail.

147

> 和訳：鮮やかな緑の芝生、自然でわずかに凹凸のあるパターン、小さな土の塊、微妙な色の変化など、上から見た草原のシームレスなテクスチャーです。リアルなクローズアップの詳細を備えた 3D 環境でアルベド テクスチャーとしてなめらかにタイリングするように設計されています。

図4-43 草原のテクスチャーを生成するプロンプトを作ってもらう。

　筆者のところでは、プロンプトはすべて英文で作成されました。これはある意味当然のことで、イメージ生成AIの多くは、ChatGPTのようなAIチャットほど日本語に堪能ではありません。多くの場合、英語でプロンプトを送ったほうがより正確にイメージを生成できます。

プロンプトでイメージを生成する

では、生成されたプロンプトを使ってイメージを作成しましょう。ChatGPTを利用している人は、先ほど作成されたプロンプトをそのまま実行すれば、イメージが生成されます。なお、1回で思ったとおりのものが生成されるとは限りません。気が済むまで何度でも実行させましょう。

図4-44 ChatGPTでプロンプトを実行するとイメージが生成される。

作成されたイメージは、イメージの右上にあるダウンロードのアイコンをクリックすることでファイルに保存できます。ただし、本書執筆時点では、保存されるイメージはwebpフォーマットのものになっていました。Unityはwebpファイルを利用できないので、これをJPEGなどに変換しておく必要があります。

これは何らかのグラフィックツールがあれば行えます。Windowsの場合、標準で用意されている「ペイント」アプリで開き、「ファイル」メニューから「名前をつけて保存」内にある「JPEG画像」メニューを選んで保存すれば、JPEGで保存できます。

これで、テクスチャーとなる画像ファイルが用意できました！

図4-45 webpイメージは、「ペイント」アプリでJPEGとして保存できる。

Chapter 4 | ゲームオブジェクトの表示の基本：マテリアルとシェーダー

テクスチャーを表示するマテリアル

では、作成したテクスチャーを利用したマテリアルを作成してみましょう。まず、用意したテクスチャーをプロジェクトに追加しましょう。

保存したテクスチャーの画像ファイルをドラッグし、「プロジェ

図4-46 テクスチャーのファイルをドラッグ＆ドロップでプロジェクトにコピーする。

クト」パネルで開いている「Materials」フォルダー内にドロップしてください。これでファイルがフォルダー内にコピーされます。テクスチャーなどのファイルをプロジェクトで利用する場合は、このようにプロジェクト内にファイルをコピーしておきます。

マテリアルを作成する

新しいマテリアルを用意します。「アセット」メニューの「作成」から「マテリアル」メニューを選び、新しいマテリアルを作成してください。名前は「草原」としておきましょう。

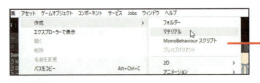 

図4-47 新しいマテリアルを作成する。

ベースマップにテクスチャーを設定する

ここでは、基本であるベースマップにテクスチャーを使うことにします。インスペクターから、サーフェス入力にある「ベースマップ」の◎アイコン（「ベースマップ」の左側にあるもの）をクリックしてください。画面に、テクスチャーを選択するためのパレットウィンドウが開かれます。この中に、プロジェクトで利用可能なテクスチャーがすべて表示されます。

ここから、先ほどプロジェクトに追加したテクスチャーをクリックして選択します。インスペクターの下部にあるプレ

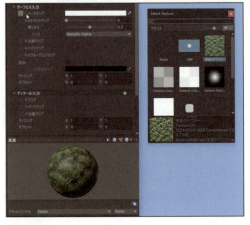

図4-48 ベースマップにテクスチャーを選択する。

ビューには即座にテクスチャーがマッピング差表示されるのがわかるでしょう。

マテリアルを利用する

では、作成したマテリアルを使いましょう。「プロジェクト」パネルから「草原」マテリアルのアイコンをドラッグし、シーンに配置した平面にドロップしてください。これで平面に草原が表示されるようになります。

図4-49 平面にマテリアルをドラッグ&ドロップする。

テクスチャーを調整する

テクスチャーは、デフォルトではゲームオブジェクト全体に表示されるよう拡大縮小されます。これはこれで便利ですが、例えば地面にテクスチャーをマッピングするような場合、イメージが大きく拡大されて表示されることになります。例えば草原のテクスチャーならば、細かくみっちりと表示されてほしいですね。

図4-50 タイリングとオフセットの設定。

こうした場合、タイリングとオフセットを使います。タイリングはテクスチャーを縦横に指定した数だけ並べるためのものです。またオフセットは表示位置をずらすためのものです。

「プロジェクト」パネルで、作成したマテリアルを選択してインスペクターを見ると、「サーフェス入力」のところに「タイリング」と「オフセット」の設定が用意されています。いずれもXとYがあり、横方向と縦方向に値を設定できます。

タイリングで並べる

では、実際に試してみましょう。タイリングのXとYにそれぞれ「3」と値を入力してみてください。これで、テクスチャーは3×3に並んで配置されるようになります。

実際にテクスチャーが1枚だけの場合と、3×3の場合でどのように表示が変わるか確認してみてください。

| Chapter 4 | ゲームオブジェクトの表示の基本：マテリアルとシェーダー |

図4-51 テクスチャーが1枚だけの場合と、3×3でタイリングした場合の表示。

石畳のマテリアルを作る

　テクスチャーを使ったマテリアル作成の基本がわかったところで、復習も兼ねてもう1つテクスチャーを作成してみましょう。今度は、石畳のテクスチャーを作ってみます。
　ChatGPTで以下のように質問をしましょう。

リスト4-3 プロンプト

石畳のアルベドのテクスチャーを生成するプロンプトを作成してください。

　これで、石畳作成のためのプロンプトが以下のように作成されました。やはり今回も英文ですが、そのままコピー＆ペーストして使うだけなので問題ないでしょう。

リスト4-4

A seamless texture of a cobblestone pavement, viewed from above. The cobblestones are varied in shape and size, mostly in shades of gray with hints of earthy browns, and show realistic wear and slight texture variations for added depth. Small amounts of dirt or moss are visible in the gaps between stones, adding an aged, natural look. Designed to tile smoothly as an albedo texture for game development, realistic and suitable for close-up inspection.

図4-52 石畳のプロンプトを考えてもらう。

石畳テクスチャーを生成する

作成されたプロンプトをコピーし、そのままペーストして実行します。これで、石畳のテクスチャーの画像が作成されました。

図4-53 石畳のテクスチャーを作成する。

テクスチャーをプロジェクトに追加する

これをダウンロードして利用しましょう。ファイル名は「石畳」としておきます。webpフォーマットが保存された場合は、先に述べたように「ペイント」アプリなどを使ってJPEGに変換してください。

保存された画像ファイルをUnityの「プロジェクト」パネルにドラッグ＆ドロップしてファイルをコピーします。

図4-54 保存した画像ファイルをプロジェクトに追加する。

マテリアルを作成する

マテリアルを作成しましょう。「アセット」メニューの「作成」内にある「マテリアル」メニューを選び、新しいマテリアルを作ります。名前は「石畳」にしておきます。

図4-55 「マテリアル」メニューで新しいマテリアルを作成する。

ベースマップにテクスチャを設定する

インスペクターから、サーフェス入力にある「ベースマップ」の◎をクリックし、現れたパレットウィンドウから「石畳」のテクスチャを選択します。これでマテリアルに石畳が表示されるようになります。

図4-56 ベースマップの◎をクリックし、パレットから石畳を選択する。

タイリングを設定する

では、石畳の画像を縦横にタイリング表示させましょう。サーフェス入力の「タイリング」の値を、X、Yそれぞれ「5」に設定しておきます。これで、5×5に石畳が並んで配置されます。

図4-57 タイリングで5×5にテクスチャを並べる。

表示を確認しよう

これで、ひとまずは石畳の完成です。「ゲーム」パネルで表示を確認しましょう。タイリングにより石畳が細かくマッピングされるのがわかります。

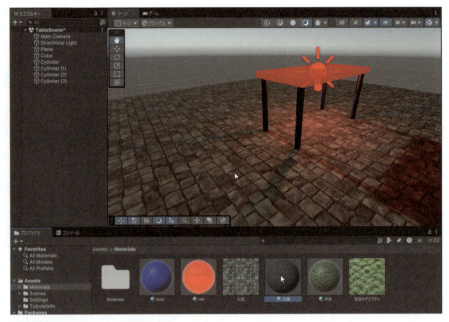

図4-58 タイリングした石畳の表示。

法線マップについて

　テクスチャーによるマテリアルは、簡単に細かなイメージをゲームオブジェクトにマッピングできます。しかし、実際に試してみると、今ひとつ物足りないかもしれません。マッピングされるイメージは平面的であり、あまり立体感がありません。石畳というより、「石畳を印刷した板」のような感じですね。
　もっとリアルな石畳にするためには、石畳の凸凹な感じを再現する必要があります。こうした場合に用いられるのが「法線マップ」と呼ばれるものです。

　法線マップは、画像の明るさを使って表現の凸凹をシミュレートするためのものです。画像の白い部分が「高い」、黒い部分が「低い」ところとして認識することで、立体感を与えるのです。イメージのRGBの値が各ピクセルの法線（表面に垂直な方向）を定義します。これにより、ライティングの計算がよりリアルに行われるようになり、精密な陰影を表現するようになるのです。法線の定義により立体感を演出するため、横から見ても立体的な感じがします。

法線マップのテクスチャを作る

では、実際に法線マップを作成してみましょう。これは、新たに画像データを作る必要はありません。石畳のイメージファイルを利用して作ることができます。

では、石畳のJPEGファイルをコピーし、「石畳法線マップ」という名前にしておきましょう。そしてファイルをUnityの「プロジェクト」パネルにドラッグ&ドロップし、ファイルを追加しておきます。

図4-59 石畳法線マップのファイルをプロジェクトに追加する。

テクスチャタイプの変更

追加した画像ファイルは、まだ通常のテクスチャです。これを法線マップのテクスチャに変更します。

プロジェクトに追加した「石畳法線マップ」のファイルを選択してください。インスペクターに、テクスチャの設定が表示されます。その中から、「テクスチャタイプ」という項目の値をクリックし、プルダウンして現れるメニューから「法線マップ」を選んでください。これで、このファイルは法線マップのテクスチャとして扱われるようになります。

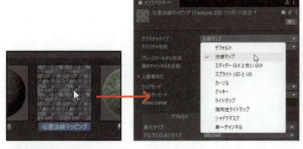

図4-60 石畳法線マップのテクスチャタイプを「法線マップ」に変更する。

Chapter 4 ゲームオブジェクトの表示の基本：マテリアルとシェーダー

ファイルを保存

　変更したら、「プロジェクト」パネルで他のファイルをクリックして選択してください。すると、「未保存の変更が検出されました」というアラートが現れます。ここで「保存」ボタンをクリックしてください。変更が保存されます。

　保存すると、「石畳法線マップ」のファイルのアイコンが青っぽい色に変わります。テクスチャーが法線マップに変わると、このように青いイメージになるのです。

図4-61 「保存」ボタンで変更を保存する。

Column 法線マップはなぜ青い？

　テクスチャーを法線マップにすると、なぜか青くなります。これは、RGBの各色の法線（各地点の向きを示す線）がどのように設定されるかが影響しています。

　法線ではRGBをそれぞれX, Y, Z軸の値として扱います。法線マップの基準として、表面の法線（垂直方向）はデフォルトでZ軸（R=0.5, G=0.5, B=1.0）に設定されています。これが、まっ平らな状態（真上を向いた状態）の値になります。表面が凸凹していると、それに合わせてRGBの値が調整されますが、多くの場合、「真上より多少どちらかに傾いた状態」であり、基準の値からRGBの各値が多少増減するに過ぎません。このため、法線がまっすぐに面を向いていると、Z成分（B値）が1.0になるため、平面の部分は青く表示されるのです。

法線マップを設定する

では、法線マップを設定しましょう。石畳マテリアルのインスペクターから、サーフェス入力の「法線マップ」という項目を探してください。これが法線マップを設定するためのものです。

この項目の◎アイコンをクリックすると、テクスチャーを選択するパレットウィンドウが開かれます。ここから、作成した「石畳法線マップ」のアイコンをクリックすると、法線マップが設定されます。

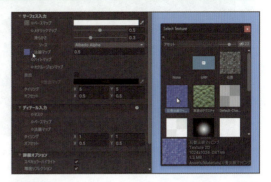

図4-62 法線マップに、作成した石畳法線マップを選択する。

法線マップの強さを調整する

この法線マップを設定すると、そこに値を入力するフィールドが表示されます。この値は、法線マップの値の強さを調整します。値が大きくなるほど、法線マップによる凸凹が強調されるようになります。

実際に値を0～1の範囲で設定して表示がどう変わるか確かめてみましょう。あまり強すぎるとマテリアル全体が暗くなっていくので、適度な値（0.3～0.5程度）に調整しておくようにしましょう。

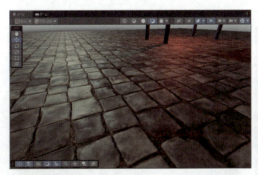

図4-63 法線マップの値がゼロの場合と0.5の場合の表示の違い。

メタリックマップも調整しよう

法線マップで凹凸を設定したら、改めて調整しておきたいのがメタリックマップです。ワークフローモードでMetallicを選択してある場合、メタリックマップとなめらかさの設定が追加されましたね。

法線マップで応答を設定すると、メタリックマップの調整がよりはっきりと感じられるようになります。

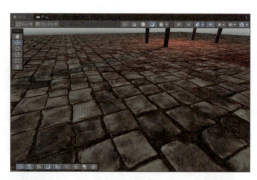 

図4-64 メタリックマップとなめらかさを両方ともゼロにした場合と、0.5にした場合の違い。法線マップの設定により、よりはっきりと効果が現れるようになる。

ハイトマップの利用

　法線マップ以外にも、表示の凹凸に関するマッピング機能はあります。それは「ハイトマップ」です。

　ハイトマップは、テクスチャーでメッシュ自体の高さ情報を反映するものです。法線マップでは難しい立体的な凹凸を表現します。これは通常、グレースケールの画像データを使います。これは「ペイント」アプリなどではできないので、グラフィック編集ツールを持っている人はそれを利用してグレースケールのファイルを作成し、プロジェクトに追加してください。テクスチャーのイメージ（カラーのもの）を使ってもそれなりに表現することは可能ですので、グラフィックツールなどがない人は、石畳のテクスチャーをそのまま使ってください。

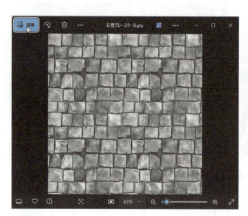 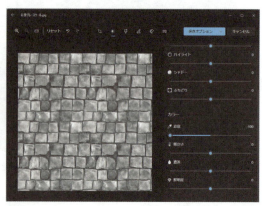

図4-65 グレースケールのイメージはグラフィックの編集ツールで作成する。これは、GIMPでイメージをグレースケールにしたところ。

ハイトマップにテクスチャを設定する

では、ハイトマップにテクスチャを設定しましょう。サーフェス入力の「ハイトマップ」にある◎アイコンをクリックし、パレットウィンドウからハイトマップ用に用意したグレースケールイメージ（ない場合は石畳のテクスチャ）を選択してください。

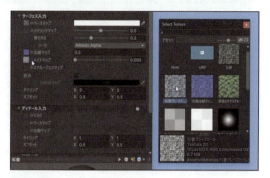

図4-66 ハイトマップにテクスチャを設定する。

ハイトマップを調整する

テクスチャを設定すると、ハイトマップにスライダーが追加され、これでハイトマップの強さを調整できるようになります。スライダーで強さを調整してみましょう。

ハイトマップは、グレースケールをもとにメッシュの凹凸を設定します。実際に試してみるとわかりますが、あまり凹凸が強くなるとテクスチャの表示が崩れてきます。凹凸の基本は法線マップで設定し、ハイトマップはそれを少しだけ強調する程度に考えておくとよいでしょう。

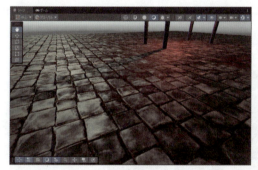 

図4-67 ハイトマップを0.005と0.04のときの比較。

オクルージョンマップ

凹凸に関連したマッピングにはもう1つ「オクルージョンマップ」というものもあります。これは、遮蔽効果を実現するためのものです。これもグレースケールのテクスチャーを使い、その輝度により凹んだ部分や影の出る部分の暗さを調整します。光の届かない場所を暗くして立体感を強調するため、環境の照明が均一でもリアルさが増します。

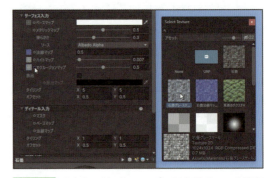

図4-68 オクルージョンマップ二テクスチャーを設定する。

これもサーフェス入力にある「オクルージョンマップ」の◎アイコンをクリックし、テクスチャーを選択して設定をします。

このオクルージョンマップにもスライダーが1つ用意されており、0〜1の範囲で強さを調整できます。ただし、これは影の暗さを調整するものですので、ライティングによっては効果がよくわからないかもしれません。

応答を調整したマテリアルの完成

これで応答に関連した設定がひと通りわかりました。これらをすべて設定し調整して石畳のマテリアルが完成します。単にテクスチャーをベースマップに設定しただけのものよりも格段にリアルな表示になっているのがわかるでしょう。

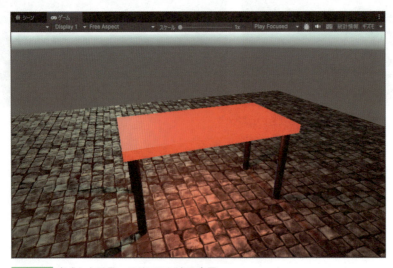

図4-69 完成した石畳マテリアルによる表示。

Chapter 4 ゲームオブジェクトの表示の基本：マテリアルとシェーダー

Section
4-4 シェーダーグラフを使おう

シェーダーグラフとは？

マテリアルの基本的な作り方は、だいぶわかってきましたね。マテリアルは、あらかじめ用意したテクスチャーや色の値をもとにゲームオブジェクト表面の様子を設定するものでした。これらは、あらかじめマテリアルのファイルとして作成しておき、これをオブジェクトに組み込んでいました。

つまり、マテリアルは「事前に表示内容を設定しておくもの」なのです。その場で設定を変更したり、リアルタイムに操作したりといったことは行わないのですね。基本的に、マテリアルは静的なものであり、ダイナミックに変化したりすることは考えていないのです。

しかし、こういう「リアルタイムに変化するもの」というのは、3Dゲームでは必要となることが多いでしょう。例えばリアルタイムに色が変化するマテリアル、なんてものは作れないのでしょうか。

実は、できるのです。これには「シェーダーグラフ」を利用すればいいのです。

シェーダーを作るツール

シェーダーグラフは、一言でいえば「ノンプログラミングでシェーダーを作るツール」です。シェーダーは、マテリアルのデータをもとに実際のオブジェクトの表面を、計算して表示するプログラムでしたね。これは通常、専用のプログラミング言語を使って作成をします。したがって、Unityとプログラミングに関する深い造詣が必要となります。

しかし、プログラミングの専門家しかシェーダーを作れないのでは、柔軟な表現ができません。そこで用意されたのが「シェーダーグラフ」です。これは、「ノード」と呼ばれる部品をつなぎ合わせていくだけでシェーダーを作成できるツールです。これを利用することで、簡単なシェーダーを自分で作れるようになります。

シェーダーグラフでは、シェーダーに用意される各種の設定（表示する色やメタリックの設定など）を操作できます。リアルタイムに変化するシェーダーなども作ることができるのです。

シェーダーグラフを作る

　では、実際にシェーダーグラフを作成してみましょう。これは、アセットとして作成します。「アセット」メニューの「作成」内にある「シェーダーグラフ」というところに、シェーダーグラフ作成のためのメニューがまとめられています。ここにはたくさんのメニュー項目がありますが、これはシェーダーにもさまざまな種類があるためです。

　ここでは「URP」のシェーダーを作ります。URP（Universal Render Pipeline）は、現在利用しているプロジェクトで使っているレンダーパイプラインでしたね。この「URP」メニューの中から「Litシェーダーグラフ」というメニュー項目を選んでください。これはURPで利用するライティング対応シェーダーです。このLitシェーダーを独自に作成してみます。ファイルを作成したら、名前を「サンプルシェーダーグラフ」と入力しておきます。

図4-70 「シェーダーグラフ」内の「URP」から「Litシェーダーグラフ」を選んで作成する。

シェーダーグラフのインスペクター

　作成されたシェーダーグラフを選択し、インスペクターを見てみましょう。実は、シェーダーグラフにはそれほど多くの設定はありません。以下のようなボタンがあるだけです。

Open Shader Editor	シェーダーグラフのエディターを開きます。
View Generated Shader	作成されたシェーダーのプログラムを表示します。
Copy Shader	シェーダーをコピーします。

シェーダーは本来、プログラミング言語を使って作成します。シェーダーグラフは、ツールを使って必要な設定などを行い、それをもとにシェーダーのプログラムを自動生成しているのです。「Open Shader Editor」ボタンでツールのエディターを開いて編集をし、「View Generated Shader」では生成されたプログラムのソースコードを確認できるようになっています。

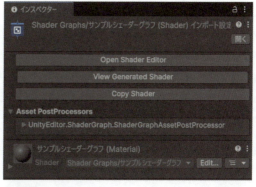

図4-71 シェーダーのインスペクター。いくつかボタンが並んでいる。

その下にも、いろいろと情報が表示されていますが、これらはシェーダーに関する情報表示であり、ほとんど操作することはありません。

シェーダーエディターを開く

では、「Open Shader Editor」ボタンをクリックしてください。「シーン」パネルなどが表示されているエリアに画面にシェーダーエディターが開かれます。

図4-72 シェーダーエディター。ここでシェーダーの値を操作する。

このシェーダーエディターには、デフォルトでいくつかの要素が表示されています。まずはそれぞれの役割を把握しておきましょう。

● ブラックボード（Blackboard）

　左側に表示されているパネル（「サンプルシェーダーグラフ」と名前が表示されているもの）は、このシェーダーグラフで利用するプロパティなどを管理するものです。シェーダーグラフでは、必要な値をプロパティとして用意できます。それを管理するのが、このブラックボードです。

図4-73 ブラックボードのパネル。

● マスタースタック（Master Stack）

　何もないエリアに必要なノードを配置してシェーダーの処理を作っていくのですが、初期状態で「Vertex」や「Fragment」と表示された部品のようなものが配置されているのがわかるでしょう。

　これは、シェーダーの処理のゴールとなるものです。すべての処理は、このマスタースタックに値を渡して完了します。シェーダーグラフは、マスタースタックに渡された値をもとに表示を計算するのです。つまり、シェーダーグラフは、「どのような値をマスタースタックに渡すかを考え、設計するもの」といっていいでしょう。

　このマスタースタックは、シェーダーグラフに必ず1つだけ用意されます。これは削除したりできません。

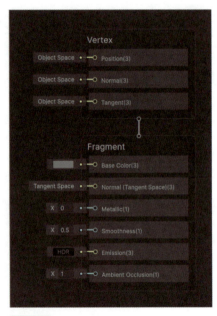

図4-74 マスタースタック。

● グラフインスペクター（Graph Inspector）

右側に見える「Graph Inspector」というパネルは、シェーダーグラフのインスペクターです。ここには以下の2つのものが用意されており、切り替えて表示できます。

Node Settings	選択したノード（部品）の設定。
Graph Settings	グラフ全体の設定。

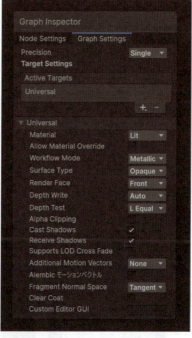

図4-75 グラフインスペクター。

● メインプレビュー（Main Preview）

シェーダーグラフのプレビュー画面です。シェーダーグラフを操作すると、リアルタイムにその表示をメインプレビューで確認できます。

図4-76 メインプレビュー。

Column　エディターの表示はマウスホイールとAltキー＋ドラッグで！

シェーダーグラフのエディターは、さまざまなノードを作ってつなぎます。作成したノードは、ドラッグして動かせますが、そのうち、表示されているエリア内にノードが置ききれなくなって収拾がつかなくなるでしょう。

エディターの表示は、マウスホイールで拡大縮小できます。また、Altキーを押したままエディター内をドラッグすれば表示位置を動かせます。これらを利用して表示をうまく移動しながら作成してください。

ノードの作成

では、シェーダーグラフの作業について説明しましょう。シェーダーグラフで行うのは、「ノードを作成し、つなぎ、設定する」という作業です。これがすべてだ、といってもいいでしょう。

ノードというのは、シェーダーに配置できる部品です。これは、例えばさまざまな値であったり、計算や何らかの処理を実行するものであったりします。こうした部品をつないでいくことで、必要な処理を作成していくのです。

このノードの作成は、編集エリアの何もないところを右クリックして現れるメニューを使って行います。右クリックで現れるメニューから「Create Node」という項目を選ぶと、画面にノートの一覧をまとめたパネルがポップアップ表示されます。この中から、作成したいノードを探して選択すれば、そのノードが編集エリアに作成されます。

図4-77 右クリックして「Create Node」メニューを選ぶと作成するノードを選択するパネルが現れる。

Timeノードを作成する

では、「Time」というノードを作成しましょう。Create Nodeのパネル上部にある検索フィールドに「time」と入力してください。「Input」内の「Basic」というところにある「Time」が検索されます。この項目をダブルクリックすると、編集エリアにTimeノードが作成されます。

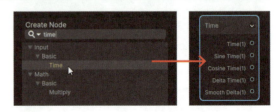

図4-78 「Time」ノードを検索し作成する。

「Input」というのは、外部から値を入力するためのノードをまとめたものです。Timeも、外部から値を受け取るものですから「Input」のところに用意されているのですね。

Timeノードは、さまざまなTime値をリアルタイムに出力するノードです。これにはいくつかのモードがあります。

Time	Timeの値
Sine Time	Time値の正弦(Sin値)
Cosine Time	Time値の余弦(Cos値)
Delta Time	現在のフレーム時間
Smooth Delta	平滑化された現在のフレーム時間

　Timeは、ゲーム開始からの経過時間を示す値になります。これはリアルタイムな実数値になります。これ自体を使うことはあまりないでしょう。
　おそらく、これらの中でもっとも多用されるのは、Sine TimeとCosine Timeでしょう。これらは、Time値をSin/Cos関数で演算した結果を返します。三角関数ですから、値は-1 ～ 1の範囲になり、時間の経過とともに繰り返しこの範囲の値を返し続けることになります。
　このSin/Cosで使われる値はラジアン（2π ＝ 約6.28）です。このため、Sine Time/Cosine Timeの値は約6.28秒で1周回ることになります。「約6秒ごとに-1 ～ 1の間を行き来している」というわけです。

Absoluteノードを作る

　では、このTimeノードの値をマスタースタックにつなぎましょう。Timeノードの値は、基本的に「1つの実数」です。Sine Timeを使うなら、-1 ～ 1の範囲の値が1つ、出力されます。このような値を設定できるものは？　そう、メタリックなどが使えそうですね。
　ただし！　メタリックは0 ～ 1の範囲です。マイナスの値は設定できません（設定はできませんが、ゼロとして扱われます）。そこで、絶対値を取得するノードを使うことにします。

　編集エリアを右クリックして「Create Node」メニューを選び、現れたパネルで「abs」と検索してください。これで「Math」というところに「Absolute」というノードが見つかります。これをダブルクリックして追加しましょう。Mathは、演算関係のノードをまとめているところです。

図4-79 Create Nodeパネルから「Absolute」ノードを検索して追加する。

このAbsoluteノードは、入力された値の絶対値を出力するものです。これを利用すれば、-1〜1の値を0〜1の範囲にすることができます。

ノードをつなぐ

これで必要なノードが用意できました。では、ノードをつなぎましょう。ここでは以下の2つの接続を行います。

1.「Time」の「Sin. Time」→「Absolute」の「In」
2.「Absolute」の「Out」→「Fragment」の「Metallic」

ノードの接続は、「右側にある出力項目の◎アイコンから、接続するノードの左側にある入力項目の◎アイコンまでドラッグ」してつなぎます。◎アイコンをドラッグすると、ノードからマウスポインタまで青い線が伸びていくので、これをそのまま接続するノードの左側にある項目の◎アイコンまで伸ばして離せば、◎と◎が線でつながります。

ノードの接続は、常に「右側の◎と左側の◎」をつなげます。ノードの左側の◎どうし、あるいは右側の◎どうしをつなげることはできません。ノードの◎は、左側にあるものが「そのノードへの入力」を示し、右側のものは「そのノードからの出力」を示しているのです。

さあ、これでSine Timeの値がAbsoluteで絶対値に変換され、その値がMetallicに設定されるようになりました！

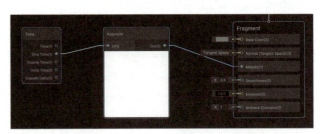

図4-80 Sine Time→Absolute→Metallicと接続をする。

Base Colorを設定する

これでメタリックがリアルタイムに変わるようになりました。これだけでは色が何もないので、適当な色を表示するようにしておきましょう。

Fragmentの「Base Color」につながっている部分（グレーの色が表示されている部分）をクリックすると、カラーパレットが開かれます。ここで表示させたい色を選択してください。サンプルでは緑色を指定しておきました。

これでシェーダーグラフは完成です。エディターの左上に「Save」アイコン（ディスクのアイコン）があるので、これをクリックして保存しましょう。

図4-81 Base Colorの色を変更する。

シェーダーグラフを使うマテリアルを作成する

シェーダーグラフができたら、これを利用するマテリアルを作りましょう。「プロジェクト」パネルで、作成した「サンプルシェーダーグラフ」のファイルを右クリックし、現れたメニューから「作成」内の「マテリアル」メニューを選んでください。これで、マテリアルのファイルが作成されます。ファイル名は、デフォルトのまま（「Shader Graphs_サンプルシェーダーグラフ」という名前）でいいでしょう。

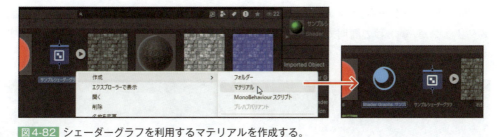

図4-82 シェーダーグラフを利用するマテリアルを作成する。

マテリアルを使う

では、作成したマテリアルを使いましょう。先ほどまで使っていた「TableScene」は、ひと通りマテリアルを設定してしまったので、別のシーンを利用しましょう。「SampleScene」を開き、平面にマテリアルをドラッグ＆ドロップして設定してください。

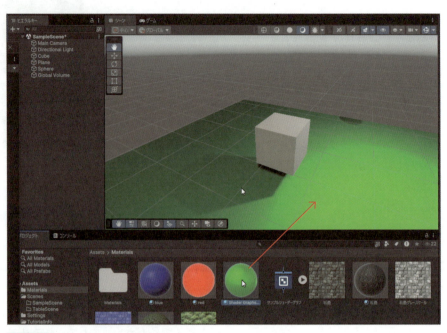

図4-83 平面にマテリアルを設定する。

表示を確認する

完成したら、「ゲーム」パネルやシーンを実行するなどして表示を確認しましょう。平面のメタリックが、約3秒の周期で緩やかに変化するのがわかります。リアルタイムに変化するマテリアルができました！

図4-84 「ゲーム」パネルで表示を確認する。メタリックの値がリアルタイムに変化する。

プロパティを利用しよう

これでシェーダーグラフをマテリアルとして使えるようになりました。基本がわかったところで、もう少し使いやすいように工夫をしましょう。

ここでは、色の値を適当に設定しておきましたが、固定された色では使いにくいですね。自分で色を設定できれば、ずいぶんと汎用性が増します。

図4-85 「+」をクリックし、「Color」プロパティを追加する。

こうした「ユーザーが自分で設定する値」は、シェーダーグラフの「プロパティ」として用意できます。編集エリア左上にあるブラックボードの右上にある「+」アイコンをクリックしてください。ずらっとメニューがプルダウンして現れます。これは、プロパティとして作成する値のタイプです。この中から「Color」を選んでください。これで「Color」という名前のプロパティが追加されます。

プロパティをノードとして追加する

作成されたプロパティは、ノードとして編集エリアに追加し、利用できます。ブラックボードに用意した「Color」プロパティをドラッグし、編集エリアの適当なところにドロップしてください。そこに「Color」プロパティのノードが作成されます。

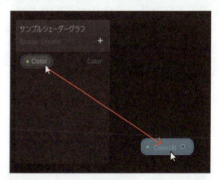

図4-86 プロパティをドラッグ＆ドロップしてノードとして追加する。

プロパティをBase Colorにつなぐ

では、配置した「Color」ノードの右側の◎をドラッグし、Fragmentの「Base Color」にドロップしてつなげましょう。接続できたら、シェーダーグラフを保存してください。

図4-87 「Color」ノードを「Base Color」につなげる。

173

マテリアルのインスペクターを確認する

では、プロパティを利用しましょう。シェーダーグラフを設定しているマテリアル（「Shader Graphs_サンプルシェーダーグラフ」）のファイルをクリックして選択し、インスペクターを見てください。「サーフェス入力」というところに「Color」という項目が追加

図4-88 マテリアルのインスペクターを見ると「Color」という項目が追加されている。

されているのがわかります。これが、作成したColorプロパティです。

このように、ブラックボードに追加したプロパティは、マテリアルのサーフェス入力に項目として表示されるようになります。ここで値を設定すれば、それがプロパティの値として利用されるようになるのです。

Colorプロパティの値を設定する

では、インスペクターに追加された「Color」に色を設定しましょう。黒い色の表示された部分をクリックするとカラーパレットが現れるので、ここで好きな色を選択してください。

図4-89 Colorプロパティに色を設定する。

表示を確認する

設定したら、表示を確認しましょう。平面には選択した色が表示されているでしょう。もちろん、リアルタイムに変化するメタリックもちゃんと機能しています。これで、だいぶ使えるようになりましたね！

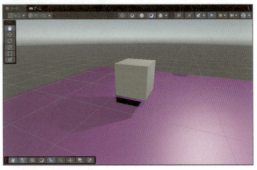

図4-90 Colorで選択した色で表示されるようになった。

位置の値を操作する

シェーダーグラフの基本的な使い方がわかったところで、今度はもう少し複雑な値を操作してみましょう。シェーダーグラフでは、色やメタリックなどの表示だけでなく、「位置」情報を操作することもできます。今度は、リアルタイムに位置を動かすシェーダーグラフを作ってみましょう。

では、「アセット」メニューの「作成」内にある「シェーダーグラフ」から、「URP」メニューの中から「Litシェーダーグラフ」メニューを選んでシェーダーグラフを作成してください。名前は「サンプルシェーダーグラフ2」としておきます。

図4-91 新しいシェーダーグラフを作成する。

作成したら、ファイルをダブルクリックしてシェーダーグラフのエディターを開いておきましょう。

Timeノードを作成する

では、順にノードを作っていきましょう。まずは「Time」ノードからです。これは、すでに使いましたね。エディター部分を右クリックして「Create Node」メニューを選び、「time」で検索してTimerノードを作成しましょう。

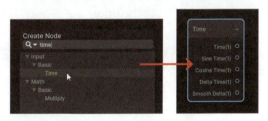

図4-92 「Time」ノードを検索して作成する。

Multiplyノードを作成する

続いて、「Multiply」というノードを作成します。「Create Node」メニューのパネルで「multi」で検索すれば、「Math」というところの「Basic」の中に見つかります。これを作成しましょう。

このMultiplyは、四則演算の中の「掛け算」を行うものです。左側に「A」「B」とい

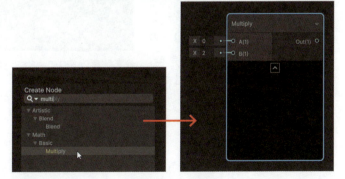

図4-93 Multiplyノードを検索して作成する。

う2つの入力がありますね？ ここにそれぞれ値を設定すれば、2つを掛け算した結果を右側の「Out」から出力します。

Positionノードを作成する

次に作成するのは「Position」というノードです。これは、位置の値のノードです。「Create Node」メニューのパネルで「pos」と入力すれば、「Input」というところの「Geometry」の中に「Position」が見つかります。これを作成してください。

Positionは、外部から位置の値を取り込むためのもの

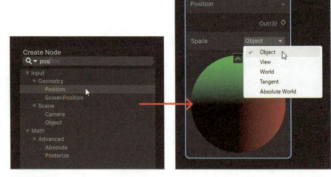

図4-94 Positionノードを作成し、Spaceを「Object」に設定する。

です。「Space」というところに値を設定するプルダウンメニューがあるので、ここから「Object」を選択してください。これで、このシェーダーが設定されているゲームオブジェクトの位置の値がPositionノードで取り出されるようになります。

Addノードを作成する

次は「Add」ノードです。「Create Node」メニューのパネルで「add」と入力してノードを検索し、作成しましょう。

このAddも、Multiplyと同様に演算を行うためのものです。これは「足し算」のノードです。左側にある「A」「B」のそれぞれに値を接続すると、その合計を右側の「Out」から出力します。

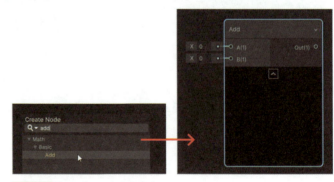

図4-95 「Add」ノードを作成する。

ノードを接続して完成する

これで必要なノードはできました。では、ノードを接続し、必要な設定を行っていきましょう。順に作業をしてください。

1. 「Time」の「Sin. Time」→「Multiply」の「A」に接続
2. 「Multiply」の「B」を「1」に設定
3. 「Position」の「Out」→「Add」の「A」に接続
4. 「Multiply」の「Out」→「Add」の「B」に接続
5. 「Add」の「Out」→「Vertex」の「Position」に接続

これでシェーダーグラフは完成です。できたら「Save」アイコンでファイルを保存しておきましょう。

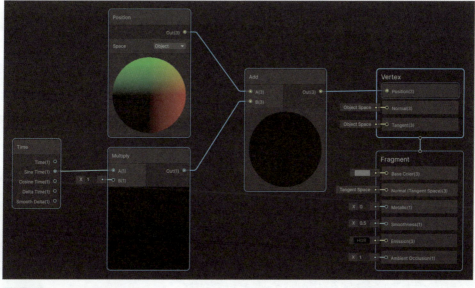

図4-96 ノードを接続していく。

シェーダーグラフの働き

では、今回作成したシェーダーグラフは一体、どんなことをするものなのでしょうか。その働きを簡単にまとめましょう。

1. Sin. Timeの値（-1〜1の範囲の値）を1倍にする。
2. 現在の位置の値に、1の結果を足して新しい位置を得る。
3. その値をVertexの位置に設定する。

つまり、現在の位置の値にSine Timeを1倍した値を足した値に表示位置を変更する処理をしていたのですね（1倍する理由はこの後で説明します）。これにより、Timeの値が変化すれば、それに合わせて表示位置も変化することになるわけです。

シェーダーグラフを利用する

では、作成したシェーダーグラフを利用しましょう。まずシェーダーグラフのファイルを右クリックして「作成」メニューから「マテリアル」を選び、新しいマテリアルを作成してください。名前はデフォルトのまま（Shader Graphs_サンプルシェーダーグラフ2）でいいでしょう。

図4-97 シェーダーグラフを使った新しいマテリアルを作成する。

マテリアルをキューブに設定する

作成したマテリアルを、シーンに配置したキューブにドラッグ＆ドロップして設定してみてください。すると、キューブがリアルタイムに動くようになります。キューブは、同じ軌跡を行ったり来たりします。Sine Timeの変化に応じて動いているのがよくわかるでしょう。

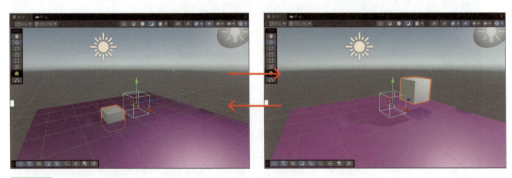

図4-98 マテリアルを設定する。リアルタイムにキューブが動く。

Multiplyを変更する

作成したマテリアルは、位置の値にSine Timeの値を足して再設定していました。つまり、位置の縦横高さすべてに同じ値（-1～1の範囲の実数）を足していたわけです。これにより、キューブは斜め上に登ったり降りたりするようになりました。

この「位置に足す値」は、Sine TimeにMultiplyで掛け算をしてあります。現在は「1」をかける（つまり、値が変わらない）ため、-1～1の範囲で動くようになっていま

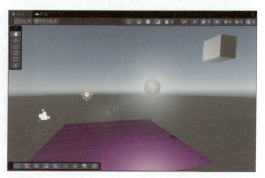

図4-99 Multiplyの値を5にすると、5倍の範囲に移動するようになる。

す。Multiplyでかける値を変更すれば、移動幅も変わります。

試しに、「MultiplyのBの値を「5」に変更し、保存してみましょう。すると、キューブの移動幅が5倍に広がります。

位置の値を操作する

Positionの値で位置を移動するということはわかりました。しかし、縦横高さをすべて同じように変更するというのはあまり利用することがないように思えますね。やはり縦、横、高さの中から必要なものだけ変更できるようにしたいところです。

こうした場合は、Positionの値を一度3つの値に分解し、その1つだけを変更してからまたPositionに戻して設定する、というやり方をします。では、シェーダーグラフを変更してみましょう。

Splitノードを作る

まず、位置の値を分解するため、「Split」というノードを作ります。「Create Node」メニューのパネルからSplitを探して作成しましょう。「Channel」というところにあります。

このSplitは、複数の値からな

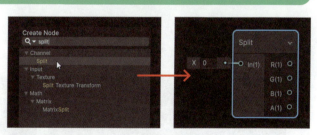

図4-100 「Split」のノードを作成する。

るものを分解する働きをします。「複数の値からなるもの」として、例えば位置の値や大きさの値、色の値などがありますね。位置や大きさは縦横高さの3つの値がありますし、色の値はRGBAの4つの値（Aがなくて3つの場合もあります）があります。

Combineノードを作る

続いて、複数の値を1つにまとめる「Combine」というノードを作ります。「Create Node」メニューのパネルで検索し、作成してください。これも「Channel」というところにあります。

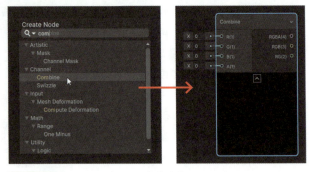

図4-101 「Combine」ノードを作成する。

ノードを解除する

では、すでに接続しているノードを解除しましょう。まず、「Position」から「Add」の「A」への接続を取り除きます。これは、両者の間を結んでいる線をクリックして選択し、Deleteキーを押せば削除できます。

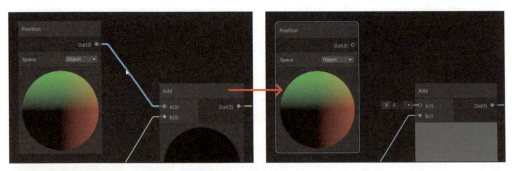

図4-102 「Position」から「Add」への接続を削除する。

同様に、「Add」から「Vertex」の「Position」への接続を削除してください。これで、修正の必要な部分の接続が取り除かれました。

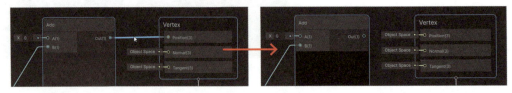

図4-103 「Add」から「Vertex」への接続を削除する。

ノードを接続する

では、新たに追加したノードを接続していきましょう。すでに接続されている部分はそのままにしておきましょう。そして新たに以下の接続を行います。

1. 「Position」→「Split」
2. 「Split」の「R」→「Add」の「A」
3. 「Multiply」の「Out」→「Add」の「B」
4. 「Add」の「Out」→「Combine」の「R」
5. 「Split」の「G」→「Combine」の「G」
6. 「Split」の「B」→「Combine」の「B」
7. 「Combine」の「RGB」→「Vertex」の「Position」

「Split」の「R」だけ、「Add」で値を足し算して「Combine」の「R」に接続します。他の「G」「B」は、そのまま「Combine」の同じ値に接続をします。これで、Positionの「R」の値（1つ目の値）だけAddで値を足し算できました。

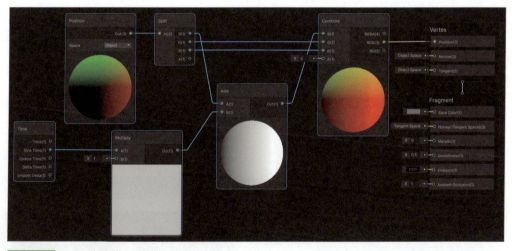

図4-104 ノードを接続し、完成させる。

X方向にだけ移動する

修正できたらファイルを保存しましょう。そして「シーン」パネルで表示を確認してみてください。これでキューブが一方向にだけ移動するようになりました。ここではSplitで分解した1つ目の値だけ操作しましたが、同様にして前後・左右・上下に移動させることもできるようになります。

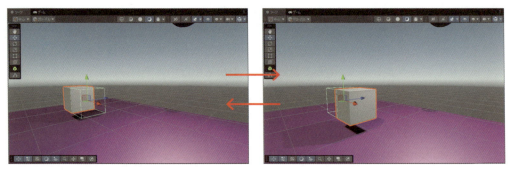

図4-105 キューブがゆっくりと左右に動く。

往復する周期を変える

　実際に試してみるとわかりますが、時間とともに変化するシェーダーグラフを作るには、TimeノードのSine TimeやCosine Timeを利用するのが一般的です。ただし、これは経過秒をSin/Cosの角度（ラジアン値）として指定するため、常に約6.28秒で1往復するようになります。「もっとゆっくりと動かしたい」「逆に速くしたい」ということはあるでしょう。このような場合、どうすればいいのでしょうか。

　なぜ、約6秒周期なのか？ といえば、Sine Timeで経過時間を得ているからです。これは経過時間をSin関数の角度として使っているため、約6.28秒で1周期となることはすでに説明しました。ということは、Sine Timeを使わずに、Timeの値を利用して自分で決まった秒数ごとに値が往復するような処理を作ればいいのです。

　経過時間は、Sine TimeではなくTimeを使うことで得られます。この値をもとに掛け算割り算して経過時間ごとの増加数を調整し、それをSin関数で計算した結果を利用すれば、自由に周期を変えられます。

Sine Time→Multiplyを修正する

　では、シェーダーグラフの一番左側にあるノードの「Sine Time→Multiply」の処理を修正しましょう。両者の間をつなぐ接続を選択し、Deleteキーで削除してください。

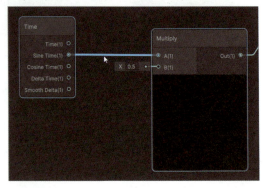

図4-106 「Sine Time」と「Multiply」をつなぐ接続を削除する。

続いて、「Sine」と「Multiply」のノードを作成しましょう。いずれも「Create Node」メニューのパネルで検索すればすぐに見つかります。そして、接続を解除した「Time」と「Multiply」と合わせて4つのノードを以下のようにつなげます。

図4-107　Timeを0.5倍してSineに渡すようにする。これで約12秒周期に変わる。

- 「Time」→「Multiply（新しいほう）」の「A」
- 「Multiply（新しいほう）」の「B」→「0.5」に設定
- 「Multiply（新しいほう）」の「Out」→「Sine」の「In」
- 「Sine」の「Out」→「Multiply（前からあるもの）」の「A」

これで、Timeの値を0.5倍してSin関数に渡すようになったため、約12秒ごとに往復するようになります。

1つ目の「Multiply」の「B」の値を増減することで、往復の周期が変わります。「2」にすれば約3秒で往復するようになりますし、「0.1」にすれば約1分の周期になります。

シェーダーグラフは奥が深い！

以上、シェーダーグラフを使って動くマテリアルを作ってみました。シェーダーマテリアルは、さまざまなノードをつないで演算をしていきます。使い方次第では、非常に高度な表現も作成できます。

実際にやってみて感じたかもしれませんが、これは一種のプログラミングなのです。本来、専用のプログラミング言語を使って行っていたことを「ノードをつなぐ」というビジュアルなやり方に置き換えただけで、本質的にはプログラミングと同じことをしています。したがって、本格的に使うには、ある程度プログラミングの素養が必要となるでしょう。

まずは、ここで行った「メタリックやカラー、位置の操作」だけでも行えるようになりましょう。それだけでも、いろいろと面白いことが行えるようになりますから。

Chapter **5**

思い通りの世界を作る：
地形でシーンの世界を作ろう

シーンに表示される世界そのものを作るためのゲームオブジェクトが「地形」です。
これは専用のツールを使って地面の起伏や地表の表示、
草や樹木などを配置していけます。
地形の作成に必要な機能をまとめて説明しましょう。

Chapter 5 思い通りの世界を作る：地形でシーンの世界を作ろう

Section
5-1 地形を作ろう

「地形」とは？

ゲームを本格的に作るには、キャラクターの他にも必ず必要となるものがあります。それは「世界」です。つまり、大地があり、空があり、山があり、海があり……そうした世界そのもの、ですね。

一応、テーブルを作ったときには、平面のゲームオブジェクトを設置して、地表のマテリアルを設定しました。しかし、限られた大きさの平面（デコボコも何もない、まっ平らな平面）では表現として限界があります。

空はスカイボックスで設定できます。が、大地をただの平面で代用するのは難しいでしょう。室内などすべて板や立方体の組み合わせで作れるものならばなんとかなりそうですが、山などの地形まで作ることは相当に難しいでしょう。

こうしたとき、強力な味方となってくれるのが「地形」ゲームオブジェクトです。Unityには、擬似的な地形を生成するためのプログラムが組み込まれています。これを利用することで、地形が簡単に作り出せるのです。

アセットストアで地形の部品を手配する

地形の作成の前に、地形で必要となる部品を手に入れましょう。Unityには、標準では地形の作成に必要となる部品（地面のマテリアルや樹木のモデルなど）はありません。ではどうすればいいか。それは「アセットストア」を利用するのです。

アセットストアは、Unityで利用するさまざまな部品（アセット）を配布するオンラインショップです。自分で作ったものをここで販売することもできますし、欲しいものを購入して自分のプロジェクトで使うこともできます。アセットストアをうまく活用することで、高度なモデルや高品質の素材を手に入れられるのです。

ストアには、有料のものだけでなく、無料で配布されているものも多数あります。ですから、「あまり費用がかかると心配だ」と思っている人も安心して利用できます。

アセットストアを開く

では、アセットストアにアクセスをしましょう。これは、Unityから行えます。Unityのエディター上部にあるツールバーから「Asset Store」という項目を探してください。これをクリックして現れるメニューから「アセットストアウェブ」を選べば、アセットストアが開きます。

あるいは、「ウィンドウ」メニューにある「アセットストア」を選んでも、アセットストアを開けます。

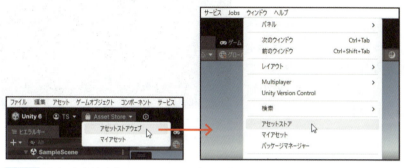

図5-1 Unityに用意されているメニューを選ぶだけでアセットストアにアクセスできる。

アセットストアのWebサイト

これらのメニューを選ぶと、Webブラウザが開かれ、アセットストアのページが現れます。アセットストアは、Webサイトとして用意されています。UnityからメニューをЕ選ばなくとも、Webブラウザからアクセスすれば、いつでも利用できます。URLは以下になります。

https://assetstore.unity.com/

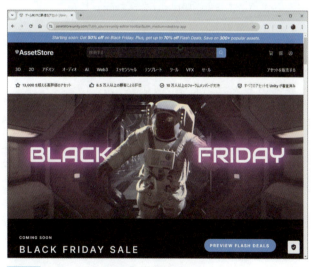

図5-2 アセットストアのWebサイト。

なお、アセットストアの利用にはUnityアカウントが必要になります。本書では、最初にUnityをインストールする際にUnityにユーザー登録を行っていますから、このときのアカ

Chapter 5 | 思い通りの世界を作る：地形でシーンの世界を作ろう

ウントをそのまま利用してください。アセットストアでの商品購入はUnityアカウントに紐付けられていますから、Unityエディターでログインしているアカウントと別のアカウントでアセットストアにアクセスしてもうまく購入商品を利用できない場合があります。

無料の地形データを検索する

アセットストアは、さまざまな部品がジャンルごとに整理されています。サイトの上部には「3D」「2D」というようにジャンルのリンクが並んでいるのがわかるでしょう。この上にマウスポインタを移動すると、さらに細かな種類がプルダウンして現れます。ここから項目を選べば、その種類の部品が一覧表示されます。

図5-3 「3D」の上にマウスを移動するとさらに細かな種類が現れる。

ページの上部には、検索フィールドもあります。ここで検索をして部品を探すこともできます。では、ここに「terrain」と入力しましょう。すると、terrainを含む商品を一覧表示してくれます。

非常に多くの商品があるので、絞り込みましょう。「フィルター」というところにある「価格」ボタンをクリックすると、価格帯のリストが現れます。ここから、「Free」のチェックをONにしてください。これで無料のものだけが表示されます。

図5-4 検索フィールドに「terrain」とタイプし、フィルターで無料のものだけを表示する。

Terrain Sample Asset Pack

リストの中から「Terrain Sample Asset Pack」というものを探してください。これは、Unity本家が公開している地形データのサンプルデータです。これをクリックして開いてください。

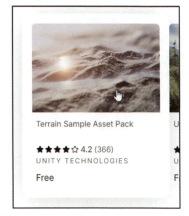

図5-5 Terrain Sample Asset Packを探してクリックする。

「Terrain Sample Asset Pack」のページが開かれます。ここに、この商品の説明が表示されます。この商品は、地形作成で必要となるアセット類を一式パックにしたものです。これを用意しておけば、基本的な地形は作成できるようになります。

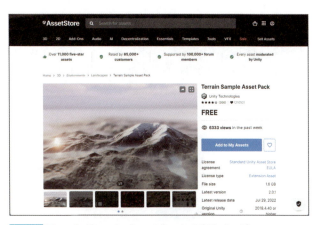

図5-6 Terrain Sample Asset Packの商品ページ。

では、ページにある「Add to My Assets」というボタンをクリックしてください。これで、この商品を自分のアセットに追加できます。

図5-7 「Add to My Assets」ボタンをクリックする。

おそらく、ここでUnityアカウントのサインイン画面が現れるでしょう（すでにブラウザでサインインされていれば表示されません）。Unityを登録する際に使ったUnityアカウントでサインインをしてください。

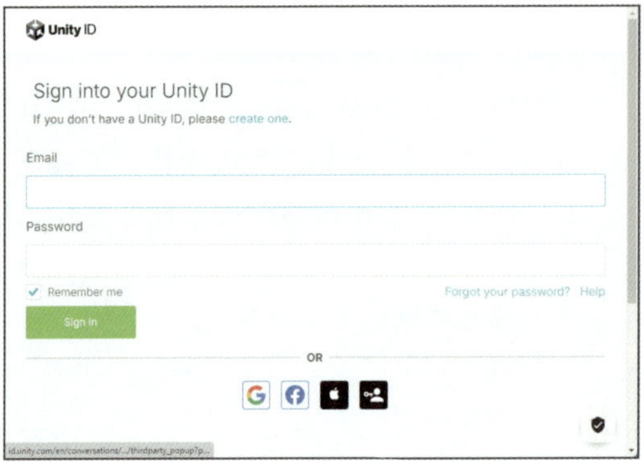

図5-8 Unityアカウントでサインインする。

サインインしたら、再び商品ページに戻ります。よく見ると、先ほどクリックしたボタンが「Open in Unity」に変わっているでしょう。このボタンをクリックしてください。Unityを開くか確認するアラートが現れるかもしれませんが、その場合はUnityエディターを開いてください。

あるいは、購入後に画面上部に「Add to My Assets」という表示が現れた人もいることでしょう。この場合も、このパネルに「Open in Unity」ボタンが表示されるので、これをクリックすればUnityエディターで開けます。

図5-9 「Open in Unity」ボタンをクリックし、アラートが現れたらUnityエディを開くボタンを押す。

Terrain Sample Asset Packをインストールする

Unityエディターがアクティブになり、「Package Manager」というウィンドウが開かれます。これは、パッケージ（アセットストアの商品など、たくさんのファイルで構成されているものをひとまとめにしたもの）を管理するための専用ツールです。アセットストアで購入したものは、ここで管理されます。

図5-10 Package Managerでパッケージが表示される。

Package Managerが開かれると、先ほど追加した「Terrain Sample Asset Pack」が表示されているのが確認できるでしょう。ここにある「ダウンロード」ボタンをクリックしてください。パッケージのダウンロードが開始されます。

しばらく待っているとダウンロードが完了します。Package Managerの表示は、「ダウンロード」ボタンが「xxxをプロジェクトにインポートします」（xxxはバージョン）という表示に変わります。これをクリックしてください。インポート作業が開始されます。これは完了するまでけっこう時間がかかります。

図5-11 「xxxをプロジェクトにインポートします」のボタンをクリックする。

しばらく待っていると、警告のアラートが現れるかもしれません。これは、パッケージで使っているプログラムなどに非推奨のものが混じっていると現れます。そのまま「インストール／アップグレード」ボタンをクリックしてください。

図5-12 警告が現れたら「インストール／アップグレード」ボタンをクリックする。

さらに待っていると、「Import Unity Package」というウィンドウが現れます。ここに、インポートするファイル類が表示されます。そのまま「Import」ボタンをクリックすると、インポートを実行します。

インポートが完了すると、「Import Unity Package」のウィンドウは閉じられます。また、Package Managerのウィンドウも開かれたままになっていたら閉じておきましょう。

これで、地形で必要となる部品が用意されました。では、いよいよ地形を作成しましょう。

図5-13 Import Unity Packageのウィンドウが表示される。「Import」ボタンをクリックしてインポートする。

地形作成のシーンを作ろう

では、実際に地形を作成してみることにしましょう。まずは、新しいシーンを準備しておきます。

「ファイル」メニューから「新しいシーン」を選び、新しいシーンを作成しましょう。シーンテンプレートは「Basic (URP)」を選択しておきます。これでカメラとライトだけの新しいシーンが用意されます。

シーンを開いたら、「ファイル」メニューの「別名で保存」でシーンを保存しておきましょう。名前は「TerrainScene」としておきます。

図5-14 「Basic (URP)」テンプレートを選んでシーンを作成する。

地形を作成しよう

では、いよいよ地形を作成してみましょう。地形は、3Dゲームオブジェクトとして用意されています。「ゲームオブジェクト」メニューの「3Dオブジェクト」から「Terrain (地形)」というメニューを選んでください。

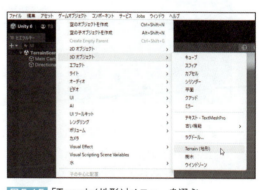

図5-15 「Terrain(地形)」メニューを選ぶ。

地形のモデルが作成される

シーンに「Terrain」という名前のモデルが追加されます。これは、ものすごく広い平面のような形をしています。ただ広い四角形が置いてあるだけ、といった印象でしょう。地形は、デフォルトではこんな具合にただの平面なのです。

図5-16 Terrainは巨大な平面のようなものだ。

Terrain Toolsについて

Terrainが選択されていると、シーンの左端に「Terrain Tools」というアイコンバーが表示されるようになります。これは、地形を編集するための専用ツールです。ここにあるアイコンをクリックして、どのような操作を行うかを指定します。

まずは、一番上にあるアイコンをクリックして選択しましょう。これは「Sculpt Mode」というアイコンです。地形の形に関する編集（地面を高くしたり低くしたりする操作）を行うには、この「Sculpt Mode」アイコンを使います。

高さの調整ツールを使おう

まずは、地形の起伏（つまり、山ですね）から作りましょう。「Sculpt Mode」アイコンを選択すると、Terrain Toolsのツールバーの下部に、さらにモード切り替えのアイコンが表示されるようになります。ここには、以下のようなものが用意されています。

Rise or Lower Terrain	地面を高くしたり低くしたりする。
Set Height	地面を指定の高さにする。
Paint Holes	穴を開ける。
Stamp Terrain	スタンプで形状を作る。
Smooth Height	段差をなめらかにする。

図5-17 Terrain Toolsのツールバー。

まずは、一番上の「Rise or Lower Terrain」を選択しておきましょう。これが、地面の高さを調整するツールになります。

このツールを選ぶと、モード切り替えのアイコンのさらに下に「Brush Masks」というアイコンが表示されます。これをクリックすると、ブラシを選択するパネルが現れます。ここで、使用するブラシを選択します。

また、「シーン」パネルの上部には、「Opacity」「Size」といった項目も追加されているでしょう。これらは、ブラシの強さと大きさを設定するものです。マウスでこれらの項目をプレスし左右にドラッグすると値が増減します。

図5-18 Rise or Lower Terrainでは、ブラシを選択するパネルやブラシの強さ、大きさを調整する項目が表示される。

地形の起伏を作ろう

では、このツールを使って地形の起伏を作っていきましょう。起伏の作成は、「ブラシを選ぶ」「ブラシの大きさと強さを設定する」「マウスで地形をクリックやドラッグする」といった流れで作業を行います。

では、「Brush Masks」アイコンをクリックし、パネルからブラシを選択してください。まずは、一番使いやすい「builtin_brush_2」(左上から2番目のもの)を選択しましょう。

そして上部にある「Opacity」と「Size」

図5-19 Brush Masksでブラシを選び、強さと大きさを調整する。

で強さと大きさを調整します。Opacityは、0.1以下にしておきましょう。またSizeは100～200程度の値にしておくとよいでしょう。

では、シーンビューの地形をドラッグして山を作りましょう。マウスポインタが地形の上に移動すると、ブラシの形で青い影のようなものが表示されます。これを目印にして、山を作りたいところをドラッグすると、ドラッグにあわせて地面が盛り上がります。

高くなりすぎた部分は、Shiftキーを押したままクリックやドラッグをすると低くすることができます。この「普通にドラッグ」「Shiftキーを押してドラッグ」という基本操作を使って、いろいろと山を作ってみてください。「失敗した！」と思ったら、Ctrlキー+「z」キーで前の状態に戻せます。

 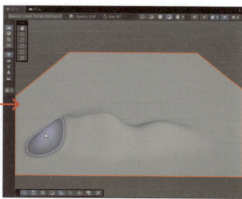

図5-20 マウスでドラッグして高さを変えていく。

台地を作る

高さを変えるツールはもう1つあります。モードアイコンの上から2番目にある「Set Height」というアイコンです。これは、あらかじめ指定した高さに地形を変えていくものです。つまり、「台地」を作るのです。

これを選ぶと、上部に「Set Height Settings」という表示が現れます。これをクリックすると、高さを設定するパネルが現れます。ここで高さを入力し、マウスでドラッグしていくと、指定した高さに地面が設定されていきます。

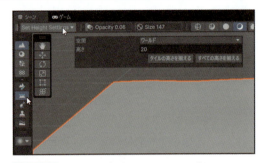

図5-21 「Set Height」アイコンでは、「Set Height Settings」で指定した高さに地面を調整する。

2つのツールで地形を作ろう

ここで使った2つのツールを組み合わせて、地形を作っていきましょう。それぞれで自分の思った通りの地形が作れるか試してみてください。

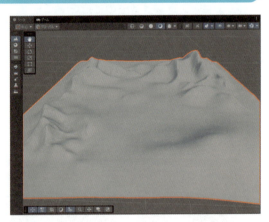

図5-22 作成した地形。山や盆地などがわかるようになってきた。

地形のマテリアルを設定しよう

地形がだいたいできてきたら、次に行うのは「マテリアルの設定」です。地形を作るというのは、単にその形ができるというだけではいけません。そこに地面や草原などが表示されて、初めて風景としてみられます。こうした地形の表面の表示は、マテリアルを登録し、これを使って地面を塗りつぶしていくことで実現します。

マテリアルの設定は、Terrain Toolsの上から2番目にある「Material Mode」アイコンを選択して行います。これによりマテリアルモードに切り替わり、マテリアルの設定が行えるようになります。

図5-23 Terrain Toolsの上から2番目にある「Material Mode」アイコンを選択する。

マテリアルモードになると、Terrain Toolsの下に「Paint Texture」というアイコンが追加されます。これは、テクスチャーを描画するモードであることを示します。これをクリックして選択しましょう。

緑地のマテリアルを登録する

マテリアルの設定は、使用するマテリアルを登録し、追加されたマテリアルを使って描いていくことで行います。まずは、マテリアルの登録を行いましょう。

「Material Mode」アイコンを選択したら、上部に見える「Paint Texture Settings」をクリックしてください。これで、Paint Textureモードの設定パネルが現れます。このパネルには、「Terrain(地形)レイヤーを編集」というボタンが現れ

図5-24 「Paint Texture Settings」をクリックし、現れたパネルから「Terrain(地形)レイヤーを編集」をクリックする。

ます。これは、「地形レイヤー」というものを作成するためのものです。

地形のマテリアルでは、「地形レイヤー」というものを作成します。これは、地表のテクスチャーを設定したレイヤー（層）です。この地形レイヤーをいくつか作成し、マウスを使って、表示させたいレイヤーを地表に設定していくのです。

| Chapter 5 | 思い通りの世界を作る：地形でシーンの世界を作ろう |

Terrain(地形)レイヤーを編集

では、「Terrain(地形)レイヤーを編集」ボタンをクリックしてください。メニューがポップアップして現れるので、ここから「レイヤーを追加」を選びます。

これで、レイヤーを選択するためのパレットウィンドウが現れます。ここで選んだものがレイヤーに登録されます。

ここでは、「Grass_A_Terrain Layer」というレイヤーを選んでおきます。これは草原のサンプルです。

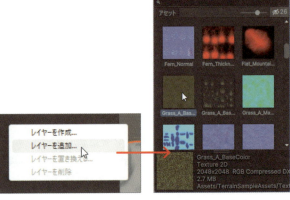

図5-25 「レイヤー作成」メニューを選び、パレットウィンドウからレイヤーを選択する。

レイヤーを追加すると、「Paint Texture Settings」ボタンで現れるパネルに「Settings Terrain(地形)レイヤー」という表示が現れ、そこに追加したレイヤーが表示されます。同時に、シーンに配置してある地形全体に、選択したレイヤーのテクスチャーが表示されるようになります。

地形レイヤーは、最初に追加したレイヤーで地形全体が表示されます。これをベースにして、必要な部分に別のレイヤーを表示させればいいのです。

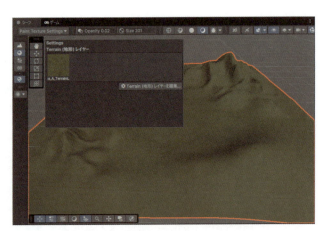

図5-26 選択したレイヤーで地形が塗りつぶされる。

別のレイヤーを追加する

さらに別のレイヤーを追加しましょう。「Paint Texture Settings」をクリックしてパネルを呼び出し、「Terrain(地形)レイヤーを編集」をクリックして「レイヤーを追加」メニューを選びます。

図5-27 Paint Textureのパネルから「Terrain(地形)レイヤーを編集」をクリックする。

パレットが現れます。ここで、「Sand_Terrain Layer」というレイヤーを選択してください。パレットが消え、「Settings Terrain(地形)レイヤー」に2つ目のレイヤーが追加されます。

図5-28 パレットからレイヤーを選択すると、「Settings Terrain(地形)レイヤー」に追加される。

砂地のレイヤーで描画する

では、追加した砂地のレイヤーを使ってみましょう。これも、地形の起伏作成と同様にマウスで地形をドラッグして描画します。まず、左側のTerrain Toolsにある「Brush Masks」アイコンをクリックし、使用するブラシを選択します。

図5-29 使用するブラシを選択する。

続いて、上部にある「Opacity」と「Size」で強さと大きさを調整します。そして「Paint Texture Settings」をクリックし、現れたパネルから砂地のレイヤーをクリックして選択します。

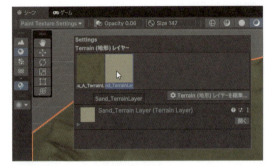

図5-30 OpacityとSizeを調整し、「Paint Texture Settings」のパネルで描画するレイヤーを選ぶ。

これでブラシの準備ができました。シーンに配置した地形で砂地にしたいところをマウスでドラッグしてください。その部分が砂地のレイヤーに変わります。

大きさや強さを調整して、細かくレイヤーを塗っていきましょう。

図5-31 地形をドラッグして砂地を描いていく。

山の頂上に雪を積もらせよう

使い方がわかってきたら、もっといろいろと描画を行いましょう。例えば、高い山の頂上付近が冠雪で白くなっているようにしてみましょう。

手順はもうわかってきましたね。まず、「Paint Texture Settings」をクリックしてパネルを呼び出し、「Terrain(地形)レイヤーを編集」ボタンをクリックして「レイヤーを追加」メニューを選びます。

図5-32 「Paint Texture Settings」のパネルから「レイヤーを追加」メニューを選ぶ。

レイヤー選択のパレットウィンドウが現れたら、その中から「Snow_TerrainLayer」という項目を探してクリックします。これが雪のレイヤーです。

図5-33 パレットから雪のレイヤーを選ぶ。

　マウスで地形の山頂付近をドラッグすると、雪のレイヤーが描かれていきます。大きさや強さを調整しながらきれいに塗っていきましょう。

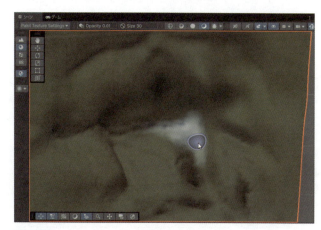

図5-34 マウスドラッグで雪を塗っていく。

　ある程度きれいに塗れたら、完成です。これで緑地、砂地、雪の3つのレイヤーを使って地形が描かれました。

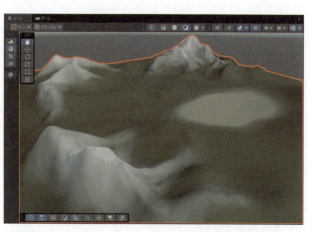

図5-35 3つのレイヤーを組み合わせて地形が描かれた。

Chapter 5 思い通りの世界を作る：地形でシーンの世界を作ろう

Section 5-2 草原を作ろう

草原に植物を植えよう

これで基本的なマテリアルの描画はできました。が、では「これで完璧」か、というとそうでもありません。

例えば、草原のマテリアルを設定はできましたが、これは、ただ「草原の絵が地面に描いてあるだけ」です。実際に植物が生えているわけではありません。この地形に降り立てば、ただ単に「草原の絵が描いてある、何もない地面」があるだけです。

もっとリアルな世界を作るためには、草が生えていたり、木が植えてあったりしないといけませんね。こうした「植生の用意」を行うための機能も、Unityにはちゃんと用意されているのです。

シーンの左端にあるTerrain Toolsで、上から3番目のアイコンをクリックして選択してください。これは、「Foliage Mode」というアイコンです。Foliageは「枝葉」のことですね。植物や樹木を作成するためのモードになります。

このアイコンを選ぶと、Terrain Toolsのアイコンの下に2つのモード切り替えのアイコンが追加されます。これらはそれぞれ以下のようになります。

Paint Details	ディテール（地表の詳細）を作成するものです。
Paint Trees	樹木を作成するものです。

「Paint Details」というのが、植物を描くものと考えていいでしょう。これは、地表にあるさまざまなもの（石や岩や草など）を作成するためのもので、植物を植えるのにもこれを利用します。「Paint Trees」は樹木を植えます。

図5-36 「Foliage Mode」のアイコンを選ぶ。

Paint Detailsで植物を描く

まずは「Paint Details」で植物を描きましょう。このアイコンを選択し、上部にある「Paint Details Settings」をクリックしてください。設定のためのパネルが現れます。

ここには「ディテール」という表示があり、ここに作成したディテール（植物などの設定）が用意されます。現時点では何も表示されていません。そしてその下にある「ディテールを編集」というボタンで、ディテールを作成したりすることができます。

図5-37 Paint Details Settingsのパネル。

草のテクスチャーを追加する

では、「ディテールを編集」ボタンをクリックしましょう。ポップアップして現れたメニューから「草のテクスチャーを追加」を選んでください。

画面に「Add Glass Texture」というウィンドウが現れます。これは、草のテクスチャーを設定するためのものです。ここで設定した内容をもとに、草が作られていくのです。ここには以下のような項目が用意されています。

Detail Texture	使用する草のテクスチャー
地面に揃える	地面の傾きにどの程度揃えるか
位置ジッター	分布のランダム性を設定
Min Width	横幅の最小値
Max Width	横幅の最大値
Min Height	高さの最小値
Max Height	高さの最大値
ノイズシード	シード（種）となる値
ノイズスプレッド	ノイズの混じり具合を指定
ディテール密度	ディテールの密集具合
穴のエッジパディング	穴のエリアからどのくらい離れるか

203

Healthly Color	健康な色
Dry Color	乾燥した(枯れた)色
Billboard	常にカメラを向くようにする
密集スケールの影響を受ける	地形で設定したディテールの密度の影響を受ける

かなりいろいろな項目がありますが、全部覚える必要はありません。最初に使うのは、以下の項目ぐらいです。

- 「Detail Texture」でテクスチャーを設定する
- WidthとHeight関係の設定で大きさを調整する
- 「ディテール密度」でどのぐらいの密度で配置するかを指定する

この3点だけ覚えておけば、基本的な草のテクスチャーは利用できるようになります。他のものは、とりあえず忘れて構いません。

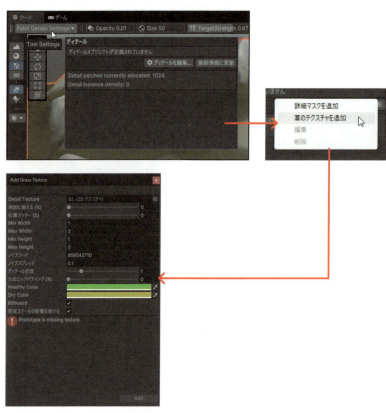

図5-38 「草のテクスチャーを追加」で現れるウィンドウ。

草のテクスチャーを設定する

では、実際に使ってみましょう。利用には、草のテクスチャーを設定する必要があります。「Detail Texture」の右端にある◎をクリックしてください。利用可能なテクスチャーを一覧表示したパレットウィンドウが現れます。

この中から、「Bush_A_BaseColor」という項目を探してクリックしてください。これは、ブッシュ（低木）のテクスチャーです。

図5-39 パレットから「Bush_A_BaseColor」を選ぶ。

Add Glass Textureを調整する

テクスチャーを調整したら、後は他の項目を適当に調整するだけです。「Add Glass Texture」の設定項目は、後から編集できますからあまり深く考える必要はありません。デフォルトのままでいいでしょう。

準備できたら、下部にある「Add」ボタンをクリックしてください。

図5-40 「Add Glass Texture」の設定を行う。

ブラシの設定をする

では、草のテクスチャーを使ってみましょう。使い方は、マテリアル等と同じです。まず使用するブラシの設定をして、地形の上をドラッグするだけです。

「Brush Masks」から使用するブラシを選び、上部の「Opacity」と「Size」で強さと大きさを調整してください。

図5-41 ブラシの種類と強さ、大きさを調整する。

草を植える

では、草のテクスチャーを使って草を植えていきましょう。草を植えたいところをマウスで地形の上をドラッグしてください。遠く離れているとよくわからないでしょうが、ドラッグすればちゃんと草が植えられています。

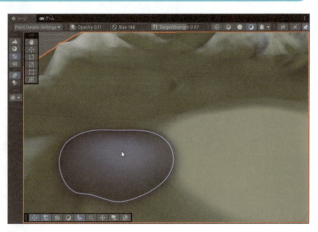

図5-42 ドラッグして草を植える。

地面に近づいて表示を確認しよう

草を植えたら、シーンの表示位置を移動し、地面に近づけていきましょう。非常に近くなると、一面に草が生えているのが確認できるようになります。Unityでは、植物などは遠く離れると見えなくなるのです。

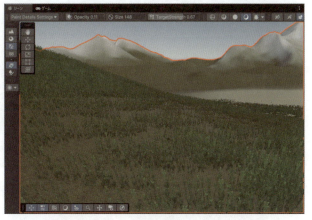

図5-43 地面に近づけると、植物が生えているのがわかる。

草のテクスチャーを編集する

実際に試してみて、どうでしたか。思い通りに草が生えていたでしょうか。「もう少し小さくしたかった」「もっと密に生えるようにしたかった」など、修正したい点も多かったことでしょう。

草のテクスチャーは、配置したら終わりではありません。これは、後から編集できるのです。「Paint Details Settings」をクリックしてパネルを開き、「ディテール」から作成した草のテクスチャーを選択してください。そして「ディテールを編集」ボタンをクリックして、現れたメニューから「編集」を選びましょう。

図5-44 「Paint Details Settings」のパネルから「ディテールを編集」をクリックし、現れたメニューから「編集」を選ぶ。

「Edit Glass Texture」というウィンドウが開かれます。地面に生えている草がよく見えるように表示位置を調整し、「Edit Glass Texture」ウィンドウの設定項目を操作してみましょう。すると、値を変更するとその場で地面に生えている草の様子が変わります。Max Heightを大きくすれば植物の高さも高くなりますし、「ディテール密度」を操作すれば植生の密度が変わります。

これで植物の状態を調整し、思った通りに生えるようにしましょう。

Chapter 5 | 思い通りの世界を作る：地形でシーンの世界を作ろう

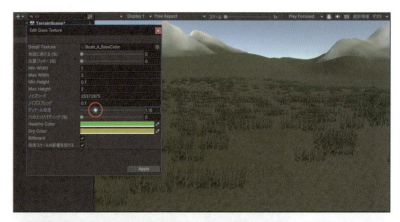

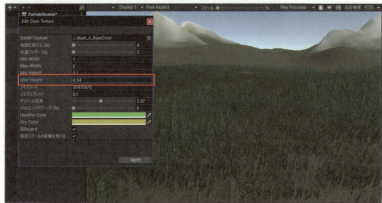

図5-45 「Edit Glass Texture」の設定を変えると、生えている草の状態も変わる。

草のテクスチャーと詳細マスク

実際に配置した草は、どのようになっているでしょうか。草に近づいてクローズアップしてみましょう。すると、草がきれいに生えているのがよくわかるでしょう。

草のテクスチャーは、一面に草を生やすようなときに便利です。が、実は他にも「リアルな草を生やす」ためのものがあります。それは「詳細マスク」というものです。

草のテクスチャーは、草を描いたテクスチャーを使って草を地面から生やしていきます。つまり、これは「絵」なのです。たくさんの草が生えているのでリアルに見えますが、細かく作り込んだ草のモデルを配置しているわけではありません。

図5-46 草をアップで見ると、リアルだが平面的だ。

「詳細マスク」は、草のためのものではなく、地面にリアルなモデルを設置していくためのものです。例えば石や岩などもこれで配置できます。植物のモデルを使えば、植物を配置することもできるわけです。

では、こちらも使ってみましょう。

詳細マスクを作る

詳細マスクの作成は、草のテクスチャーと似ています。上部の「Paint Details Settings」ボタンをクリックし、パネルを開いてください。そして「ディテールを編集」ボタンをクリックします。

現れたメニューから、「詳細マスク」を選べば、詳細マスクを作成できます。

図5-47 「Paint Details Settings」のパネルで「詳細マスク」メニューを選ぶ。

「Add Detail Mesh」ウィンドウ

画面に、「Add Detail Mesh」というウィンドウが開かれます。ここで、詳細マスクの設定を行います。

ウィンドウの内容を見て気がついたでしょうが、これは草のテクスチャーを設定した「Add Glass Texture」と非常に似ています。最初の項目が「Detail Prefab」となっているぐらいで、他の項目はだいたい同じなのです。

図5-48 Add Detail Meshのウィンドウ。

プレファブを設定する

　最初の「Detail Prefab」というのは、地面に配置するモデルの「プレファブ」を設定するものです。プレファブというのは、「部品として独立して扱えるようにしたモデル」です。植物や岩などの配置したいプレファブをここに設定すれば、それを地面に配置できるようになります。

　では、「Detail Prefab」の右端にある◎をクリックしてください。利用可能なプレファブの一覧が表示されたパレットウィンドウが開かれます。ここから使いたいプレファブをクリックして選ぶのです。

　では、ここから「Bush_A」というものを選択しましょう。

図5-49　「Detail Prefab」で開いたウィンドウからプレファブを選択する。

ディテールを追加する

　これで、プレファブが設定されました。そのまま、「Add Detail Mesh」ウィンドウ下部にある「Add」ボタンをクリックすれば、ディテールが追加されます。細かな値は、今調整しなくとも後で再編集できるのでデフォルトのままでいいでしょう。

図5-50　ウィンドウ下部の「Add」ボタンでディテールを追加する。

Bush_Aディテールを配置する

では、作成したディテールを使いましょう。「Paint Details Settings」ボタンをクリックしてパネルを開き、「ディテール」から、作成したディテール（「Bush_A」ディテール）のアイコンをクリックして選択します。

図5-51 ディテールから「Bush_A」を選ぶ。

ドラッグして配置する

ブラシを調整し、地形をドラッグしてディテールを配置しましょう。草のテクスチャーよりもさらにリアルな植物が配置されているのがわかるでしょう。

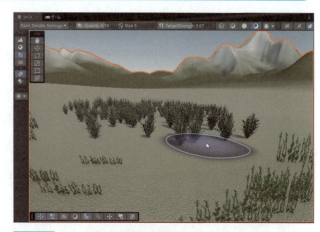

図5-52 ドラッグして植物を配置する。

配置した植物に近づいてよく見てください。いくつもの枝があり、それぞれに葉がついているのがわかります。また枝は風でそよそよと揺れています。立体感もあり、単なる絵だった草のテクスチャーよりもはるかにリアルに表現されているのがわかるでしょう。

図5-53 リアルな3Dモデルとして植物が表現されている。

ディテールを編集する

配置した表示がどのようになるかわかったら、ディテールを編集しましょう。「Paint Details Settings」のパネルを開き、「ディテール」から「Bush_A」を選択します。そして、「ディテールを編集」ボタンをクリックし、現れたメニューから「編集」を選んでください。

図5-54 ディテールを選択し、編集する。

「Edit Detail Mesh」ウィンドウが開かれます。ここで、項目の値を変更すると、地面に配置された植物がリアルタイムに変化します。大きさや密度などをここで変更し、思った通りの表示になるよう調整しましょう。

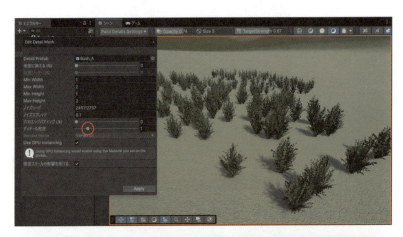

図5-55 設定を変更するとリアルタイムに表示が変わる。

草のテクスチャーとディテールの使い分け

　以上、2つの植物を配置する機能について説明しました。これらはそれぞれに特徴があります。2つの特徴を端的にまとめるなら以下のようになるでしょう。

草のテクスチャー	テクスチャーベースであり、3Dの立体感のある表現にはならない。ただし3Dモデルとして作成されないため、描画コストがかからず、広範囲に描いてもパフォーマンスの低下はあまりない。
ディテール	プレファブを使った本格的な3Dモデルによる描画であり、植物に限らず、岩などさまざまなものを配置できる。非常にリアルだが、すべてを3Dモデルとして作成するため、描画コストがかかり、あまり多用するとパフォーマンスの低下を招く。

　あまり凝った表現ではないが軽量な「草のテクスチャー」と、非常にリアルだが描画にかなり負荷がかかる「ディテール」、と考えるとよいでしょう。両者の性質を踏まえてうまく使い分けてください。

図5-56　草のテクスチャーとプレファブによるディテール。並べるとディテールのほうがよりリアルなのがわかる。

Chapter 5　思い通りの世界を作る：地形でシーンの世界を作ろう

Section 5-3 樹木を植えよう

Tree Collection Packを追加する

　草を生やすのはこれでできました。次は、「樹木」を植えましょう。樹木のモデルは、Terrain Sample Asset Packにはない（低木はありますが）ので、これもアセットストアから入手することにしましょう。

　Unityエディター上部にある「Asset Store」から「アセットストアウェブ」メニューを選ぶか、「ウィンドウ」メニューから「アセットストア」を選ぶかしてアセットストアのWebページを開いてください。そして、「tree collection」と検索しましょう。

　これで、「Tree Collection Pack 2017」（画像では2018となっている場合もあり）という商品が見つかります。これは、無料で配布されている樹木データです。「Add My Assets」ボタンを押してこれを入手しましょう。

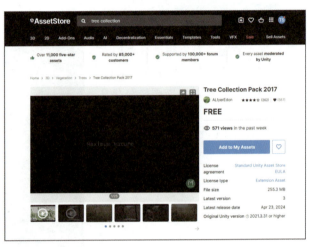

図5-57　アセットストアで「Tree Collection Pack 2017」を検索する。

　ボタンをクリックすると「Term of Service」という警告が現れた人もいるかもしれません。これは利用規約の確認です。「Accept」ボタンを押せば警告は消えます。

図5-58　警告が現れたら「Accept」ボタンを押す。

214

商品の購入が完了したら、上部に「Added to My Assets」というパネルが現れ、そこに「Open in Unity」ボタンが表示されます。パネルが現れない場合も、商品ページにボタンが表示されます。

表示された「Open in Unity」ボタンをクリックすればUnityエディターで開けます。

図5-59 「Open in Unity」ボタンをクリックする。

Tree Collection Packをインストールする

Unityエディターがアクティブになると、パッケージマネージャのウィンドウが開かれます。ここに「Tree Collection Pack 2017」と商品が表示されます。ここにある「ダウンロード」ボタンをクリックしましょう。

図5-60 パッケージマネージャで商品をダウンロードする。

ダウンロードが完了したら、パッケージマネージャに「xxxをプロジェクトにインポートします」（xxxはバージョン）というボタンが表示されます。これをクリックしてインポートを実行します。

図5-61 パッケージをインポートする。

「Import Unity Package」というウィンドウが現れます。「インポート」ボタンを押してインポートを実行します。

図5-62 「インポート」ボタンをクリックする。

樹木のシェーダーを設定する

Tree Collection Packには、たくさんの樹木データ（プレファブ）が用意されています。ただし、これは作成されたのがやや古いため、Unity 6で使われているURPの最新シェーダーに対応していません。そこで、樹木プレファブを利用する際は、シェーダーの変更が必要になります。

では、樹木のプレファブを探しましょう。「プロジェクト」パネルで、プロジェクト内のフォルダー構成を見てください。「Assets」フォルダーの中に「TreePackVol.1」というフォルダーが追加されています。これが、インストールしたTree Collection Packです。これを開くと、その中の「Prefabs」というフォルダー内にいくつものナンバリングされたフォルダーが保管されていることがわかります。この各フォルダー内に、樹木のデータがまとめられています。

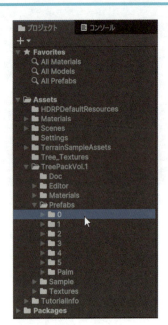

図5-63 「TreePackVol.1」フォルダーの「Prefabs」フォルダー内にプレファブが保管されている。

では、この中の「0」フォルダーを選択してみましょう。その中にある「Tree1」というファイルを選択してください。これが、樹木のプレファブです。樹木プレファブは、このように「Tree番号」という名前になっています。

図5-64 「Tree1」を選択する。これが樹木のプレファブだ。

現状では、ファイルはマゼンタのカラーで表示されているでしょう。これは、正しくレンダリングできていない場合の表示です。

インスペクターをチェックする

「Tree1」を選択すると、インスペクターに細かな設定情報が現れます。ここにはたくさんの項目が用意されていますが、重要なのは「Tree」という設定です。これが、樹木に関する設定を行っているところです。

細かな項目の内容は、今は理解する必要ありません。重要なのは、「樹木は、ゲームオブジェクトを組み合わせて独自に作っているわけではなくて、専用のコンポーネントを持ったオブジェクトなのだ」という点です。樹木は、樹木というゲームオブジェクトとして作られているのですね。

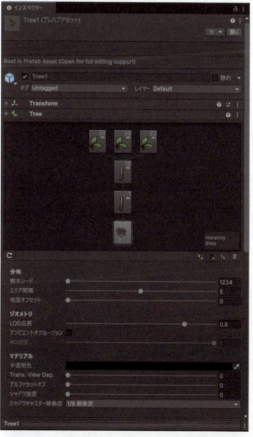

図5-65 インスペクターには「Tree」コンポーネントの設定が用意されている。

Treeを更新する

樹木には、「Optimized Bark Material」と「Optimized Leaf Material」という2つのマテリアルが設定されています。これらは、それぞれ枝と葉のマテリアルになります。この2つのマテリアルには、それぞれ専用のシェーダーが割り当てられています。

インスペクターの下部に、これら2つのマテリアルの設定が表示されているでしょうか。もしされているなら、これらを操作すればいいのですが、表示されていない場合は樹木を更新する必要があります。

図5-66 ルートノードをクリックし、保存して更新する。

インスペクターの「Tree」設定のところに、樹木や枝・葉のアイコン（ノードというものです）が並んで表示されているところがあります。この一番下のアイコン（樹木のルートノードというもの）をクリックしてください。そして、そのままCtrlキー＋「S」キーでプレファブを保存しましょう。これで樹木のプレファブが更新されます。

マテリアルが追加される

インスペクターの下部に、「Optimized Bark Material(Material)」と「Optimized Leaf Material(Material)」という項目が追加されます。これらが、枝と葉のマテリアルの項目になります。これらのシェーダーを変更します。

図5-67 追加されたマテリアルの項目。

シェーダーを変更する

では、「Shader」の値の部分をクリックしてください。リストがプルダウンして現れるので、以下の順に項目を選択してください。

- Universal Render Pipeline → Nature → SpeedTree8_PBRLit

これで、シェーダーが変更されます。2つあるマテリアルは、どちらも同じようにシェーダーを変更し、プレファブを保存してください。

樹木を植えよう 5-3

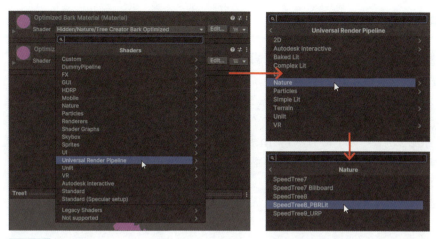

図5-68 シェーダーのリストから「Universal Render Pipeline」「Nature」「SpeedTree8_PBRLit」の順に選択していく。

シェーダーが変更されると、インスペクター下部にあるプレビュー表示がマゼンタ一色からリアルな樹木の表示に変わります。表示がこのように変わったら、正常に樹木が表示されるようになったということです。

これで、インストールしたTree Collection Packの樹木が使えるようになりました！ Tree1以外にも樹木プレファブはたくさんありますから、使ってみたいものはすべて同様にシェーダーを変更しておきましょう。

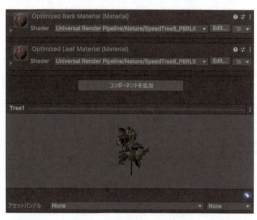

図5-69 プレビューの表示がリアルな樹木に変わる。

Chapter 5 | 思い通りの世界を作る：地形でシーンの世界を作ろう

森や林を作ろう

では、樹木を配置していきましょう。樹木は、専用のツールとして用意されています。シーン左端の「Terrain Tools」から、上より4つ目の「Foliage Mode」のアイコンを選択します。その下にある「Paint Trees」アイコンを選択すると、樹木の描画モードになります。

図5-70 「Foliage Mode」の「Paint Trees」アイコンを選ぶ。

Place Treesツールの設定をチェック！

上部に見える「Paint Tools Settings」ボタンをクリックしてください。Paint Treesの設定パネルが表示されます。まずはこれらについてざっと説明をしておきましょう。

図5-71 Paint Tools Settingsの設定パネル。

樹木を編集	木のモデル（プレファブ）を設定するところです。ここで、利用したい木のモデルを登録します。
ブラシサイズ	ブラシのサイズです。
樹木の密度	植えられる木の密度を指定します。数値が高いほど木々の間隔を狭く植えます。
樹木の高さ	木の高さです。
幅を高さにロック	幅を高さに自動的に合わせます。
幅	木の幅です。「幅を高さにロック」がオフだと調整できます。

樹木を追加する

では、使用する木を追加しましょう。「Paint Tools Settings」のパネルから「樹木を編集」ボタンをクリックすると、メニューがポップアップします。ここから「樹木を追加」メニューを選んでください。

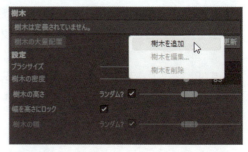

図5-72 「樹木を編集」ボタンから「樹木を追加」メニューを選ぶ。

「Add Tree」ウィンドウが現れます。ここには以下のような項目が用意されています。

図5-73 「Add Tree」ウィンドウが開かれる。

Tree Prefab	使用する木のモデルを選択します。右側の◎マークをクリックして木のモデルを選びます。
Bend Factor	木の曲がり具合に関する設定です。例えば風が吹いて木が揺れるような表現のとき、この値によってその揺れ具合が調整されます。

とりあえず、「Tree Prefabでプレファブを設定する」ということだけ覚えておきましょう。Bend Factorは、当面は覚えておかなくて構いません。

樹木プレファブを選択する

では、Tree Prefabに木のモデルを設定しましょう。右側の◎マークをクリックすると、プレファブを選択するウィンドウが現れます。ここで、先ほどシェーダーを変更した「Tree1」を選んでください。Tree1という名前のものはいくつかありますが、マゼンタで塗られていないものを探せばいいでしょう。

図5-74 プレファブを選択するウィンドウから「Tree1」を選ぶ。

モデルを追加する

プレファブを選択すると、「Add Tree」ウィンドウのTree Prefabに「Tree1」が設定されます。このまま「Add」ボタンを押すと、木が登録されます。

図5-75 Tree Prefabが設定されたら「Add」ボタンで追加する。

追加された樹木を利用する

追加すると、「Paint Tools Settings」ボタンで現れるパネルの「Trees」に樹木がされるようになります。樹木を登録すると、ここにいくつでも追加表示されます。ここで、使いたい樹木を選択して利用すればいいのです。

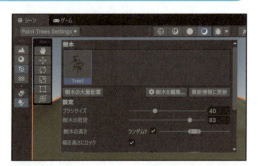

図5-76 「Paint Tools Settings」パネルに樹木が追加された。

では、「Paint Tools Settings」のパネルから、選択した樹木の設定を行いましょう。設定すべき項目は以下の3つです。

ブラシサイズ	描画に使うブラシの大きさです。
樹木の密度	樹木がどのぐらいの密度で植えられるかを指定します。
樹木の高さ	樹木の高さを指定します。「ランダム」をONにしておくと、指定した範囲でランダムに設定されます。

樹木の幅は、「幅を高さにロック」をOFFにすると調整できるようになります。が、とりあえずはONのままでいいでしょう。こうすれば、高さに応じて自動的に幅が調整されます。

図5-77 樹木の設定を行う。

これまで使ってきたツールは、ブラシの形状や大きさ、強さなどを設定できましたが、樹木の場合は大きさを設定するだけです。ブラシの形状や強さは調整できません。強さは、代わりに「樹木の密度」でどのぐらいの密度で植林されるかを調整してください。

ドラッグして植林する

では、シーンに配置した地形の上をマウスでドラッグしていきましょう。ドラッグにあわせて自動的に木が植えられていきます。「ちょっと植えすぎちゃった」というときは、Shiftキーを押してドラッグすると、その部分の木を消せます。

図5-78 ドラッグ指摘を植えていく。

Chapter 5 思い通りの世界を作る：地形でシーンの世界を作ろう

Section 5-4 樹木を作ろう

樹木はゲームオブジェクト！

地形のツールを使って、地形に樹木を植えることまでできるようになりました。樹木はアセットストアから入手しましたが、作業の過程で「樹木はゲームオブジェクトとして用意されている」ということを知りました。ならば、自分でオリジナルの樹木を作ることもできるのでは？ と思った人。

できるのです。ただし、樹木は単純なゲームオブジェクトではなく、複数の部品を組み合わせたプレファブとなっていますので、作成はちょっと大変です。しかし、やり方さえきちんと理解していれば、誰でも作ることが可能です。

図5-79 「樹木」メニューを選ぶ。

では、実際に作りながら説明をしていきましょう。樹木は、「ゲームオブジェクト」メニューの「3Dオブジェクト」内に「樹木」というメニューとして用意されています。これを選んでください。

プレファブが作成される

メニューを選ぶと、プロジェクトに「Tree」という名前のプレファブが作成されます。これが、作成された樹木です。これを選択し、さまざまな設定をして樹木を作っていくのです。

図5-80 「Tree」というプレファブが作成される。

プレファブが作成されると同時に、シーン内に「Tree」というオブジェクトが追加されます。これは、作成された「Tree」プレファブを実際にシーンに配置したものです。プレファブを編集し保存すると、それに応じてシーンに配置したプレファブのオブジェクトも表示が更新されます。この配置されたTreeで表示を確認しながら樹木を作成していけばいいのですね。

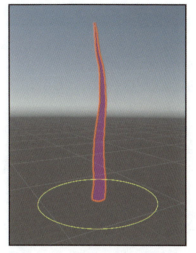

図5-81 シーンに配置された樹木のオブジェクト。

インスペクターの設定を調べよう

作成された「Tree」プレファブ（プロジェクトに作られたファイルのほうです）をクリックして選択すると、インスペクターにプレファブの設定が現れます。Transformの後に「Tree」という項目が用意されています。これは「Tree」コンポーネントの設定です。ここを編集することで、樹木の表示を整えます。

図5-82 樹木プレファブのインスペクター。

ルートノードの設定

では、インスペクターのTreeに表示されているアイコンを見てください。2つのアイコンが縦に並んでいますね。これらは「ノード」と呼ばれるものです。

下のノードが「ルート（Root Node）」というもので、樹木のベースとなる部分です。そして上のものが「枝グループ（Branch Group）」という、枝のグループとなるものです。作成された樹木には、ルートノードに枝グループが1つ追加されている、という状態だったのですね。

では、下のルートノードをクリックして選択しましょう。すると、その下にルートノードの設定が現れます。

図5-83 ルートノードの設定。

樹木シード	樹木生成の初期値となる値。値が変わると形状が変わる。
エリア間隔	作成される幹の間隔。
地面オフセット	地表と樹木の根元の間をどれくらいあけるか。
LOD品質	Level of Detailの値。どのぐらいの品質で作成するか。
アンビエントオクルージョン	光が当たらない隙間や凹みを暗くする機能。
AO密度	アンビエントオクルージョンの密度。
マテリアル	マテリアルに関する各種の設定。

とりあえず、「樹木シードを変えると形状が変化する」だけ覚えておくとよいでしょう。

枝グループの設定

続いて、「枝グループ（Branch Group）」をクリックして選択しましょう。これで、枝グループの設定が表示されます。ここにはとにかくたくさんの項目があるので、重要なものだけピックアップしておきましょう。

■分布

グループシード	グループのシード。値が変わると形状が変わる。
頻度	枝の発生数。いくつ枝を作るかを示します。
分布	親のノードに対する分布の方式。「ランダム」が基本。
成長スケール	親ノードに対する大きさの割合。
成長角度	枝のつく角度。値が大きいほど垂直になる。

■形状

長さ	枝の長さ。範囲で指定できる。
半径	枝の半径。
先端の丸み	枝の先端の丸み。
ノイズ	イレギュラーな表示の発生割合。

　頻度は枝の数を指定するものです。ここでは「1」で、1本の幹があるだけにしておきましょう。後は「長さ」と「半径」で幹の大きさを調整すればいいでしょう。

図5-84 枝グループの設定。

枝グループを作成する

この状態では、まだ1本の幹があるだけです。この幹に枝を生やしていきましょう。これも、やはり枝グループとして作成をします。

ノードのアイコンが表示されているエリアで、上のアイコン（枝グループ）を選択した状態にしてください。そして、エリアの右下にある小さなボタンから「枝グループを追加」というものをクリックしてください。

図5-85 枝グループを追加する。

これで、枝グループのアイコンの上に、さらに枝グループが追加されます。「枝グループを追加」ボタンは、選択されたノードから上にノードを追加します。

図5-86 枝グループが追加された。

枝グループの設定をする

では、追加された枝グループを選択し、インスペクターから設定を行いましょう。ここでは、以下の項目を調整します。

グループシード	いろいろ値を変えながら使いたい形状を見つけてください。
頻度	ここでは「10」にして、10本の枝を作ります。
成長角度	値を大きくするほど枝が上を向きます。好みの角度にしてください。
長さ	枝の長さです。好みの長さに調整してください。

これらの項目を調整するだけで、枝の生え方がいろいろと変化します。好みの形状となるように調整しましょう。

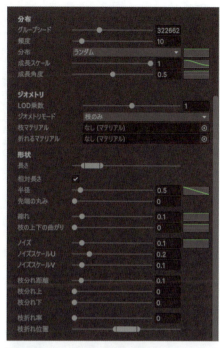

図5-87 枝グループの設定を行う。

　ある程度、形ができたら、プレファブを保存してシーンの樹木で形を確認しましょう。基本的な枝ぶりはこれでできました。

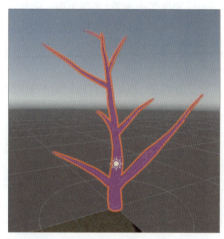

図5-88 シーンで枝の形を確認する。

葉グループを作成する

枝ができたら、次は葉をつけましょう。ノードの表示エリアで、追加した枝グループを選択し、右下にある「葉グループを追加」ボタンをクリックしてください。

図5-89 「葉グループを追加」ボタンをクリックする。

葉グループのアイコンが追加されます。これで4つのノードが用意できました。下から順に、こうなっています。

1. ルート
2. 枝グループ（デフォルトのもの）
3. 枝グループ（追加したもの）
4. 葉グループ

これで、追加した枝に葉が追加され表示されるようになりました。樹木のノードは、このように「どのノードに、次のノードを取り付けるか」を考えて作成する、ということをよく理解しましょう。

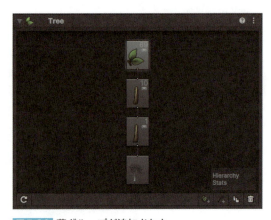

図5-90 葉グループが追加された。

葉グループの設定を行う

では、作成した葉グループのアイコンを選択し、インスペクターで設定を行いましょう。これも、とりあえず以下の項目だけ調整しておくことにします。

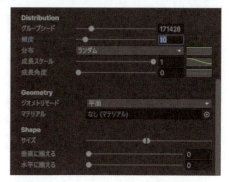

図5-91 インスペクターで設定を行う。

グループシード	いろいろ値を変えながら使いたい葉のつき方を探してください。
頻度	ここでは「10」にして、10枚の葉を作ります。
サイズ	葉の大きさです。好みの大きさに調整してください。
垂直に揃える	葉の向きを縦方向で揃えます。適当に調整しましょう。
水平に揃える	葉の向きを横方向で揃えます。これも適当で構いません。

形を確認しよう

だいたい設定できたらプレファブを保存して、シーンに配置した樹木の形を確認しましょう。これでだいぶ樹木らしくなってきましたね。

ただし、まだ葉は四角い板切れのようですし、色もマゼンタのままです。基本部分はできましたが、まだ調整が必要です。

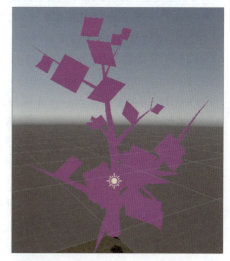

図5-92 ほぼ形だけは完成した樹木。

Chapter 5 | 思い通りの世界を作る：地形でシーンの世界を作ろう

枝のマテリアルを修正する

形状がだいたい完成したら、次はマテリアルの調整です。「プロジェクト」パネルにある「Tree」プレファブの右側にある「▶」アイコンをクリックしてください。すると表示が展開し、プレファブ内にある部品が表示されます。ここにある「Optimized Bark Material(Material)」「Optimized Leaf Material(Material)」が、樹木に割り当てられているマテリアルになります。これらを修正して表示を整えるのです。

図5-93 Treeを展開すると、これらの部品が用意されていることがわかる。

マテリアルを編集する

では、「Tree」プレファブ内にある「Optimized Bark Material(Material)」をクリックして選択してください。これは、枝（幹）のマテリアルです。

図5-94 「Optimized Bark Material(Material)」を選択する。

インスペクターには、選択したマテリアルの設定が表示されます。ここには「Main Color」という項目があります。これが枝に表示される色になります。

その下に「Base (RGB) Alpha(A)」「Normal Map(GA) Spec (R)」「Trans (RGB) Gloss(A)」といった項目がありますが、これらはベースマップ（基本の表示）、ノーマルマップ（凸凹のマッピング）、トランスフォームマップ（透過マップ）といったものに相当します。

とりあえず、「Main Color」だけ設定しておけばいいでしょう。他は、もっと本格的な枝を作りたくなったら使ってみればいいでしょう。

図5-95 マテリアルの設定項目。

では、「Main Color」の色表示部分をクリックし、現れたカラーパレットで枝の色を選択してください。これで枝の基本的な色が設定できます。

図5-96 Main Colorで色を設定する。

シェーダーを設定する

続いて、マテリアルで使用するシェーダーを変更します。インスペクターの上部にある「Shader」項目の値をクリックしてください。シェーダーのリストがプルダウンして現れたら、以下の項目を選択します。

◆ Universal Render Pipeline → Nature → SpeedTree8_PBRLit

これでシェーダーが設定されます。変更したらマテリアルを保存しておきましょう。

図5-97 マテリアルのシェーダーを、Universal Render PipelineのNature内にあるSpeedTree8_PBRLitに変更する。

修正したら、マテリアルのインスペクター下部にあるプレビューで表示を確認しましょう。選択した色が表示されるようになっています。

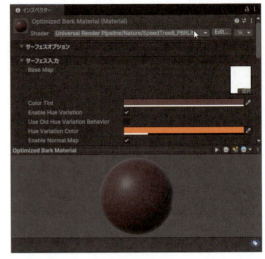

図5-98 Main Colorで選択した色がプレビューで表示される。

表示を確認しよう

では、シーンに配置した樹木プレファブで表示を確認しましょう。樹木の枝の部分が、指定したマテリアルの色で表示されるように変わっているのがわかるでしょう。

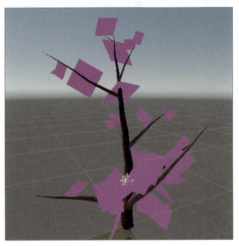

図5-99 配置した樹木の枝の色が変更された。

樹木を作ろう | 5-4

葉のマテリアルを修正する

続いて、「Optimized Leaf Material (Material)」マテリアルを修正しましょう。「プロジェクト」パネルから、「Tree」プレファブ内にあるファイルを選択してください。

図5-100 「Optimized Leaf Material(Material)」を選択する。

すでにやり方はわかっていますね。インスペクターから「Main Color」の色の部分をクリックし、呼び出したカラーパレットから葉の色を選択します。

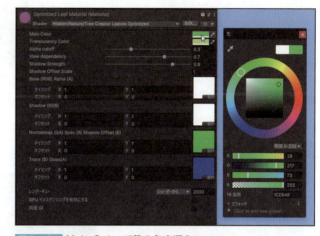

図5-101 Main Colorで葉の色を選ぶ。

続いて、上部の「Shader」の項目をクリックし、「Universal Render Pipeline」内の「Nature」内にある「SpeedTree8_PBRLit」を選択します。

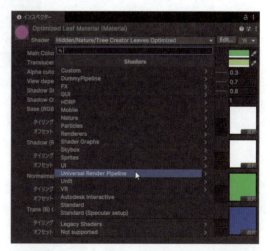

図5-102 シェーダーをUniversal Render PipelineのNatureにあるSpeedTree8_PBRLitに変更する。

235

表示を確認しよう

修正したらファイルを保存し、シーンに配置した樹木の表示を確認しましょう。葉も色がついて、樹木っぽい感じになってきました。

もちろん、まだ完成ではありません。葉は、まだ大きな四角い形のままですから、これでは樹木の葉とはいえません。

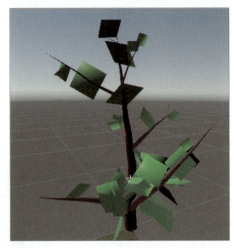

図5-103 シーンに配置した樹木で表示を確認する。

ベースマップを設定する

樹木の葉は、テクスチャーを使って葉を描いていくことでリアルな感じにします。これは「Base Map」で行います。

では、インスペクターから「Base Map」の「選択」ボタンをクリックし、テクスチャーを選択するウィンドウを開いてください。ここから、葉のイメージを描いたテクスチャーを選択します。

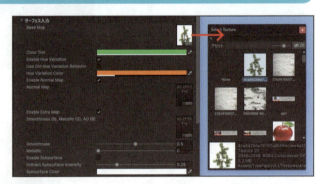

図5-104 葉のテクスチャーを選択する。

先にインストールしたTree Collection Packには、葉のテクスチャーが多数含まれています。それらの中から表示させたいものを探して選択しましょう。

完成した樹木を確認する

　これで樹木は完成です。シーンに配置した樹木の表示を確認してください。だいぶリアルな感じになったのではないでしょうか。

図5-105　完成した樹木。

　樹木は、ちょっとした修正でガラリと感じが変わります。枝グループや葉グループにあるグループシードの値を変更するだけで、枝や葉のつき方が変化しますから、いろいろと値を変えてみると面白いでしょう。

図5-106　グループシードを変更すると樹木の形状も変わる。

Chapter 5 思い通りの世界を作る：地形でシーンの世界を作ろう

テクスチャー作りにも挑戦しよう

　ここでは、枝（幹）はただ色を塗ってあるだけですし、葉も他のパッケージにあったものを再利用しているだけです。しかし、基本的な使い方はこれでわかったはずです。後は、枝や葉のテクスチャーを自分で作成すれば、完全にオリジナルな樹木を作成できるようになります。

　樹木はプレファブですから、一度作ってしまえば他のプロジェクトなどに追加して利用することもできます。いろいろと設定を変更して、自分だけの樹木をいろいろと揃えてみましょう。

Chapter **6**

オブジェクトや効果を動かす：
アニメーションとパーティクル

シーンにリアルな表現を実装するのに不可欠なのが「アニメーション」です。
また、さまざまな効果を表現するのに用いられるのが「パーティクルシステム」です。
これらの使い方を覚え、動きのあるシーンを作れるようになりましょう。

Chapter 6　オブジェクトや効果を動かす：アニメーションとパーティクル

Section 6-1 アニメーションの基本

ゲームオブジェクトとアニメーション

　Unityは、3Dソフトではありません。「ゲームを作る」ためのソフトウェアです。3Dのグラフィックを作るのも、あくまで「ゲームの部品」として、です。したがって、ただモデルを作っただけでは意味がありません。それを動かして、ゲームにするためのものなのですから。

　つまり、Unityのさまざまなゲームオブジェクトは、「動かす」ことを考えて作られることになります。この「動かす」という部分を担当するのが「アニメーション」です。

　ただ「動かす」といっても、マウスでドラッグして移動するというようなものではありません。一般的なゲームを思い浮かべればすぐにわかるでしょう。キーボードやマウスなどの操作に応じて、あらかじめ用意したキャラクターが移動したり、あるいは他のキャラクターが決まったルールに従って動き回ったりする、そういう「動き」です。

　ということは、それぞれのモデルに「動き（アニメーション）」の情報が設定できるようになっている、ということなのです。

　このアニメーションの基本は、「アニメーションクリップ」というアセットとして用意されています。Unityでは、さまざまな動きをアニメーションクリップとして用意します。実際にオブジェクトを動かすときは、ゲームオブジェクトにアニメーションクリップを作成し、そこでオブジェクトの動きを設定します。

新しいシーンを用意する

　では、実際にアニメーションクリップを作ってみましょう。アニメーションではいろいろと新しいオブジェクトを使うことになりますから、新しいシーンを用意することにします。「ファイル」メニューから「新しいシーン」を選び、シーンのテンプレートから「Basic (URP)」を選んでシーンを作成してください。作成した

図6-1 「Basic (URP)」テンプレートで新しいシーンを作成する。

ら、「ファイル」メニューの「別名で保存」でシーンを保存しておきましょう。名前は

「AnimScene」としておきます。

平面を作成しよう

では、シーンにゲームオブジェクトを作成しておきましょう。まずは、地面となる平面です。「ゲームオブジェクト」メニューの「3Dオブジェクト」から「平面」メニューを選び、配置してください。そしてインスペクターを使い、位置の値をすべてゼロに、そしてスケールのXとZをそれぞれ「10」にして大きく広げておきましょう。

図6-2　平面を1つ配置する。

配置したら、先に作成した「石畳」のマテリアルをドラッグ＆ドロップして配置しましょう。これでマテリアルが設定されます。

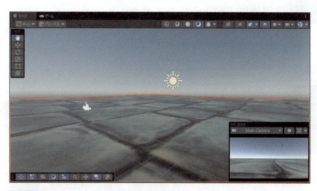

図6-3　石畳のマテリアルを配置する。

デフォルトのままだと、石畳がかなり拡大されてしまいますね。タイリングしておきましょう。平面のインスペクターの下部にある「石畳(Material)」という項目をクリックして展開表示し、「サーフェス入力」のところにある「タイリング」の値を、X, Yそれぞれ「20」にしておきます。

図6-4　マテリアルのタイリングを設定する。

これで、石畳が20×20で並べられました。これならだいぶ自然な感じになりますね。

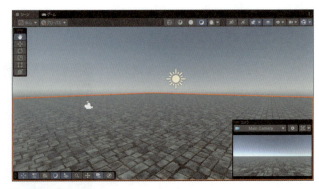

図6-5 石畳が細かくなった。

キューブを配置しよう

続いて、アニメーションで動かすゲームオブジェクトを配置します。「ゲームオブジェクト」メニューの「3Dオブジェクト」から「キューブ」を選んでキューブを作成してください。位置は以下のようにしておきます。

| 位置 | X=0, Y=1, Z=1 |

キューブにはマテリアルを配置しておきます。見やすいように「red」マテリアルをドロップして設定しておきましょう。

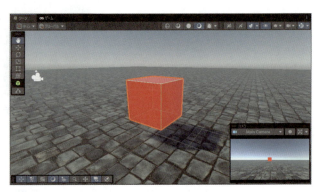

図6-6 キューブを作り、「red」マテリアルを設定する。

「アニメーション」パネルを開こう

では、アニメーションクリップを作ってみましょう。これには「アニメーション」というパネルを呼び出して作業します。

「ウィンドウ」メニューから「アニメーション」という項目にある「アニメーション」メニューを選んでください。画面に新たにウィンドウが現れます。これが「アニメーション」パネルです。

図6-7 「アニメーション」メニューを選んでウィンドウを開く。

この「アニメーション」パネルは、2つの領域から構成されています。左側には、ゲームオブジェクトの細かな設定などが表示されます。右側の黒い部分はタイムラインというもので、時間の経過とともにゲームオブジェクトの値がどう変化するかをグラフで設定します。

なんだか難しそうですが、実際に作業しながら覚えていくことにしましょう。

図6-8 「アニメーション」パネルのウィンドウ。

キューブのアニメーションを作成する

では手始めに、キューブを回転させるアニメーションクリップを作ってみましょう。手順通りに作業してください。

まず、キューブを選択してください（「アニメーション」パネルは開いたままにしておきます）。そして、「アニメーション」パネルにある「作成」ボタンをクリックします。

Chapter 6 オブジェクトや効果を動かす：アニメーションとパーティクル

図6-9 キューブを選択し、「アニメーション」パネルの「作成」ボタンをクリックする。

ファイルを保存するダイアログが現れます。「Assets」フォルダー内に「SampleAnimation」という名前で保存をしましょう。

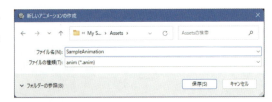

図6-10 アニメーションを「SampleAnimation」という名前で保存する。

これで、キューブを操作するアニメーションクリップが作成されました。「アニメーション」パネルの表示も変わり、左側に「プロパティを追加」というボタンが表示されるようになりました。

この左側のエリアは、プロパティを管理するところです。そして右側のエリアは「タイムライン」といって、時間軸に応じてプロパティの値を操作していくところになります。

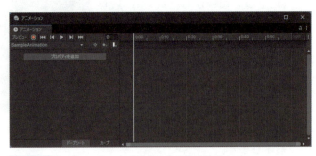

図6-11 「アニメーション」パネルの表示が変わった。

キューブを回転させよう

では、キューブを回転させるアニメーションを作成しましょう。「プロパティを追加」ボタンをクリックすると、右側にプロパティが表示されたパネルが現れます。ここから、「Transform」という項目内にある「回転」を選択し、右端にある「＋」ボタンをクリックしてください。

図6-12 「プロパティを追加」ボタンからTransformにある「回転」を追加する。

「アニメーション」パネルに、「Cube 回転」という項目が追加されました。展開すると、「回転.x」「回転.y」「回転.z」と各軸の項目が表示されます。これが、各プロパティの値を操作するアニメーション軸になります。これに、値を操作するための設定を行っていきます。

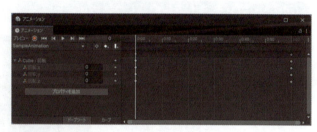

図6-13 「Cube 回転」という項目が追加された。

「キーを追加」でキーを追加する

では、「回転.x」という項目を探してください。これは、X軸の回転角度を示すものでしたね。この「回転.x」の右のエリア（タイムライン）で、上にある目盛りの「0:30」というあたりを右クリックすると、メニューがポップアップして現れます。ここから、「キーを追加」を選んでください。

図6-14 「回転.x」の「0:30」あたりを右クリックし、「キーを追加」メニューを選ぶ。

キーが作成される

タイムライン部分の「0:30」のところに青い点がいくつか追加されます。これが作成した「キー」です（正確には「キーフレーム」というものです）。

図6-15 0:30のところにキーフレームが追加された。

キーというのは、設定値を操作する際の基準となるものです。このキーには、「アニメーション開始からどれだけ経過したときに設定値はいくつになっている」という情報が設定されます。

回転.xの値を「360」に書き換える

では、追加したキーの値を書き換えましょう。タイムラインの上部に表示されている経過時間のバーから「0:30」のところをクリックしてください。現在位置を示す白い線がこの位置に移動します。そのまま、左側のエリアから「回転.x」の数値を「360」に変更してください。

図6-16 0:30の「回転.x」の値を「360」にする。

これで、スタートから30フレーム目のところでX軸の値が360となるように設定されました。上部の目盛りは、実行時のフレーム数です。デフォルトではゼロから「1:00」という値の範囲が表示されていました。この「1:00」は「1秒後（60フレーム経過後）」を示します。つまり、ここでは「0.5秒（30フレーム）経過したところでXの値が360となる」ように設定していたのですね。

🎮 アニメーションを動かそう！

では、作成したアニメーションを動かしてみましょう。左側のアリア上部に見えるプレイボタン（「▶」アイコンのボタン）をクリックしてください。

図6-17 プレイボタンをクリックする。

すると、立方体がグルグルと回転して表示されます。どうです、ちゃんとアニメーションできましたね！

再度プレイボタンを押して停止すれば、もちろんアニメーションは止まります。思った以上になめらかに動くことがわかるでしょう。

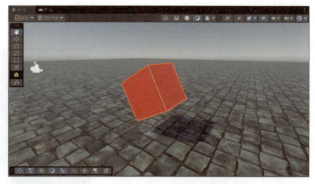

図6-18 実行すると、立方体がぐるぐる回転する。

タイムラインで動きを確認しよう

停止したら、タイムラインの経過時間の部分をマウスでクリックしてみてください。クリックした地点に白い直線（現在の表示時間を示すもの）が移動します。そのままマウスで上部の目盛りの部分を左右にドラッグしていくと、現在の時間を示す直線も左右に移動します。

すると、それに合わせて「回転.x」の値がリアルタイムに変化していき、「シーン」パネルや「ゲーム」パネルに表示されているキューブの向きも変化します。少しずつタイムラインの表示時間を動かすことで、キューブがどのように動いているのかを確認できるのです。

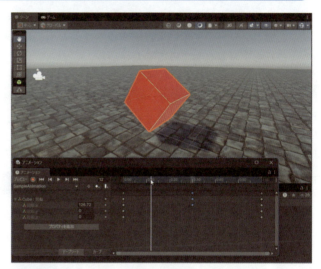

図6-19 タイムラインの表示時間を変更すると、キューブの表示も変わる。

「カーブ」の表示について

このようにアニメーションは、あらかじめキーフレームから次のキーフレームまでの間の値を自動的に設定しました。ここで、疑問が起こるでしょう。「キーフレームとキーフレームの間は、どういうやり方で補完しているのだ？」と。1つの差をフレーム数で割って値を加算しているのでしょうか。それとも他のやり方をしているのでしょうか。

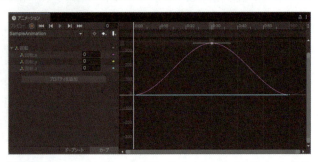

図6-20 「カーブ」ボタンをクリックすると、タイムラインに曲線が表示される。

これは、「アニメーション」パネルのもう1つの表示方式を見れば疑問が解けるはずです。左側のプロパティ項目を表示するエリアの下部に「カーブ」というボタンが見えるでしょう。これをクリックしてみてください。

すると、右側のタイムラインのエリアが曲線グラフに変わります。これが、値の変化を表しているのです。曲線はマゼンタで表示されていますが、「回転.x」の項目の右端にもマゼンタの点が表示されていますね？ これで「この項目はこの色のグラフで表示されていますよ」ということを表しています。

グラフの拡大縮小

このグラフは、デフォルトではグラフ全体が表示しきれなかったかもしれません。グラフの表示を編集しようと思うと縦横の拡大率を調整したくなるでしょう。

タイムラインの上でマウスのホイールを動かすことでグラフの表示を拡大縮小できます。

ホイールを回転	縦横等倍で拡大縮小します。
Shiftキーを押してホイール回転	縦方向のみ拡大縮小します。
Ctrlキーを押してホイール回転	横方向のみ拡大縮小します。

これらはグラフ表示の際の基本操作として覚えておきましょう。なお、ホイールによる拡大縮小は、グラフではなくキーフレームと数値による表示（「ドープシート」といいます）でも機能します。

アニメーションの基本 6-1

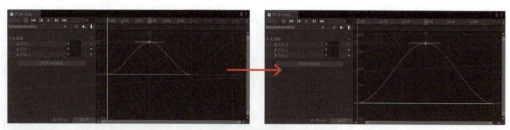

図6-21 ホイールを動かすことでタイムラインの表示を拡大縮小できる。

曲線の操作

　この曲線では、キーフレームのところに白い横線が表示されています。これはコントロールポイントといって、曲線の向きを操作するものです。

　この白い横線の先端部分をマウスでドラッグして動かしてみてください。すると、直線の向きが変化し、それに応じて曲線の形が変化するのがわかります。

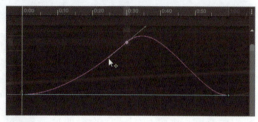

図6-22 コントロールポイントをマウスで動かすと曲線の形が変わる。

　アニメーションでは、フレームごとに位置の値が変化します。この値の変化は、このグラフの曲線をもとに割り振られていたのですね。曲線の形が変われば、アニメーションの動きも変わるのです。

位置を操作する

　アニメーション設定の基本がわかったら、別のプロパティも操作してみましょう。今度は、位置を動かしてみます。

　下部にある「ドープシート」ボタンをクリックしてグラフの表示をもとに戻しましょう。そして、「プロパティを追加」ボタンをクリックし、「Transform」内の「位置」の「＋」をクリックします。

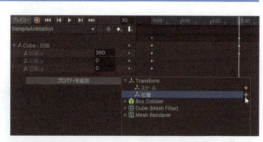

図6-23 Transformの「位置」を追加する。

249

プロパティに「位置」が追加されます。これを展開すると、「位置.x」「位置.y」「位置.z」といった各軸の項目が表示されます。

図6-24 位置のプロパティが追加される。

キューブを上下に動かす

では、キューブを上下に動かしましょう。タイムラインの現在位置を「0:30」に移動してください。そして「移動.y」の値を「5」に変更します。これで、自動的に0:30の位置にキーフレームが追加され、値が「5」に設定されます。

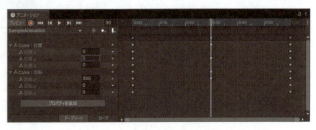

図6-25 0:30の「移動.y」の値を「5」に変更する。

実は、キーフレームを手動で追加しなくとも、こんな具合に値を設定すれば自動的に追加されるのですね。

シーンを実行しよう

では、アニメーションの表示を確認しましょう。今回は「アニメーション」パネルで動かすのでなく、シーンを「Play」ボタンで実行してみてください。すると、「ゲーム」パネルで、キューブが回転しながら上下するのが表示されます。作成したアニメーションがちゃんと動いているのが確認できました！

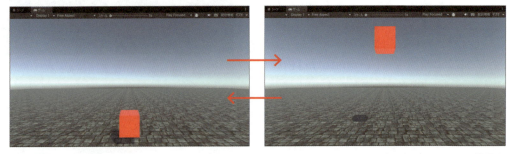

図6-26 シーンを実行すると、キューブが回転しながら上下する。ここでは見やすいようにカメラの位置をキューブに近く配置してある。

マテリアルのカラーを操作しよう

続いて、位置や回転などのTransform以外のものを操作してみましょう。例えば、表示しているマテリアルの色が変化したら面白い効果が得られますね。これをやってみましょう。

では、「プロパティを追加」ボタンをクリックし、「Mesh Renderer」という項目を展開表示してください。ここにレンダリングに関係するものがまとめられています。この中から、「Material._Base Color」という項目を探し、「＋」をクリックしてください。これは、マテリアルのベースカラーのプロパティです。

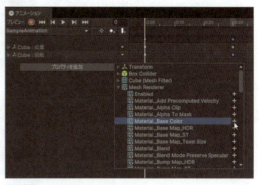

図6-27 「プロパティを追加」から「Material._Base Color」を追加する。

プロパティの一覧に「Cube: Material._Base Color」という項目が追加されます。これを展開すると、RGBAの各輝度の項目が表示されます。これらの値を操作することで、マテリアルのベースカラーを変更できるようになります。

図6-28 「Cube: Material._Base Color」が追加された。

ベースカラーの値を変更する

では、ベースカラーを変更しましょう。タイムラインから表示時間を「0:30」に変更し、「Cube: Material._Base Color.g」の値を「1」に変更しましょう。カラーの値は、このように0～1の範囲で設定を行います。

これで、G（グリーン）の輝度がゼロから1に変化するようになりました。

図6-29 「0:30」地点の値を変更する。

動作を確認する

では、シーンを実行してアニメーションの動きを確認しましょう。キューブが上に移動すると同時に、色が赤から黄色へと変化し、再びもとの位置に戻ったときには赤に戻るようになります。色が変化するアニメーションができました！

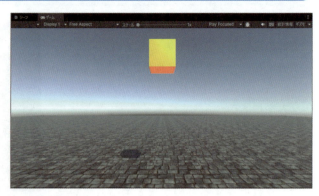

図6-30 色が赤から黄色に変化するようになる。

このように、アニメーションでは位置や大きさなどの物理的な情報だけでなく、さまざまな項目を操作できます。どんなものが用意されているか、「プロパティを追加」ボタンのリストをよく調べてみましょう。

Chapter 6 オブジェクトや効果を動かす：アニメーションとパーティクル

Section 6-2 アニメーションコントローラー

アニメーションクリップとアニメーションコントローラー

これで、アニメーションができました。プロジェクトパネルで、どのようなファイルが作成されているのか確認してみましょう。

すると、「Cube (Animator Controller)」と「SampleAnimation」という2つのファイルが追加されていることがわかるでしょう。この2つは、それぞれ以下のようなものなのです。

Cube (Animator Controller)	これは、「アニメーションコントローラー」と呼ばれるものです。アニメーションクリップを必要に応じてコントロールするためのものです。
SampleAnimation	これが、先ほど作成したアニメーションクリップのファイルです。「アニメーション」パネルで編集したアニメーションの内容はこのファイルに保存されています。

アニメーションは、このように2つのファイルによって組み立てられます。具体的なアニメーションの内容を記したアニメーションクリップと、どういうときにどのアニメーションクリップを再生するかを制御するためのアニメーションコントローラーです。

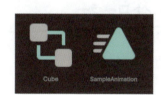

図6-31 アニメーション関連のファイルは2つ作成される。

アニメーションクリップを作ると、それを利用するためのアニメーションコントローラーが自動的に作成されるようになっています。より複雑なアニメーションに対応するために、このような構成になっているのですね。

Chapter 6 オブジェクトや効果を動かす：アニメーションとパーティクル

「Animator」コンポーネントについて

では、アニメーションを作成したキューブを選択してみましょう。インスペクターを見ると、「Animator」という項目が新たに追加されているのがわかります。これが、アニメーションを実行するためのコンポーネントです。Animationパネルでキューブにアニメーションを作成した際、自動的にこのAnimatorが組み込まれていたのです。

では、どのような設定が用意されているのか、ざっと見てみましょう。

図6-32 インスペクターに「Animator」が追加されている。

● コントローラー

使用するアニメーションコントローラーを設定するものです。右側の値の部分には「キューブ」と表示されていますね。作成されたキューブ.controllerが設定されているのがわかります。右端の◎マークをクリックすれば、コントローラーを選択し再設定することもできます。

● アバター

これは「アバター」というものを設定するためのものです。これは、人間のようなキャラクター（ヒューマノイド）を操作する際に用いられるものですので、当面、自分で作ったりすることはないでしょう。

● ルートモーションを使用

これもヒューマノイドのモデル操作などで用いられる機能で、アニメーションでヒューマノイド自体を移動させるためのものです。これがOFFだと、プログラムを使って移動させます。これも当分使わないでしょう。

◉ 物理をアニメーション化する

物理演算を使った場合もアニメーションを実行するか指定するものです。これは物理演算を利用するようになるまで忘れていいです。

◉ 更新モード

アニメーション表示のアップデートの設定です。通常はデフォルトの「Normal」が設定されていますが、物理演算の利用などの場合はそれに合わせたモードに変更できます。これも当分、覚える必要はありません。

◉ カリングモード

カリング（見えない部分の演算を省略する機能）の設定です。アニメーション時のカリングについて設定します。これも覚えなくていいです。

アニメーションクリップの設定

アニメーションの設定は、Animatorコンポーネントにだけ用意されているわけではありません。実は、作成されたアニメーションクリップのファイルにも設定が用意されているのです。

作成した「SampleAnimation」を「プロジェクト」パネルから選択し、インスペクターを見てみましょう。設定項目が用意されているのがわかるでしょう。これらについても簡単にまとめておきましょう。

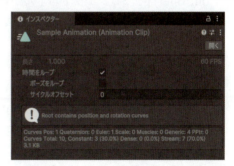

図6-33 アニメーションクリップのインスペクター。

◉ 時間をループ

これはループ再生のためのものです。このチェックがONになっていると、アニメーションを繰り返し再生し続けます。OFFにすると、一度再生したらそのまま終了しアニメーションは停止します。

◉ ループをポーズ

アニメーションをシームレスにループ再生するためのものです。今回のアニメーションクリップは、アニメーションの最後の状態が最初の状態と同じでしたが、これが違っていると、ループする際にアニメーションの表示がいきなり変わってしまい、表示が切れた感じに

なります。これをONにすると、終了時の状態からスタートの状態になめらかにアニメーションして状態を戻すため、途切れた感じがしなくなります。

◉ サイクルオフセット

ループ再生する際のアニメーションの開始位置をずらすためのものです。ここに入力したフレーム数だけ、ループ再生の開始位置がずれます。

アニメーションコントローラーって？

では、もう1つのアニメーションファイル、「アニメーションコントローラー」は、どうなっているのでしょう。ちょっとこのファイルがどういうものか覗いてみましょう。

作成された「Cube (Animator Controller)」をプロジェクトパネルからダブルクリックして開いてみてください。すると、画面に「Animator」と表示されたパネルが現れます。

図6-34 アニメーションコントローラーを開くと「Animator」パネルが開かれる。

このパネルには、「Any State」「Entry」「Sample Animation」といったパーツが配置されています。これらは、アニメーションの再生に関する設定や、実行するアニメーションクリップを表すものです。

アニメーションコントローラーは、さまざまな設定などの状態をチェックし、それに応じて実行するアニメーションクリップを制御します。その設定を行うのがこの画面なのです。

新しいアニメーションクリップを用意する

では、実際に複数のアニメーションクリップを用意して、アニメーションコントローラーで制御してみましょう。

まず、アニメーションクリップ「SampleAnimation」をダブルクリックして「アニメーション」パネルを開いてください。そしてシーンに配置したキューブを選択した状態で、「アニメーション」パネル左側のエリアの上部に表示されているアニメーションクリップ名（「SampleAnimation」という表示）の部分をクリックします。これで、メニューがプルダウンして現れます。ここから「新しいクリップを作成」を選んでください。

画面にファイル保存のダイアログが現れます。今回は「SampleAnimation2」という名前で保存しておきましょう。

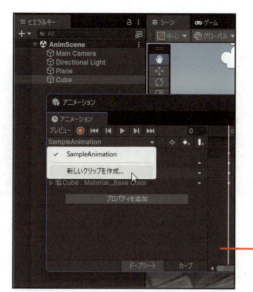
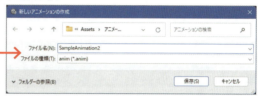

図6-35 「新しいクリップを作成」メニューを選び、「SampleAnimation2」という名前で保存。

新しいアニメーションクリップが設定される

これで、新しいアニメーションクリップが「アニメーション」パネルに開かれます。では、プロパティを追加しましょう。「プロパティを追加」ボタンをクリックし、現れたリストから「Transform」内の「スケール」を選択し、「＋」をクリックします。

図6-36 「スケール」プロパティを追加する。

0:30にキーフレームを設定

「スケール」プロパティが追加されました。では、タイムラインの目盛りの「0:30」のところをクリックして表示時間を移動し、スケールの3項目の値をすべて「2」に変更してください。

図6-37 0:30の地点の値をすべて「2」に設定する。

これで、縦横高さが1から2へ、そして再び1へと戻るアニメーションができました。

「アニメーター」パネルを編集しよう

では、アニメーターコントローラーを編集する「アニメーター」パネルに表示を切り替えてください。すると、作成した「SampleAnimation2」の項目が追加されているのがわかります。

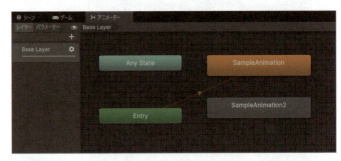

図6-38 「アニメーター」パネルに「SampleAnimation2」が追加されている。

Transitionを作成する

では、2つのアニメーションクリップを順に再生させましょう。これには「Transition（遷移）」というものを作成します。Transitionは、「このクリップを再生し終わったらこちらのクリップを再生する」というように、クリップからクリップへ再生を呼び出していくためのものです。

図6-39 「Make Transition」メニューを選ぶ。

では、「SampleAnimation」のノードを右クリックしてください。メニューがポップアップして現れるので、そこから「Make Transition」というメニューを選びます。

「SampleAnimation」のノードからマウスポインタまで白い直線が伸びてきます。そのまま、マウスポインタを「SampleAnimation2」の上に移動し、クリックしてください。これで、「SampleAnimation」から「SampleAnimation2」まで直線がつなげられます。

この直線がTransitionです。線には矢印が表示されていますね？ これで、このTransitionが「SampleAnimationからSampleAnimation2への移動」を示すものだとわかります。

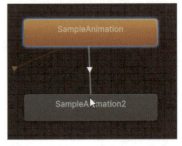

図6-40 TransitionをSampleAnimation2までつなげる。

やり方がわかったら、逆方向のTransitionも作成しましょう。「SampleAnimation2」のノードを右クリックし、「Make Transition」メニューを選んで「SampleAnimation」ノードをクリックします。これで、「SampleAnimation2」から「SampleAnimation」への移動が作成されました。

図6-41 SampleAnimation2からSampleAnimationに戻るTransitionを作る。

クリップの移動が完成

これで、「SampleAnimation」から「SampleAnimation2」へ移動し、また戻るTransitionが作成されました。この2つのクリップを行ったり来たりするようになるわけです。

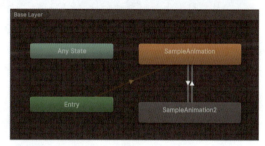

図6-42 2つのクリップ間を行き来するようになった。

動作を確認しよう

では、実際にシーンを実行して動作を確認しましょう。キューブは、SampleAnimationで回転しながら上に移動し、また下に戻ります。そのまま、SampleAnimation2で2倍の大きさに拡大し、またもとの大きさに戻ります。すると、また上に移動し……というように、2つのアニメーションの動作をエンドレスで繰り返すようになります。

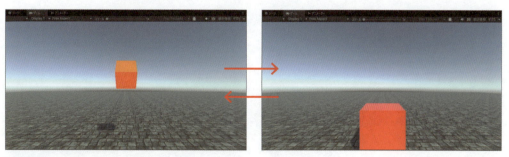

図6-43 上下の移動と拡大縮小を繰り返す。

Chapter 6 | オブジェクトや効果を動かす：アニメーションとパーティクル

コントローラーはクリップを制御するもの

　簡単ですが、アニメーションコントローラーでアニメーションクリップの実行を制御する例を作ってみました。このように複数のアニメーションクリップをどのような順で実行するかを設定するのがコントローラーの役目です。

　単に実行する順を決めるだけではありません。さまざまなパラメーターを用意し、パラメーターの値に応じて「Xの値が1ならこれを実行」というように実行のための状況を設定することもできます。

　このようなパラメーターの値は外部から操作できます。つまり、外部からマウスやキーボードなどを使ってパラメーターを操作することで、思い通りにアニメーションを実行させることができるようになるのです。例えば、人間のような3Dモデル（ヒューマノイド）を歩かせたりジャンプさせたり、といったことも、コントローラーを使って入力した値に応じて対応するアニメーションを実行することで実現できるのです。

　正直なところ、Unityを使いはじめたビギナーがこのコントローラーを使いこなすのはちょっと難しいでしょう。

　この先で、人間型のモデル（ヒューマノイド）を動かしてみますが、そこでアニメーションコントローラーが再登場します。ここでは、非常に重要な役割を果たしていますが、これをマスターするには、アニメーションコントローラーの役割が頭に入っていないといけません。ここでは、この基礎の部分だけ、きちんと理解しておきましょう。

Chapter 6　オブジェクトや効果を動かす：アニメーションとパーティクル

Section
6-3 パーティクルシステム

パーティクルシステムってなに？

　ゲームオブジェクト、背景となる地形、そしてアニメーション。これらが揃えばだいたいのものは作れる、そう思っている人も多いことでしょう。確かにそのとおりで、これらがあれば、ゲーム世界に必要なものをひと通り用意できます。

　ただし、ゲームというのは「必要な物が揃っていればOK」というわけではありません。必要というわけではないけれど、それがあるかないかで大きく変わる、そういうものもあります。それは「効果」です。

　例えば、宇宙船が飛ぶシーン。例えば銃を撃つシーン。これらのシーンで、「ロケットから噴射する炎」や「銃口から噴き出す火花や硝煙」があるかないかで、ゲームの雰囲気はガラリと変わります。「効果」は、ゲーム作りにおいて非常に重要なのです。

　この効果は、一種のアニメーションですが、今までやった「アニメーションクリップを作って動かす」といったやり方ではうまく作れません。これらは、モデルの設定を操作して作れるわけではないからです。銃口が火を噴くシーンは、銃のモデルを操作して作れるわけではありませんね。といって、アニメーションクリップで作るのもかなり難しそうです。

　そこでUnityでは、こうした「効果」を作成するための専用の機能を用意することにしました。それが「パーティクルシステム」と呼ばれるものです。

　パーティクルシステムとは、「パーティクルを制御するシステム」です。では、パーティクルとは？　これは、さまざまな「放出されるモノ」のことです。例えば炎、煙、水滴など、さまざまなものを指定のところから大量に放出する。それがパーティクルシステムです。

| Chapter 6 | オブジェクトや効果を動かす：アニメーションとパーティクル

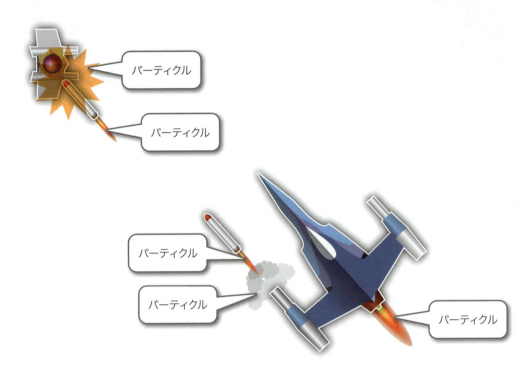

図6-44 パーティクルシステムは、炎や煙、爆発などの効果を表現するための専用の機能。

パーティクルシステムを作ろう

では、実際にパーティクルシステムを作ってみましょう。パーティクルシステムは、ゲームオブジェクトとして用意されています。これを追加することで、簡単にパーティクルをゲームシーンに表示できるのです。やってみましょう。

まずは、パーティクルシステムをゲームシーンに追加しましょう。「ゲームオブジェクト」メニューの「エフェクト」から「パーティクルシステム」を選んでください。

図6-45 「パーティクルシステム」メニューを選ぶ。

パーティクルシステムが追加される

シーンに、白く光る玉のようなものが次々に飛び出していくようなアニメーションが表示されます。これが、パーティクルシステムです。飛び出してくる1つ1つの玉が「パーティクル」と呼ばれるものです。デフォルトで、このように光る玉のようなパーティクルが放出されますが、設定を調整することでいろいろと他の表現も可能です。

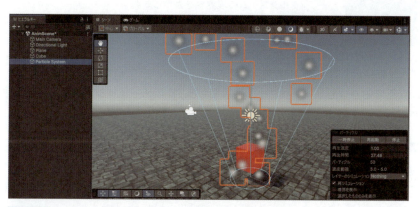

図6-46 白い光の粒が放出される。これがパーティクルシステム。

「パーティクル」パネルについて

パーティクルシステムを選択すると、シーンパネルの右下あたりに「Particle Effect」というタイトルの黒い小さなウィンドウも表示されます。これは「パーティクル」パネルというものです。「シーン」パネルでパーティクルシステムのアニメーションをプレビュー表示する際の情報表示や操作などをまとめてあります。簡単に説明しておきましょう。

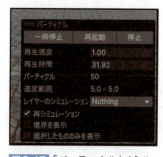

図6-47 「パーティクル」パネル。

「一時停止」ボタン	クリックすると、アニメーションを一時的に停止します。
「再起動」ボタン	アニメーションを一時停止したり終了すると「Pause」の代わりに表示されます。クリックするとアニメーションを再開します。
「停止」ボタン	アニメーション表示を終了します。
再生速度	アニメーション表示のスピードです。右側の数値部分をクリックすると値を書き換えられるようになります。数値が大きいほど動きは速くなります。

再生時間	アニメーション開始からの経過時間を示します。これも右側の数値部分は書き換えられます。これを書き換えると、アニメーション開始から指定の時間が経過した状態を表示します。
速度範囲	パーティクルの速度の上限下限を指定します。
再シミュレーション	修正を即座に反映します。
境界を表示	パーティクルシステムの境界線を表示します。
選択したもののみを表示	現在のエフェクトで選択されていないものを非表示にします。

とりあえず「一時停止」「再起動」ボタンでアニメーションを止めたり再開したりできる、ということは覚えておきましょう。また「再生速度」で、アニメーションのスピードを変更してどう感じが変わるかを試すこともできます。

パーティクルシステムと回転

　パーティクルシステムには、さまざまな設定が用意されています。これらについて順に見ていくことにしましょう。まずは、インスペクターの「Transform」です。

　Transformは、位置や向き、大きさなどを設定するもので、すでにおなじみですね。パーティクルシステムでは、このTransformの設定は重要です。なぜなら、パーティクルシステムは「指向性（決まった向きに効果が表示される）」のあるオブジェクトだからです。

　Transformに用意されている「回転」の設定によって、パーティクルをどちらに向けて放出するかが変わります。基本的な値と表示をチェックしておきましょう。

■上向きの表示

回転	X = -90, Y = 0, Z = 0

　デフォルトでは、パーティクルシステムの向き（回転）はX = -90に設定されています。これで上向きに光の粒が登っていくようになります。

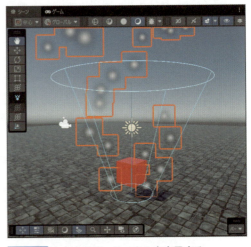

図6-48 上向きにパーティクルを表示する。

■下向きの表示

| 回転 | X = 90, Y = 0, Z = 0 |

　回転をX = 90に変更することで、下向きにパーティクルが放出されるようになります。これで、「天から何かが降り注いでいる」といった効果になります。

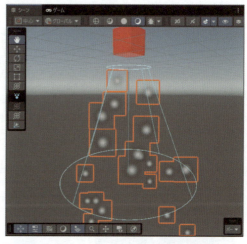

図6-49 下向きにパーティクルが放出される。

■横向きの表示

| 回転 | X = 0, Y =任意の方向, Z = 0 |

　回転のX = 0にすると、横向きとなります。どっちを向くかは、Yの値で設定されます。これを応用することで、何かが放出されるような効果（銃口から火花が出るとか、ホースから放水するとか、そういったたぐい）を作れるでしょう。

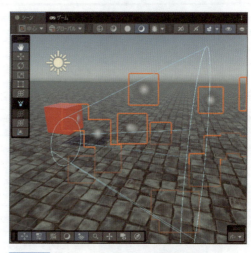

図6-50 横向きにパーティクルが放出される。

インスペクターの項目について

パーティクルシステムのインスペクターでは、Transformの下にたくさんの項目が表示されます。非常に数が多く、またそれぞれに細かな設定がありますのですべてを頭に入れるのはちょっと大変ですが、ごくざっと「どんな役割のものがあるか」をざっと見ておきましょう。あくまで「こんなものがある」程度で、別に今すぐこれらを覚える必要はありませんよ。参考程度に読んでください。

Particle System	これがパーティクルシステムの基本設定です。
放出	発生するパーティクルの量と長さ（表示時間）に関するものです。
形状	パーティクルが放出される形に関するものです。
生存時間の速度	パーティクルの動き（速度）に関するものです。
生存時間の速度制限	速度の範囲を指定するためのものです。
速度を継承	パーティクルの速度を継承します。
エミッター速度による生存制限	速度に関してどのぐらい生存するかを指定します。
生存期間の外力	生存期間のパーティクルの力を修正します。
生存期間の色	パーティクルが生存している間の色を指定します。
速度による色	速度に応じて色が変化する場合の設定です。
外力	外部から受け取る力に移管するものです。
ノイズ	ノイズによりイレギュラーな表示を作成するためのものです。
衝突	パーティクルの衝突に関するものです。
トリガー	パーティクルを実行するためのきっかけとなるものを指定します。
サブエミッター	パーティクル送信のサブシステムです。
テクスチャーシートアニメーション	テクスチャーによるパーティクルの指定です。
ライト	パーティクルで使われる光源の設定です。
トレイル	光跡に関するものです。
カスタムデータ	パーティクルに関するカスタムデータの設定です。
レンダラー	パーティクルのレンダリング表示に関するものです。

パーティクルシステム | 6-3

図6-51 パーティクルシステムのインスペクター内にあるTransformの下には、こんな具合にたくさんの項目が用意されている。

Particle Systemについて

パーティクルに関する基本的な設定は、インスペクターの「Particle System」にまとめられています。ここには「エディターを開く…」というボタンが用意されており、これをクリックすると設定用のウィンドウが新たに表示されます。といっても、そこに表示されるのはこのインスペクターに表示される項目とまったく同じですので、これを利用する必要はありません。そのままインスペクターで操作すればいいでしょう。

まずはこれについてざっと頭に入れましょう。といっても、すべて覚える必要はありません。とりあえず今覚える必要のないものもあるので、それらは覚えなくてOKですよ。

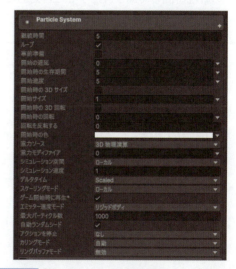

図6-52 「Particle System」の設定。パーティクルの基本的な設定がまとめられている。

267

◉ 継続時間

パーティクルの寿命（表示の長さ）を指定するものです。ループしてパーティクルを作成し続ける場合は、継続時間は1サイクルの長さになります。

これはループする際にはほとんど意識することはないでしょう。ループをOFFにした場合、スタートしてから継続時間が経過するとパーティクルの放出が止まります。例えば、継続時間とループを下のように設定してみてください。

継続時間	3.00
ループ	OFF

これで、「停止」ボタンで一度アニメーションを停止し、改めて「再起動」ボタンでスタートをします。すると、「パーティクルシステム」パネルの「再生時間」の値が継続時間の設定時間を過ぎると自動的にパーティクルが止まるのがわかります。

◉ ループ

ループ処理。チェックをONにすればエンドレスでループ処理します。OFFにすると、上の継続時間の時間が経過すると自動的にパーティクル放出が止まります。

◉ 事前準備

ループ再生するとき、あらかじめ準備をしておくことですぐにアニメーションをスタートさせます。これは基本的に常にONでいいでしょう。

◉ 開始の遅延

パーティクル発生までの待ち時間です。右側にその時間を記入して設定します。例として、ここに「3.00」と設定してから、プレビューパネルの「停止」で一度停止し、再度「再起動」ボタンで開始をしてみてください。スタートしてもすぐにはパーティクルは表示されず、継続時間が3.00を過ぎると放出を開始します。

（※この機能は、事前準備がONだとディスエーブル状態となり利用できません）

◉ 開始時の生存時間

パーティクルの表示時間。右側の数値で設定します。数値を大きくするほど1つ1つが長い間表示されます。

◉ 開始速度

パーティクルの開始速度を指定します。右側の数値で設定します。数値を小さくすると遅くなるため、ゆっくりとしか動かず、狭い範囲内に密集してパーティクルが表示されます。数値を大きくすると高速で移動するようになるため、広い範囲にまばらに表示されるようになります。

◉ 開始時の3Dサイズ

パーティクルの開始サイズを指定します。右側の数値で設定します。数値を大きくするとパーティクルのサイズが大きくなります。

◉ 開始時の3D回転・開始時の回転・回転を反転する

開始時にパーティクルを回転させるかどうかを指定します。回転の向きは、その後の「開始時の回転」と「回転を反転する」で設定します。

◉ 開始時の色

パーティクルの開始時の色を指定します。右側の長方形部分をクリックすると色を選択するウィンドウが現れます。ここで色を選ぶと、その色のパーティクルに変わります。

◉ 重力ソース・重力モディファイア

パーティクルの動きに重力を加えるためのものです。「重力ソース」で3Dか2Dかを指定し、「重力モディファイア」で強さを指定します。デフォルトでは「0」になっており、重力を無視して広がります。この値をプラスに設定すると、重力が加えられるため、噴水のように放物線を描いて落下するようなパーティクルが作れます。

◉ シミュレーション空間・シミュレーション速度

「シミュレーション空間」は、ローカル環境か、ワールド座標（絶対座標）のどちらが使われるかを選びます。また「シミュレーション速度」はパーティクルシステムの実行速度を指定します。

◉ デルタタイム・スケーリングモード

デルタタイム（フレーム間の時間）をスケーリングするか、またスケーリングモード（パーティクルシステムがオブジェクトのスケールに同影響するか）を指定します。

◉ゲーム開始時に再生

このチェックをONにしておくと自動的にアニメーションを開始します。OFFにしておくとスタートしません。これはスクリプトを使ってパーティクルを表示させるような場合に使いますので、スクリプトを使いはじめるまでは忘れてOKです。

◉エミッター速度モード

パーティクルシステムによってパーティクルに追加される放出の速度に関するものです。

◉最大パーティクル数

表示するパーティクルの最大数です。デフォルトでは「1000」になっています。この最大数までパーティクルが表示されると、もう新たにパーティクルは出て来ません。表示されているパーティクルが消えて数が減ると、減った数の分だけ新しいパーティクルが出てきます。

◉自動ランダムシード

乱数のシードを自動的に設定するためのものです。これをONにすると、実行する度に放出の仕方がランダムに変化します。

◉アクションを停止

すべてのパーティクル放出が終了したらゲームオブジェクトを無効にするかどうかを指定します。

◉カリングモード

オフスクリーンでパーティクルの放出を実行し続けるかどうかを指定するものです。

◉リングバッファモード

パーティクルの生存期間が終了した後も、パーティクルバッファがいっぱいになるまで残存させるものです。

数値変化の方式について

Particle Systemでは、数値で設定する項目が多数あります。例えばパーティクルのスピードや大きさなどに関するものですね。これらは、指定した値でパーティクルが作成されます。しかし、場合によっては固定された値ではなく、変化するような使

図6-53 数値関係の設定項目では、右端の▼をクリックするとメニューがポップアップして現れる。

い方ができると、さらに表現がアップしますね。例えば、最初は小さかったパーティクルが次第に大きくなる――なんてことができたら、けっこう面白いことに使えそうです。

なぜ、固定された数値で設定するしかなかったか、というと、値の設定方式が「Constant（定数）」だったからです。Particle Systemにある数値関係の設定項目には、右側に▼マークが付いており、これをクリックするとメニューがポップアップして現れます。これで、値の設定方式を変更できるのです。

メニューに用意されているのは以下のようなものです。

定数	定数です。数値を入力し、その値で実行します。
カーブ	曲線グラフを用意し、そのグラフをもとに値を変化させながら実行します。
2つの値間でランダム	2つの数値を入力し、その間の値をランダムに設定して実行します。
2つのカーブ間でランダム	2つの曲線グラフを用意し、その間の値をランダムに設定しながら実行します。

基本的に「定数（決まった値）か、曲線グラフか」の2通りのやり方がある、と考えてよいでしょう。これの応用として、値を2つ用意してその間でランダムに設定するというやり方も用意されていますが、これらはオプションと考えておけばよいでしょう。基本は「定数」か「カーブ」のいずれかだ、といえます。

Chapter 6 オブジェクトや効果を動かす：アニメーションとパーティクル

パーティクルエフェクトを編集する

では、カーブの設定はどのように行えばいいのでしょうか。これには、専用のエディターを利用します。

インスペクターの「Particle System」の表示の下に「エディターを開く」というボタンがあります。これをクリックすると、「パーティクルエフェクト」という名前のパネルが開かれます。

図6-54 「エディターを開く」ボタンをクリックする。

これは、パーティクルシステムの値を編集するための専用エディターです。このパネルでは、左側にパーティクルシステムの設定項目が並び、右側には値を編集するためのエリアが表示されます。左側に並ぶ項目の値の方式をカーブに設定すると、右側にグラフが現れ、それを編集できるようになるのです。

図6-55 「パーティクルエフェクト」パネルでは、左側に設定項目が並び、右側にグラフの編集エリアが表示される。

開始サイズをカーブで編集する

では例として、パーティクルを放出してから時間とともにサイズが変更されるようにしてみましょう。左側の設定項目のリストから、「生存期間のサイズ」という項目をONにしてください。そしてクリックして内容を展開し、そこにある「サイズ」の右端の▼をクリックし、「カーブ」メニューを選びます（おそらく、デフォルトでカーブが選択されているはずです）。

図6-56 「サイズ」を「カーブ」に設定する。

この「生存期間のサイズ」は、パーティクルが放出されてから消えるまでの間、大きさがどのように変化するかを設定するものです。似たようなものに、速度に応じて大きさを変える「速度によるサイズ」という項目も用意されています。パーティクルの大きさに関する設定は、この2つを覚えておけばいいでしょう。

では、値の部分に表示されるグラフの縮小表示をクリックしてください。右側のアリアに、グラフが表示されます。デフォルトで右肩上がりの直線グラフになっているでしょう。

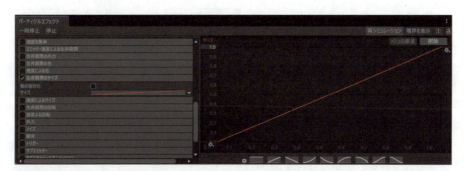

図6-57 サイズの値のグラフが表示される。

グラフを変更する

では、グラフを変更しましょう。グラフの両端をクリックして上下にドラッグすれば、開始と終了の位置を変更できます。また、グラフエリアの下部には主なグラフの形状が用意されています。これをクリックするだけで、グラフの形状を変更できます。

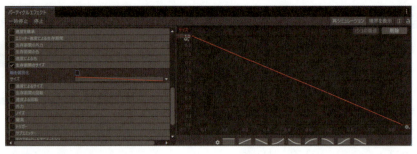

図6-58 グラフの形状を変更する。

変更したら、シーンのパーティクルシステムの表示を確認しましょう。放出されるパーティ生の大きさが変化していくのがわかるでしょう。

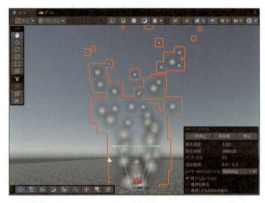

図6-59 パーティクルの大きさが変化しているのがわかる。

グラフはキーフレームで操作できる

　このグラフの曲線は、アニメーションクリップの「カーブ」の編集とほとんど同じ感覚で行えます。グラフの曲線の適当なところを右クリックすると、「キーを追加」というメニューがポップアップして現れます。これを選ぶと、そこにキーフレームが設定され、コントロールポイントで値や曲線の曲がり具合を編集できます。

　必要に応じてキーフレームを作成し、コントロールポイントで曲線の形を操作して思い通りのグラフを作成していきましょう。

図6-60 「キーを追加」メニューでキーフレームを追加し、グラフの形を調整する。

「放出」でブワッ！と噴き出す

パーティクルの設定を見ると、その「量」についての項目がないことに気がつきます。もっとブワッ！とたくさんのパーティクルが噴き出してくる、なんてものはどうやって作ればいいのでしょう。

これは、インスペクターの「放出」という項目で設定できます。この項目のチェックをONにすると、設定を編集できるようになります。

図6-61 「放出」に用意されている項目。

放出には、以下のような設定項目が用意されているのです。

- 時間ごとの率
- 距離ごとの率

パーティクルが生成されるレートです。これは作成する数字で指定します。「10」とすれば、決まった範囲内に10個のパーティクルが作られます。

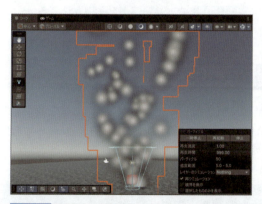
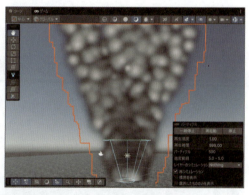

図6-62 時間ごとの率が「10」と「100」の違い。数が増えるとパーティクルの放出量も増える。

バースト

これは指定の時間ごとにパーティクル数を追加するのに使います。右端にある「＋」マークをクリックすると、項目が追加されます。これに時間とパーティクル数、サイクル、間隔、発生率などを記述します。これを繰り返して、決まった時間ごとに発生させるパーティクル数を増減できるのです。

例として、「＋」をクリックして4つの項目を追加し、以下のように設定してみましょう。とりあえず、時間と数だけ設定しておきます。他の項目はデフォルトのままでいいでしょう。

1つ目	時間 = 0.0, 数 = 100
2つ目	時間 = 1.0, 数 = 100
3つ目	時間 = 2.0, 数 = 100
4つ目	時間 = 3.0, 数 = 100

これで、一定時間ごとに100個のパーティクルが噴き出すようになります。定期的にぶわっと出てくるわけですね。

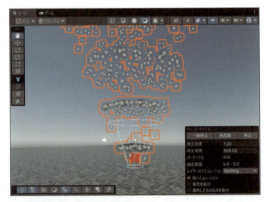

図6-63 4つのバーストを設定したところ。一定間隔でぶわっと噴き出しているのがわかる。

形状で噴き出す形を調整しよう

パーティクルは、配置した地点から円錐状に噴き出していますが、この形状を設定しているのがインスペクターの「形状」という項目です。この項目のチェックをONにして展開すると、パーティクルの形状に関する設定が表示されます。

形状について

形状を設定するのが「形状」です。これはあらかじめ用意されている形状から適用したいものを選んで設定します。右端の▼マークをクリックするとメニューがポップアップして現れるので、ここから形状を選びます。

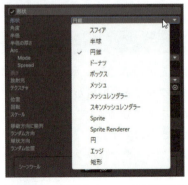

図6-64 「形状」のメニューから「円錐」を選ぶ。

この項目は、「形状」でどの形状を選んだかによって表示が切り替わります。ここではデフォルトの円錐の表示について整理しておきましょう。

角度

円錐の角度を設定します。これを調整すると、もっと放射される範囲を広げたり狭くしたりできます。

半径

放射される地点の半径を指定します。「0.01」にすると一点から放射されます。数値を指定することで、円の範囲内から広がっていくようになります。

半径の厚さ

放出する形状の厚さを0～1で指定します。これを小さくすれば、例えばドーナツ状に中央は空白な状態で放出させることもできます。

Arc

円錐の設定です。ModeとSpeedの2つの設定が用意されており、これらで円錐の放出を設定します。

Mode	放出のモード。ランダムか、ループ状、往復する形などパーティクルの出力する形状を指定する。
Spread	パーティクルをいくつかに分けてまとめて出力するためのもの。まとめる割合を0～1の範囲で指定する。

放射元

どこからパーティクルが現れるかを指定します。ポップアップメニューを使い、ベース（土台部分）、円錐の面の部分、円錐の形状のどこかからランダムに、などいくつかの方法から選べます。まぁ、当面は考えなくてもよいでしょう。忘れてOKです。

テクスチャー

パーティクルにマッピングするテクスチャーを設定します。これにより、決まった形のものを放出できるようになります。

◉ 位置／回転／スケール

放出するパーティクルのTransformを設定します。

◉ 移動方向に整列・ランダム方向・球状方向・ランダム位置

放射されるパーティクルをランダムにするためのものです。方向やパーティクルの向き、放出される位置などのランダムさを数値で指定します。

図6-65 「形状」に用意されている設定項目。

色に関する設定について

この他、デフォルトでは使われていない設定ですが、「これはぜひ覚えておきたい」というものを紹介しておきましょう。まずは「色」に関するものです。

色に関する設定には2つのものが用意されています。「生存期間の色」と「速度による色」です。これらは「経過時間ごとに色を変化させるためのもの」と、「スピードに応じて色を変化させるもの」です。いずれも、項目のチェックをONにすると、その内容が選択できるようになります。

図6-66 色に関する2つの設定。いずれも、色の設定を表す四角い領域が表示されているだけのシンプルなものだ。

では、簡単な例として、「白から赤へとグラデーションして変化するパーティクル」を作ってみましょう。以下の手順で作業してください。

どちらも色の設定は、四角い領域を使って表されます。デフォルトでは真っ白ですが、これは「どんな状態でも全部白だけ」という意味です。この四角い領域をクリックすると、色を設定するためのウィンドウが現れます。

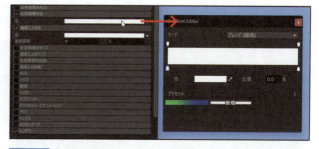

図6-67 色の表示部分をクリックするとカラーパレットを現れる。

色を選択する

まず、左下の隅に見える小さなタグのようなマークをクリックし、それから「色」の値をクリックしてください。画面に色を選択するためのカラーパレットが現れるので、ここで色を選択してください。今回はとりあえずデフォルトのまま（白）にしておきましょう。

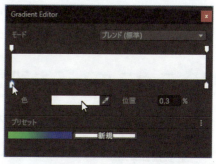

図6-68 左下のタグを選択し、白を設定する。

続いて、右下に見える小さなタグのマークをクリックし、それから「色」の値部分をクリックします。色を選択するウィンドウが現れるので、ここで「赤」を選んでおきます。

図6-69 右下のタグを選択し、赤を設定する。

グラデーションが設定される

これで設定は完了です。「シーン」パネルでパーティクルのプレビュー表示を確認してみましょう。最初、白い色で生成されたものが、上に行くにしたがってって少しずつ赤く変化していくはずです。

こんな具合に、色の設定ウィンドウを使えば簡単にパーティクルをグラデーションさせることができます。ここでは色のグラデーションをしましたが、「透過度のグラデーション」をさせることもできます。つまり、「パーティクルが次第に消えていく」というようなものも作れるのです。色を変更するだけで、ずいぶんと雰囲気を変えられます。

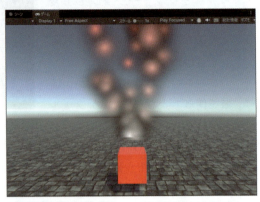

図6-70 上に上昇するほど赤く変わるようになった。

テクスチャーを設定する

これで、パーティクルの放出や大きさ、色などをカスタマイズできるようになりました。これだけでもできるようになれば、けっこうバリエーション豊富なパーティクルが作れるようになります。

けれど、もっと思い通りの形のパーティクルを表示したければ、あらかじめテクスチャーを使って表示するイメージを用意しておき、それをレンダラーに設定することになるでしょう。これは、やり方さえわかれば簡単に思い通りのパーティクルを表示できます。

まず、テクスチャーを用意します。これはどんなものでも構いませんが、周辺部分は透過するようにしておきましょう。グラフィックツールを持っていない人は、Googleドライブの「新規」ボタンから「Google図形描画」を選ぶと、簡単な図形を作成するツールが起動します。

図6-71 Googleドライブの「Google図形描画」を選択する。

このツールはドロー系のグラフィックを作成するものです。あらかじめ基本的な図形がひと通り用意されているので、それらを使って簡単な図形を作れます。作成したら、「ファイル」メニューの「ダウンロード」からPNG画像として保存できます。

このGoogle図形描画は、周辺部分を透過色として作成するため、後から加工などをする必要がありません。

作成した画像ファイルは、プロジェクトにドラッグ&ドロップして追加しておきましょう。

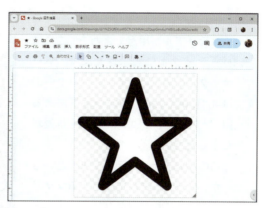

図6-72 簡単な図形を作成し、保存する。

マテリアルを作成する

では、Unityエディターに戻り、「アセット」メニューから「作成」内の「マテリアル」を選び、新しいマテリアルを作成してください。そして、以下のように設定しましょう。

サーフェスタイプ	Transparent
アルファクリッピング	ON
ベースマップ	作成したテクスチャーを設定

それ以外のものは、それぞれの好みに合わせて調整しておきましょう。これで、背景が透過して図形の部分だけが表示されるマテリアルが作成されます。

図6-73 マテリアルのサーフェスタイプをTransparentに設定し、ベースマップにテクスチャーを割り当てる。

| Chapter 6 | オブジェクトや効果を動かす：アニメーションとパーティクル |

パーティクルシステムのレンダラーを設定する

マテリアルが用意できたら、これをパーティクルに表示させます。パーティクルの表示は、インスペクターの「Particle System」の一番下にある「レンダラー」をONにし、展開表示してください。

この中にある「マテリアル」というのが、パーティクルに設定するマテリアルです。これの◎をクリックするとマテリアルを一覧表示したパレットウィンドウが開かれます。ここから、作成したマテリアルを選択してください。

図6-74 レンダラーのマテリアルに、表示するマテリアルを設定する。

表示を確認しよう

設定できたら、シーンを実行して表示を確認しましょう。作成したテクスチャーがパーティクルとして放出されるのが確認できるでしょう。

このように、テクスチャーを使えばさまざまなものをパーティクルで表現できます。例えば、煙や炎のテクスチャーを用意すれば、焚き火や火事の表現ができますね。また水滴のテクスチャーを使えば噴水や滝などの表現も作れそうです。

パーティクルシステムは、「パーティクルに何を表示するか」でさまざまな用途に使えるのです。どんな使い道があるか、それぞれで考えてみましょう。

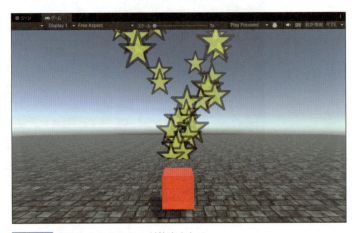

図6-75 作成したテクスチャが放出される。

Chapter **7**

ゲームの世界を支える技術：
物理演算とヒューマンモデル

リアルな世界を実現するためには、2つの重要な技術を知る必要があります。
それは「物理演算」と「ヒューマンモデル」です。
この2つの技術の基本をここでしっかりと理解しておきましょう。

Chapter 7 ゲームの世界を支える技術：物理演算とヒューマンモデル

Section 7-1 物理演算で動かそう

物理演算は「重力」を計算する

　Unityのアニメーションは、アニメーションクリップを使ったものだけではありません。その他にも重要なアニメーション機能がいくつかあります。中でも、ゲーム作りに不可欠なのが「物理演算」を使ったアニメーションです。

　物理演算というのは、モデルに物理的な法則による動きを与えるものです。「物理的」なんていうと難しそうですが、私たちが普段暮らしている世界というのは、さまざまな物理法則に支配されています。例えば、空中で物を離せば下に落ちますし、物と物がぶつかれば跳ね返ります。

　が、3Dの世界では、そんなものはありません。先ほどソーラーシステムを動かしましたが、太陽も地球も宙に浮いたままで下に落ちたりはしませんでした。Unityのシーンには、重力がないからです。ただ、与えられた場所に配置され、そこで指定のアニメーションクリップで位置や向きを変更する、それしかできないからです。

　が、物理演算を組み込むと、そこには物理的な力が生じるようになります。物は下に落下し、ぶつかれば跳ね返ります。そうした、現実世界で当たり前の動きを与えるのが物理演算なのです。

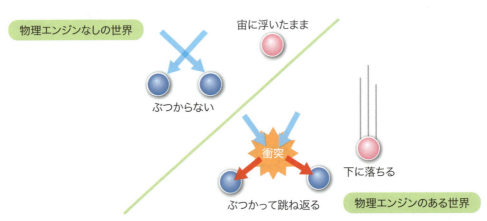

図7-1 これまでのUnityのシーンでは、モデルは配置したままだったが、物理演算が追加されると下に落ちたりぶつかったりするようになる。

物理演算を使ったボール

　では、実際に物理演算を使ってみましょう。これは、宇宙空間のようなところでは無限にモデルが下に落下しますから、地面のようなものがあるところで実験する必要がありますね。前章のパーティクルシステムで使ったシーン（AnimScene）を今回も利用することにしましょう。

　では、スフィア（球）のゲームオブジェクトを1つ作成しましょう。「ゲームオブジェクト」メニューから「3Dオブジェクト」内の「スフィア」を選び、ボールを作ってください。

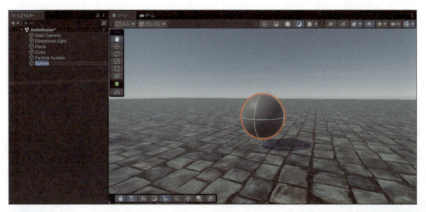

図7-2 作成されたスフィア。

　作成したら、マテリアルを設定しておきましょう。先に作った「blue」マテリアルをスフィアにドラッグ＆ドロップして設定しておきましょう。

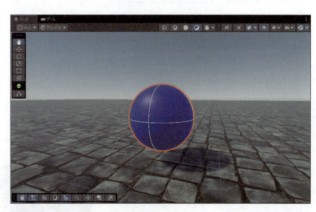

図7-3 blueマテリアルを割り当てる。

ボールの設定を行う

作成されたスフィアを選択し、インスペクターから以下のように設定を変更します。

名前	ball

■「Transform」

位置	X = 0, Y = 3, Z = 10
回転	X = 0, Y = 0, Z = 0
スケール	X = 1, Y = 1, Z = 1

図7-4 Transformで位置を設定する。

ついでに、カメラの位置も調整しておきましょう。Main Cameraを選択し、インスペクターからTransformを以下のように修正しておきましょう。

位置	X = 0, Y = 1, Z = 5
回転	X = 0, Y = 0, Z = 0
スケール	X = 1, Y = 1, Z = 1

これで、カメラに青いボールだけが表示されるようになります。先に作成してあったキューブとパーティクルシステムは、今回は特に利用しないので、カメラに映らないところに移動しておきましょう。

リジッドボディを追加する

では、作ったボールを「剛体」にしましょう。剛体とは、力を加えても変形しない物体のことです。といっても何やらわかりませんが、「モデルを剛体にすることで、物理演算の力を受けるようになる」と考えてください。

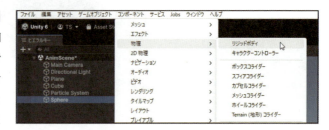

図7-5 スフィアを選択し、「リジッドボディ」メニューを選ぶ。

この剛体特性は、「リジッドボディ」というコンポーネントとして用意されています。シーンに配置したスフィアを選択したまま、「コンポーネント」メニュー内の「物理」の中にある「リジッドボディ」メニューを選んでください。

地面を少し傾ける

このままだと地面の上に落ちてそのまま止まってしまうので、地面を少しだけ傾けておきましょう。シーンに配置した平面を選択し、インスペクターの「回転」のXを「1」に変更してください。これで1度だけテーブルが傾きます。

図7-6 平面の回転のX値を1にする。

実行してみる！

とりあえず、これで物理演算の組み込みはできました。実際にシーンを実行してみましょう。「ゲーム」パネルに切り替わるとすぐに上からボールがテーブルの上に落ちてきます。そして平面の傾きによってゆっくりとシーンの奥のほうへと転がります。

いかがですか？ アニメーションなど何も設定していなくとも、物理演算によりボールがテーブルに落ち、さらにテーブルから床へと転がり落ちますね。これが物理演算の力なのです！

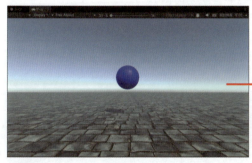 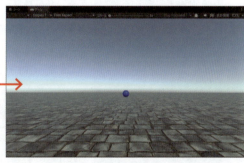
図7-7 ボールが上から落ち、ゆっくりと向こうへ転がっていく。

Rigidbodyの設定を確認！

スフィアのインスペクターを見ると、一番下のところに「Rigidbody」という項目が追加されているのがわかります。今回は特に設定の変更などは行いませんが、どういう項目が用意されているか簡単に説明しておきましょう。

図7-8 インスペクターの「Rigidbody」に用意されている設定。

質量	これはグラムやキログラムのように現実の値ではなくて、Unityのシーンの世界での質量となります。基本的に0〜100の間で設定します。
線形減衰	動く（移動する際の空気抵抗を示す値です。デフォルトでは「0」になっていますが、これは空気抵抗がないことになり、どこまでも移動します。
角度減衰	こちらは回転する際の抵抗を示す値です。デフォルトでは「0.05」になっていますので、回転すると少しずつ遅くなり最後には止まります。「0」だと永遠に回転し続けます。
自動の質量の中心	計算された質量の中心を使うためのものです。
自動テンソル	計算されたテンソル（回転の抵抗の度合い）を使うためのものです。
重力を使用	重力の影響を受けるかどうかを示します。ONにすると影響を受け、下に落下します。OFFだと影響を受けません。
キネマティックにする	物理演算による動きを受けないようにするためのものです。これをONにすると物理演算の影響を受けなくなります。
補間	これはアニメーションの動きを補完するためのものです。デフォルトでは「None」になっており、特に処理をしませんが、メニューを選ぶことで、アニメーションのあるキーから次のキーへとアニメーションをする際、なめらかに動くように補完されます。
衝突判定	衝突検知のためのものです。通常、モデルは不連続な衝突を検知しますが、特定の場合で連続する衝突検知を設定したりするのに用いられます。
Constraints	特定の軸について動きを停止させるのに用いられます。
Layer Override	衝突の際にレイヤーを設定するためのものです。

ざっと整理しておきましたが、中にはなんだかわからないものもあると思います。現時点では、わからなくてもまったく問題ありません。

とりあえず覚えておきたいのは、「質量」「線形減衰」「角度減衰」の3つぐらいでしょう。他は、いずれ必要となるときまで忘れてしまってOKです。

コライダー（Collider）について

インスペクターを見ると、リジッドボディの設定の上に、「コライダー（Collider）」という設定があるのに気がつくでしょう。これも、実は物理演算を利用する際に重要な役割を果たすものなのです。

スフィアには「Sphere Collider」というものが設定されています。コライダーは、ゲームオブジェクトの種類ごとに専用のものが用意されています。

図7-9 Colliderの項目には、Sphere Colliderというもののサイズ設定が表示されている。

コライダーってなに？

コライダーというのは、「モデルの物理的な現象を扱うためのもの」です。といっても、よくわからないかもしれませんね。つまり、「作ったオブジェクトを実際の『物』として扱えるようにするためのセンサー」のようなものなのです。

ゲームオブジェクトというのは、メッシュというものを使って形を作っていました。けれど、このメッシュというのは、実際に手で触れるものではありません。一応、Unityでは見て表示できますけど、実際はただの数字のデータなのです。ですから、例えばオブジェクトとオブジェクトがぶつかっても、そのままではすーっと通り抜けてしまいます。「物」ではないのですから、ぶつかったりするわけがありません。

けれど、実際のゲームでは、これとこれがぶつかった、とかいうこともきちんとわからないといけません。そこで「コライダー」というものが用意されたのです。

コライダーは触覚センサー

コライダーは、「物としての触覚センサー」のような役割を果たします。例えばモデルとモデルがぶつかるとき、このコライダーどうしが接触したら「ぶつかった！」と検知できるようになっているのです。

モデルっていうのは、いわば「幽霊」みたいなもので、目には見えるけど実際には触れられません。そこで、この幽霊に白い布をかぶせて「さわれる幽霊」にする——この「白い布」がコライダーだ、と考えるとよいでしょう。

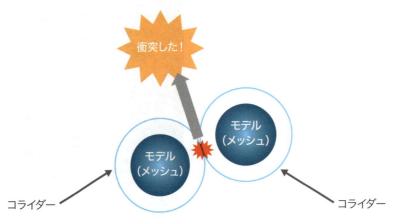

図7-10 コライダーはオブジェクトに「物理的な性質」を与える。コライダーとコライダーが接触することで「ぶつかった！」と認識する。

コライダーの設定について

モデルを作ると、自動的にそのモデルと同じ形のコライダーが作成されます。立方体を作れば、その立方体と同じ形のコライダーも自動的に作られているのですね。だけれど、このコライダーは、これだけ大きさを変えたりできるのです。それを設定するのが、インスペクターのコライダーの項目です。

では、どんなものがあるのか、ここでざっと整理しておきましょう。

トリガーにする	このコライダーがイベントのトリガー（引き金、つまり何かあったときにイベントを発生させてスクリプトを実行させたりできる、ということ）であることを設定するものです。スクリプトを書くようになったら利用します。
接触を生成	オブジェクトとの接触は、通常、MonoBehaviourというものを使いますが、これを使わずコライダーが接触のイベントを生成するものです。
マテリアル	これは「物理マテリアル」という物理的な挙動を割り当てるものの設定です。デフォルトでは「なし（物理マテリアル）」になっています。

中心	3つの入力フィールドからなります。これは、コライダーの中心位置を指定するものです。すべて「0」になっていますが、これは立方体の中心に設定されているということです。
半径(サイズ)	コライダーの大きさを指定するものです。スフィアの場合、「半径」が用意されます。それ以外のものでは「サイズ」としてX, Y, Zの値が用意されます。

　トリガーなどほとんどのものは、このオブジェクトを使ってプログラムを作成する際に必要となるものです。プログラムを作成するようになると、オブジェクトどうしが接触したときに処理を実行することが多くなります。そうなったときに重要となるのですね。

　純粋に、オブジェクトの挙動として頭に入れておきたいのは「中心」と「半径(サイズ)」でしょう。これらによって、コライダーがどのように組み込まれるかが決まります。

　例えば、半径の値はデフォルトで0.5になっています(直径が1のため)が、これを「1」に変えてみましょう。すると、モデルの2倍の大きさでコライダーが設定されます。コライダーは、そのモデルのメッシュとまったく同じ形をしているわけではありません。モデルのメッシュよりも大きくしたり小さくしたり、位置をずらしたりできるのです(なお、変更した半径は0.5に戻しておきましょう)。

　コライダーの大きさを変えるとよくわかるのですが、コライダーは、モデルに「緑色のワイヤーフレーム」として表示されます。今まではモデルと同じ大きさだったので、モデルとコライダーの違いがわからなかったのですね。

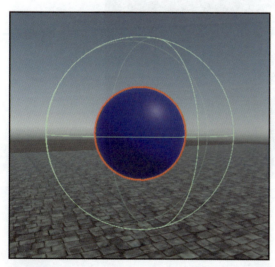

図7-11 コライダーの半径「2」にすると、モデルの2倍の大きさのコライダーになる。

衝突を試そう

では、実際にオブジェクトが衝突して動く様子を確かめてみましょう。もう1つスフィアを作成し、ぶつかるようにしてみます。

「ゲームオブジェクト」メニューの「3Dオブジェクト」から「スフィア」を選び、スフィアを作成してください。そして、「コンポーネント」の「物理」から「リジッドボディ」を選び、リジッドボディを組み込んでおきます。適当なマテリアルをドラッグ＆ドロップして設定しておくとよいでしょう。

そして、2つのスフィアが転がってぶつかるように、スフィアの位置と平面の回転を以下のように調整しておきます。

1つ目のスフィアの位置	X=0, Y=3, Z=15
2つ目のスフィアの位置	X=0.75, Y=0.8, Z=10
平面の回転	X=-2, Y=0, Z=0

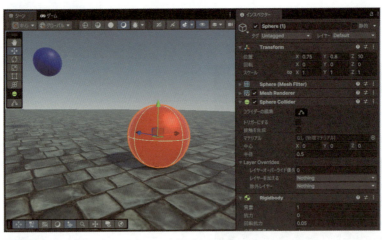

図7-12 2つ目のスフィアを作成し、位置を調整する。

重力の影響を受けないようにする

　もう1つ、やっておくことがあります。それは、2つ目のスフィアが転がらないようにすることです。地面を傾けて転がすので、そのままだと2つのスフィアとも転がってぶつかりません。そこで、2つ目のスフィアは重力の影響を受けないようにしておきます。

　2つ目のスフィアを選択し、インスペクターからRigidbodyにある「重力を使用」のチェックをOFFにします。これで、このスフィアは重力の影響を受けなくなります。

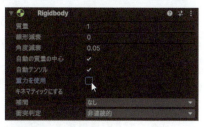

図7-13 「重力を使用」をOFFにする。

シーンを実行しよう

　では、シーンを実行してみましょう。すると青いボールが上から平面へと落ち、手前へと転がってきます。そして赤いボールにぶつかり、2つは左右に軌道を変えて転がって消えます。ボールがリアルに衝突し動いているのがわかりますね。

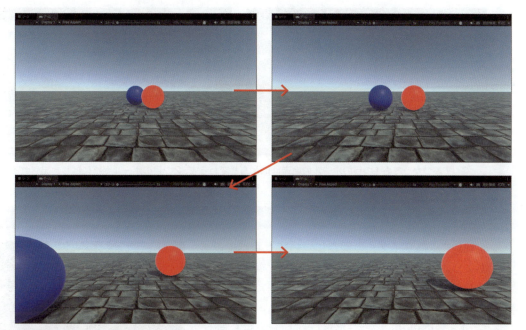

図7-14 青いボールが転がってくると赤いボールにぶつかる。

物理的な性質を確かめよう

コライダーとリジッドボディによる物理演算は、思った以上にリアルに現実世界をシミュレートしています。実際の特性の働きを少し確かめてみましょう。

まずは「質量」についてです。物は重いほど動きにくくなり、軽いほど動かしやすくなります。ぶつかるスフィアの質量が変わるとどうなるでしょうか。

2つ目のスフィアを選択し、インスペクターからRigidbodyの「質量」の値を「0.1」にしてみましょう。デフォルトは1ですから、2つ目のスフィアはその10分の1の軽さになります。

図7-15 「質量」の値を「0.1」に変更する。

これでシーンを実行し、ボールをぶつけてみてください。すると、1つ目のスフィアはぶつかってもほとんど起動は変わらなくなり、2つ目のスフィアだけが横に弾かれます。
（※動作を確認したら、質量は「1」に戻しておきましょう）

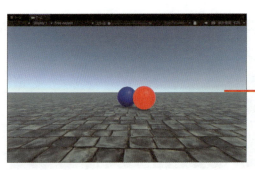 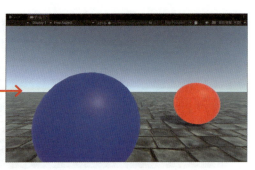

図7-16 ぶつかっても1つ目のボールの軌道はほとんど変わらず、2つ目のボールが横にはじき出される。

コライダーを確認する

続いて、コライダーの働きについても調べてみましょう。物理演算は、コライダーで衝突を判定していました。このことを確認しておきましょう。

2つ目のスフィアを選択し、インスペクターの「Sphere Collider」から「半径」を「1」に修正します。また、位置を少し横にずらすため、Transformの位置の「X」を「1.25」にしておきましょう。

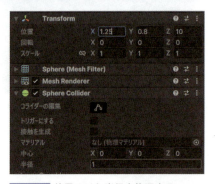

図7-17 位置のXと半径を修正する。

では、実行してみてください。すると、まず2つ目のボールが宙に浮いた状態なのに気がつきます。コライダーが大きく設定されているので、ボールは宙に浮いた状態で「地面の上にある」と判断するのですね。

そのまま1つ目のボールが転がってくると、2つのボールの間は離れているのに、衝突して動きます。明らかにボールの本体ではなく、目に見えないコライダーによって衝突が起こっていることがわかるでしょう。

(※確認したら、Xの位置と半径は下に戻しておきましょう)

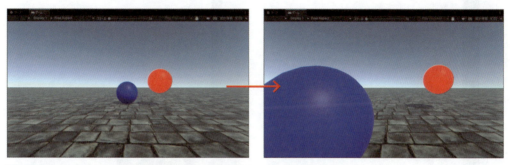

図7-18 宙に浮いたボールともう1つのボールは離れているのにぶつかる。

物理マテリアルを作ろう

実際に動かしてみると、確かに重力によってボールが落ち、テーブルの傾きにそって転がり落ちる動きは実現できました。しかし、まだ「ボール」という感じはしないでしょう。ボールですから、落ちたら弾んだりしてほしいものです。しかし地面に落ちても、「ぴたっ」と止まって弾みもしないのは変ですね。

こうした「落ちたら弾む」というような性質は、「物理マテリアル」という特別なマテリアルを設定することで実現できます。

「マテリアル」というのはどんなものだったか覚えてますか？ そう、モデルの表面の色や模様、反射の具合といった性質を設定するものでしたね。物理マテリアルは、モデルの表面に物理的な性質を付け加えるものなのです。

物理マテリアルは、普通のマテリアルと同様、アセットとして作成されます。では、やってみましょう。

「物理マテリアル」メニューを選ぶ

物理マテリアルは、名前のとおり「物理マテリアル」というアセットとして用意されます。「アセット」メニューの「作成」の中から「物理マテリアル」を選んでください。これで新たに物理マテリアルのファイルが作成されます。ファイル名は「ボールの物理」と設定しておきましょう。

図7-19 「物理マテリアル」メニューを選び、「ボールの物理」という名前でファイルを作る。

物理マテリアルをボールにドラッグ＆ドロップする

作成された物理マテリアルをボールに設定しましょう。1つ目のスフィアを選択し、「Sphere Collider」の「マテリアル」の右横にある◎をクリックしてください。物理マテリアルを選択するパレットウィンドウが開かれます。ここから、作成した「ボールの物理」を選択してください。

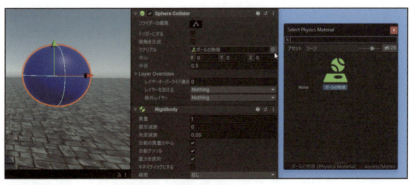

図7-20 物理マテリアルをスフィアに組み込む。

物理マテリアルを設定しよう

これで、作成した物理マテリアルをボールに設定できました。ただし！ これで実行してみても、まだボールは弾みません。物理マテリアルを作っただけで、何も設定をしていませんからね。

では、作成した物理マテリアル「ボールの物理」の設定をしましょう。「プロジェクト」パネルから「ボールの物理」を選択すると、インスペクターに設定が表示されます。

図7-21 プロジェクトパネルから「ボールの物理」を選択。

物理マテリアルの設定

では、用意されている設定の項目について簡単に説明をしておきましょう。これも、なんだか難しくてよくわからない項目が多いと思いますので、一通り説明はしますが、今すぐ理解する必要はありません。「よくわからないけどこんなのがあるらしい」程度に考えてください。

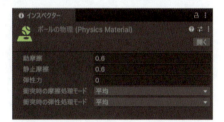

図7-22 物理マテリアルの設定内容。これでボールの弾みなどを調整できる。

動摩擦	物体が動いているときの摩擦係数となるものです。0〜1の間の実数で設定します。0にすると摩擦はほとんどなくなり、1にするとゴムのようにほとんどすべらない性質になります。
静止摩擦	物体が静止しているときの摩擦係数となるものです。やはり0〜1の実数で指定します。0の場合、ちょっと力を加えればすーっと動きますが、1にするとよほどの力を加えない限り頑として動きません。
弾性力	反発係数となるものです。0〜1の実数で指定します。0だと、まったく跳ね返りません。1だとエネルギーロスなしで当たった勢いそのままに跳ね返ります。
衝突時の摩擦処理モード	モデルどうしが衝突するときお互いの摩擦係数をどう合わせるか、そのやり方を指定するものです。「平均」「乗算」「最小」「最大数」があります。
衝突時の弾性処理モード	モデルどうしが衝突するときお互いの反発係数をどう合わせるか、そのやり方を指定するものです。「平均」「乗算」「最小」「最大数」があります。

とりあえず、最初は「動摩擦」「静止摩擦」「弾性力」の3つだけ覚えて使ってみましょう。動摩擦と静止摩擦は、「摩擦」に関するものです。摩擦が小さいとするするとすべって動くし、大きくなるとすべりにくくなります。それから弾性力は反発、つまり跳ね返る力です。この3つを、0～1の間で調整すると、摩擦や跳ね返りが調整できる、と考えてください。

では、ここで作成した物理マテリアルの設定を編集しましょう。以下の項目の値を以下のように変更してください。

動摩擦	0.75
静止摩擦	0.75
弾性力	1
衝突時の弾性処理モード	最大

弾性力は、最大の「1」にしています。これで、ぶつかった力は減衰することなくすべて反発力に使われることになります。また衝突時の弾性処理モードを「最大数」にすることで、衝突した際、常に最大の弾性力が得られるようになります。

図7-23 物理マテリアルの設定を書き換える。

値を修正したら、プレイボタンで実行してみましょう。今度は、落ちてきたボールはまったく減衰することなく弾みながらこちらに近づいてきます。そのまま2つ目のスフィアにぶつかり、左右へと転がります。

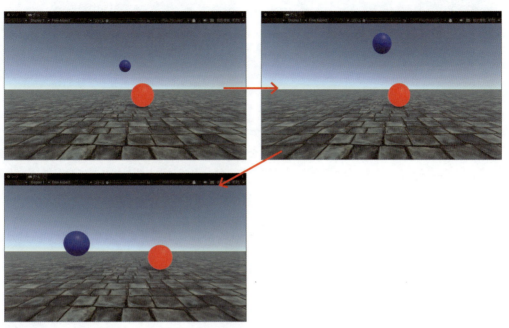

図7-24 ボールが落ちるとバウンドするようになった！

本格活用はプログラミングで！

　以上、物理演算を使ったゲームオブジェクトの動作について簡単に説明をしました。物理演算を使えば、重力のある世界を簡単に作れます。
　ただし、この世界を本格的に活用するためには、プログラミングが不可欠です。ここまでの知識は、「いずれ本格的にプログラミングを行うようになったら役に立つもの」ぐらいに考えておいてください。

Chapter 7　ゲームの世界を支える技術：物理演算とヒューマンモデル

Section

7-2 ヒューマンモデルを使おう

ヒューマンモデルのサンプル

　今まで立方体だの球だのといった図形を使って来ましたが、やっぱりもっと本格的なモデルでアニメーションをさせてみたいですよね。ゲームでは「人間」が重要になります。人間のキャラクターやロボットなどを動かして操作できれば、作れる3Dゲームの幅もグッと広がるでしょう。

　しかし、本格的なヒューマンモデルの作成は、非常に手間がかかります。一から自分で作るとなると、ビギナーの手には余るでしょう。

　しかし、自分で作らなくとも、Unityではすでにあるものを利用できます。アセットストアを利用してヒューマンモデルをインストールすればいいのです。では、実際に使ってみましょう。

アセットストアからロボットをインストールする

　では、Unityエディター上部の「Asset Store」ボタンから「アセットストアウェブ」メニューを選ぶか、「ウィンドウ」メニューから「アセットストア」を選んでアセットストアのWebサイトを開いてください。

　上部の検索フィールドに「starter」と入力し、商品を検索します。これで、「Starter Assets - ThirdPerson ¦ Updates in new CharacterController package」というものが見つかります。これを選択してください。

　この「Starter Assets - ThirdPerson」というものは、Unityの開発元が提供する無料のアセットです。これは、ヒューマンモデルによるスターターキットです。このスターターキットには「FirstPerson」と「ThirdPerson」の2種類あり、ThirdPersonは第3者目線によるヒューマンモデルの操作を行うキットになります（FirstPersonは一人称視点によるキットです）。

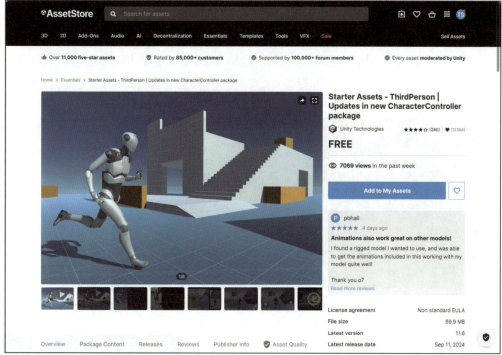

図7-25 Starter Assets - ThirdPersonを検索する。

　「Add to My Assets」ボタンをクリックし、アセットを追加してください。追加できたら、「Open in Unity」ボタンをクリックして、Unityエディターでアセット追加の操作を行います。

図7-26 購入したら「Open in Unity」ボタンをクリックする。

| Chapter 7 | ゲームの世界を支える技術：物理演算とヒューマンモデル |

アセットをインストールする

　Unityエディターに切り替わり、パッケージマネージャのウィンドウが開かれます。そこにStarter Assets - ThirdPersonが表示されます。そのまま、そこにある「ダウンロード」ボタンを押してダウンロードを行ってください。

図7-27 Starter Assets - ThirdPersonの「ダウンロード」ボタンをクリックする。

　ダウンロードが完了すると、「xxxをプロジェクトにインポートします」（xxxはバージョン）というボタンに変わります。このボタンをクリックしてインストールを実行します。

図7-28 ダウンロードが完了したらインポートを行う。

　Unity 6を利用している場合、ここで警告が現れるでしょう。「インストール/アップグレード」ボタンをクリックしてインストールを行います。

図7-29 警告アラートが現れたら「インストール/アップグレード」ボタンをクリックする。

302

「Import Unity Package」ウィンドウが現れ、インストールするパッケージの内容が表示されます。そのまま、下部にある「インポート」ボタンをクリックしてください。パッケージがプロジェクトに追加されます。

インポートが完了したら、パッケージマネージャのウィンドウも閉じておきましょう。

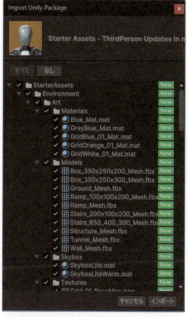

図7-30 「Import Unity Package」ウィンドウでは「インポート」ボタンをクリックする。

プレイグラウンドを動かそう

インストールできたら、「プロジェクト」パネルで内容を確認しましょう。Starter Assets - ThirdPersonは、「Assets」フォルダー内に「StarterAssets」というフォルダーとして保存されています。これをクリックして選択すると、その中にいくつかのフォルダーが作成されているのがわかります。

図7-31 「StarterAssets」フォルダーが、Starter Assets - ThirdPersonの中身だ。

では、この「StarterAssets」フォルダーの中にある「ThirdPersonController」というフォルダーを開いてください。これは、第3者目線でヒューマンモデルを動かすコントローラーを利用するための部品類がまとめられています。

この中の「Scenes」フォルダーを開くと、その中に「Playground」というシーンが用意されています。これは、スターターキットに用意されている動作確認用のシーンです。これで、スターターキットのヒューマンモデルがどのようなものか、実際に動かして確認できます。

図7-32 「Scenes」フォルダー内に「Playground」シーンが用意されている。

プレイグラウンドを開く

では、この「Playground」シーンをダブルクリックして開いてみましょう。シンプルなシーンが表示されます。いくつかの壁や階段、建物などがあり、ヒューマノイドのキャラクターが1つ用意されています。

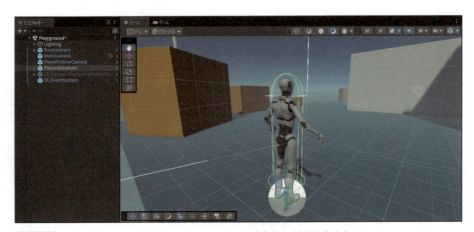

図7-33 Playgroundシーン。ヒューマンモデルと障害物などが用意されている。

ヒューマンモデルを使おう | 7-2

シーンを実行してキャラクターを動かそう

　では、実際にシーンを実行してみましょう。すると、カメラの前にキャラクターが表示されます。そのまま、矢印キーを押すと、その方向に歩きます。Shiftキーを押して矢印キーを押すと走りますし、スペースバーを押せばジャンプします。またマウスポインタを動かすと、カメラの方向も変化します。

　キャラクターが動くと、それに合わせてカメラも動きます。また壁などでキャラクターが隠れそうになると、自動的に近くになって常にキャラクターが見えるように調整されます。いろいろと動き回って、キャラクターとカメラの動きを確認しましょう。

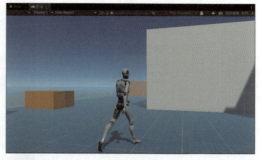
図7-34 矢印キーで前後左右に動く。

図7-35 Shiftキーを押すと走る。

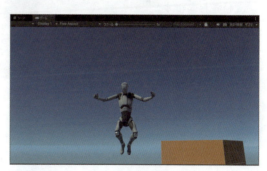
図7-36 スペースバーでジャンプする。

305

シーンにキャラクターを配置しよう

このシーンは、あくまで用意されているキャラクターコントローラーの利用例として用意されているものです。自分で作ったシーンにキャラクターを配置して使うこともできるのです。

では、やってみましょう。「ファイル」メニューから「新しいシーン」を選び、現れたパネルで「Basic (URP)」テンプレート

図7-37 「Basic (URP)」テンプレートでシーンを作成する。

を選択してシーンを作成してください。作成後、「ファイル」メニューの「保存」でシーンを保存しておきましょう。ファイル名は「HumanScene」としておきます。

シーンが表示されたら、「ゲームオブジェクト」メニューの「3Dオブジェクト」から「平面」を選んで平面を1つ配置しましょう。Transformの値は以下のようにしておきます。

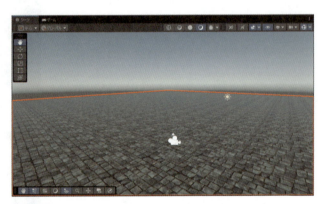

位置	X=0, Y=0, Z=0
回転	X=0, Y=, Z=0
スケール	X=10, Y=1, Z=10

図7-38 平面を1つ配置し、マテリアルを設定しておく。

設定後、適当なマテリアルをドラッグ&ドロップして設定しておきましょう。

PlayerArmatureを配置する

では、キャラクターのヒューマンモデルを配置しましょう。「ThirdPersonController」フォルダー内にある「Prefabs」フォルダーを選択してください。この中に、プレファブがいくつか保管されています。

ここにある「PlayerArmature」というのが、先ほどのプレイグラウンドで使っていたキャラクターのプレファブです。これをシーンにドラッグ＆ドロップして配置しましょう。位置は以下の場所にしておきます。

| 位置 | X=0, Y=0, Z=-7 |

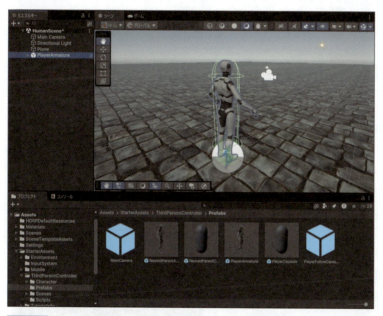

図7-39 シーンにPlayerArmatureプレファブを配置する。

では、シーンを実行しましょう。すると、配置したキャラクターが矢印キーで操作できるようになります。今回はカメラは固定なので、カメラの視界から切れないように操作してください。

ただプレファブのヒューマンモデルを配置しただけなのに、ちゃんとキーで操作できるようになっていることがわかりますね。

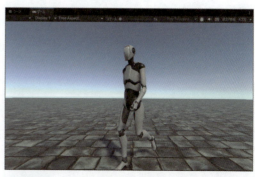

図7-40 シーンを実行する。矢印キーでキャラクターを操作できる。

アニメーションの設定を確認する

では、このキャラクターはどのようなものが組み込まれて動いているのでしょう。シーンに配置したPlayerArmatureを選択し、インスペクターを見てみましょう。すると、たくさんの設定が組み込まれていることがわかります。Transform以降のものを簡単に整理してみましょう。

Animator	アニメーションに関する設定。
Character Controller	キャラクターの制御。
Third Person Controller	ThirdPersonモデルの制御スクリプト。
Basic Rigid body Push	リジッドボディに関するスクリプト。
Starter Assets Inputs	スターターキットの入力スクリプト。
Player Input	プレイヤーの入力処理。

専用の機能を提供するコンポーネントの他、このThird Personモデルの制御用に用意されたスクリプトなども組み込まれています。ヒューマンモデルは、このように専用コンポーネントとスクリプトの組み合わせで動いているのです。

では、これらの中から「これは知っておきたい」という重要な項目をピックアップして説明していきましょう。

図7-41 インスペクターには多数の項目が用意されている。

Animatorの設定

まずは、Transformの次にある「Animator」というコンポーネントです。これは、アニメーションに関するもっとも基本となる設定です。ここにある項目を簡単に整理しましょう。

図7-42 インスペクターにはAnimatorが用意されている。

コントローラー	コントローラーを設定します。
アバター	アバターを設定します。
ルートモーションを使用	ゲームオブジェクトの動きに適用する設定です。
物理をアニメーション化する	アニメーションを物理演算と同期する設定です。
更新モード	アニメーション更新のタイミングの設定です。
カリングモード	カメラに映っていないときの更新に関する設定です。

この中で説明が必要なのは「コントローラー」と「アバター」でしょう。

コントローラーとは、「アニメーションコントローラー」のことです。アニメーションの状態を管理するものです。これは、先にアニメーションの説明をしたときに少し触れましたね。ヒューマンモデルの動きも、アニメーションコントローラーを使って制御していたのですね。

また、「アバター」というのは、モデルの骨格（リグ）に対応する骨格構造を定義するものです。これは通常、ヒューマンモデルのメッシュとセットで用意されています。このアバターにより、「腕はこの部分、足はこの部分、これらはこうやって動く」といったことが定義されているのですね。

Character Controllerの設定

その下にある「Character Controller」は、キャラクターの挙動に関する基本的な設定を行うためのものです。ここには以下のような項目が用意されています。

スロープ制限	傾斜が指定した値以下なら登れるようにします。
ステップオフセット	キャラクターが登れる段差の高さを指定します。
スキン幅	2つのキャラクターのコライダーが互いに食い込める幅です。
最小移動距離	動くために必要な最小幅を指定します。
中心	キャラクターの中心位置です。
半径	キャラクターの領域を示すカプセルコライダーの半径です。
高さ	キャラクターのカプセルコライダーの高さです。

これらは、キャラクターの挙動を細かく設定する際は必要になりますが、今すぐ使うことはないでしょう。「このCharacter Controllerというもので、キャラクターの挙動を設定しているのだ」ということだけ知っていれば十分です。

図7-43 Character Controllerの設定。

Third Person Controllerの設定

その後にある「Third Person Controller」は、このThird Personヒューマンモデルのように作成されたスクリプトです。このスクリプトには多数のプロパティが用意されており、それらをここで編集できます。

非常に項目が多いので、覚えておきたいものだけピックアップしておきましょう。

Move Speed	歩く速度。
Sprint Speed	走る速度。
Rotation Smooth Time	回るのにかかる時間。
Speed Change Rate	歩くから走るに変化するレート。
Jump Height	ジャンプの高さ。

これらの値を調整することで、歩く、走る、回る、ジャンプする、といった基本的な動きのスピードや移動量が変わります。

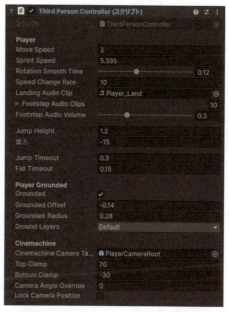

図7-44 Third Person Controllerの設定。

Starter Assets Inputの設定

この「Starter Assets Input」も、Third Person用のスクリプトです。ここでは、入力に関するプロパティが用意されています。主なものを以下に整理しましょう。

● Character Input Values

ここには、キャラクターへの入力値を設定します。移動、カメラの表示、ジャンプ、走るなどの挙動の値が用意されています。

移動	前後左右の移動スピードです。
Look	カメラの視点の移動スピードです。
ジャンプ	ジャンプしたことを示します。
Sprint	走っていることを示します。

これらは、実行中に値を変更すると即座にその値がThird Personに送られ、動きに反映されます。例えば、「ジャンプ」のチェックをONにすると、その瞬間にジャンプします。なお、Lookに関しては、カメラの組み込みが必要となるため、ただ値を設定しただけではカメラは動きません。

実際にシーンを実行しているときは、Unityの入力システムによりキーやマウスが操作されると、その値がこのCharacter Input Valuesのところに設定され、それに応じてキャラクターが動くようになっています。

図7-45 Starter Assets Inputの設定。

ヒューマンモデルのアニメーションコントローラー

Third Personというヒューマンモデルが、細かな設定の値をもとに動いていることはなんとなくわかったことでしょう。しかし、値を入力することで、なぜ走ったりジャンプしたりするのか、その基本的な仕組みはよくわかりませんね。

これは、「アニメーションコントローラー」によって制御されているのです。アニメーションコントローラーは、先にアニメーションのところで説明しました。アニメーションの動きを制御するためのものでしたね。

ヒューマンモデルの動きは、要するに「状況に応じてそれに合うアニメーションを自動再生する」ということで実現しているのです。それを制御しているのが、アニメーションコントローラーです。

アニメーションコントローラーを開く

では、アニメーションコントローラーがどのようになっているのか見てみましょう。アニメーション関係は、「ThirdPersonController」フォルダー内の「Character」フォルダーにある「Animations」というところにまとめられています。この中に、アニメーションとアニメーションコントローラーが用意されているのです。

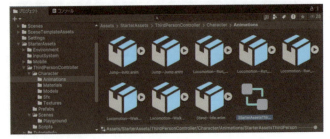

図7-46「Animations」フォルダーにアニメーション関係のファイルがまとめてある。

コントローラーを開く

では、ここにある「Starter AssetsThirdPerson.controller」というアニメーションコントローラーを開いてみましょう。「アニメーター」パネルが開かれ、コントローラーの内容が表示されます。

コントローラーでは、「Entry」というノードがあり、これがスタート地点となりましたね。ここには、「Idle Walk Run Blend」

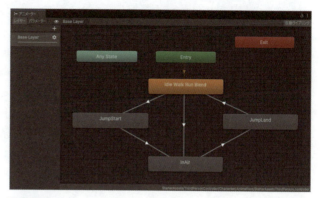

図7-47 コントローラーの内容。「Idle Walk Run Blend」が主要な動きを処理している。

というノードがつなげられています。このノードで、基本的なアニメーションの分岐を行っているのですね。

そこから、「JumpStart」「JumpLand」「InAir」といったノードがつながっていますが、これらはジャンプの「開始」「着地」「空中」の表示を扱うノードになります。ジャンプ関係は、アイドル（待ち状態）や歩いたり走ったりする動きとは異なるものなので、このように別途用意しているのでしょう。

ブレンドツリーの働き

では、「Idle Walk Run Blend」ノードをダブルクリックしてみましょう。このノードが開かれ、その中にあるものが表示されます。

ここには「Blend Tree」というノードがあり、そこから「Idle」「Walk_N」「Run_N」といったノードにつながっています。

図7-48 「Blend Tree」で用意された情報をもとに分岐を行っている。

が、これらはよく見ると「Blend Tree」に用意されている同名の端子からつながっていることがわかります。

それぞれの端子はこの後触れますが、つまり「Blend Tree」というのは、何らかの情報をもとに、対応するノードを判断して呼び出す処理を行っていた、というわけです。

ブレンドツリーのインスペクター

この「Blend Tree」を選択し、インスペクターを見てみましょう。すると、グラフのようなものと設定の項目がいくつか現れます。

一番上に「Parameter」という項目があり、「Speed」という値が設定されています。これは、Speedというパラメーターをもとに処理を行っていることになります。そして、グラフの下の「Motion」「Threshold」といった項目のあるリストは、モーション（動き）を発動する値の設定リストになります。例えば、「Walk_N」のスレッショルドは「2」になっていますね。これは、「パラメーターのSpeedの値が2を超えたら、Walk_Nのモーションに移行する」ということを示しています。

ここでの3つの項目は、それぞれ以下のようなことを表しているわけです。

- パラメーターが0なら「Idle」を実行
- パラメーターが2を超えたら「Walk_N」を実行
- パラメーターが6を超えたら「Run_N」を実行

「Blend Tree」からつながっていた3つのノードは、ここで設定された各モーションだったのですね。それぞれのモーションには、実行するアニメーションクリップが設定されています。パラメーターのSpeedの値が変更されたら、それに対応したモーションに切り替わり、そこに用意されているアニメーションクリップが再生されるようになっていたのです。

図7-49 ブレンドツリーのインスペクター。

パラメーターを確認する

では、Speedパラメーターというのはどこにあるのでしょうか。これは、アニメーションコントローラーにあります。「アニメーター」パネルの左側には、「レイヤー」と「パラメーター」という表示があります。この「パラメーター」をクリックしてください。コントローラーに用意されているパラメーターが一覧表示されます。

図7-50 「パラメーター」をクリックすると、用意されている変数のリストが表示される。

パラメーターというのは、一種の「変数」です。変数は、プログラミングなどで使われるもので、さまざまな値を一時的に保管する入れ物です。このパラメーターは、スクリプトなどから操作できるようになっています。

例えば、ここには「Speed」というパラメーターがありますね？ これの値をスクリプトの中から「2」に変更したとしましょう。すると、「Blend Tree」により、実行するモーションが「Walk_N」に変わり、これに用意されていた歩くアニメーションが再生されるようになる、というわけです。

こんな具合に、コントローラー内の処理は、パラメーターの値によって変化するようになっているのですね。

遷移を確認する

これで、ブレンドツリーによる歩きや走りの変化の仕組みがだいぶわかってきました。しかし、ブレンドツリーとは別の仕組みもあります。それはジャンプ関連です。ジャンプ関連は、別のノードとして用意されていて、遷移により呼び出されるようになっていましたね。

図7-51 「JumpStart」への遷移を選択する。

では、この遷移がどうなっているのか見てみましょう。まず、「アニメーター」の表示を「Blend Tree」の内部から全体の表示に戻しましょう。ノードが表示されているエリアの左上に「Base Layer」という表示があります。これをクリックすると、最初の全体表示に戻ります。

ここでは、「Idle Walk Run Blend」ノードから、ジャンプ関係のノードに遷移が設定されています。では、「JumpStart」ノードに移行する遷移の直線をクリックして選択しましょう。

遷移のインスペクター

遷移を選択したら、インスペクターを見てください。遷移の設定内容が表示されています。グラフのようなものは、「Idle Walk Run Blend」のアニメーションから「JumpStart」のアニメーションへと移行する時間を示しています。

その下には「BlendTree Parameters」という表示があり、その「Conditions」というところに「Jump」「True」という項目が追加されています。このConditionsは、この遷移を実行する条件を示しています。つまり、Jumpというパラメーターの値がTrue（チェックがON）になると、この遷移が実行されるようになっていたのです。

ジャンプ関係は、このように遷移ごとに実行の条件が設定されており、「このパラメーターの値がこう変わったら、この遷移を実行する」ということが決まっているのです。これにより、ジャンプのアニメーションが実行されていたのです。

図7-52 遷移のインスペクター。Conditionsに遷移の条件が指定されている。

ヒューマンモデルの動作はパラメーター次第

以上、Third Personというヒューマンモデルの内容を調べることで、ヒューマンモデルがどのような仕組みで動いているかを解明してみました。よくわからないことも多かったでしょうが、だいたい以下のようなことはわかったでしょう。

- ヒューマンモデルは、アニメーションコントローラーで制御されている。
- アニメーションコントローラーには、動作で利用するパラメーターが用意されている。
- パラメーターの値が変更されると、遷移やブレンドツリーのモーション移行が実施される。

ヒューマンモデルを使おう | **7-2**

　このような仕組みにより、ヒューマンモデルは「マウスやキーボードなどでキャラクターを操作する」ということを実現していたのです。

　実際にヒューマンモデルを自分のシーンで利用する際は、スクリプトなどにより「パラメーターをどのように操作するか」を考える必要があります。ヒューマンモデルの操作は、パラメーター次第なのですから。

キャラクター操作はスクリプト頼み？

　用意されているキャラクターを配置して少し使ってみましたが、結局、キャラクターを動かすためには、スクリプトを作成し、その中で処理を記述する必要があるのです。

　Unityは、ツールを使ってゲームシーンの大半を作ることができます。が、それらを実際に制御する部分は、プログラミングで実現しなければいけません。完全にノンプログラミングでゲームを作ることはできないのです。

　「どこまでがノンプログラミングで作れ、どこからプログラミングが必要となるのか」を明確に区別するのはなかなか難しいのですが、「あらかじめ作ったものを表示するだけならノンプログラミングでできる」と考えておきましょう。作ったアニメーションを表示させることはできますが、ノンプログラミングでできるのは「ただ表示するだけ」です。必要に応じてオブジェクトを動かしたり、表示するアニメーションを変更する、といったことはノンプログラミングではできません。

　そろそろ、ノンプログラミングの限界が見えてきた、といってよいでしょう。では、いよいよ次の章からスクリプトによるプログラミングへと進みましょう。

Chapter **8**

オブジェクトを操作する：
スクリプトプログラミング

さあ、いよいよプログラミングに入ります。
まずはゲームオブジェクトを動かしたり、
キーボードやマウスで操作する基本を覚えていきましょう。
ここでは、AIを使ってコードを作ります。
実際に動かしながらプログラミングの方法を身につけていきましょう。

Chapter 8 オブジェクトを操作する：スクリプトプログラミング

Section 8-1 スクリプトを使おう

スクリプトの仕組み

ここまで、Unityで使われるさまざまなゲームオブジェクトの作り方・使い方について説明をして来ました。簡単なモデルから、空や大地といった背景までいろいろ作れるようになりましたが、しかしこれだけではゲームにはなりません。なぜって、「動かないから」です。

アニメーションや物理演算で動かすことは学びました。けれどそれは「あらかじめ設定しておくと、そのとおりに再生する」というだけです。つまり、インタラクティブ（ユーザーが操作して動かす）ではないのです。このインタラクティブな部分を担当するのが「スクリプト」です。

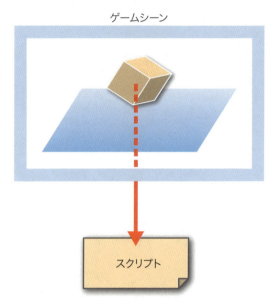

図8-1 Unityでは、ゲームオブジェクトにスクリプトを設定できる。ゲームオブジェクトの状態などに応じて、割り当てたスクリプトが実行される。

Unityでは、ゲームオブジェクトにスクリプトを組み込めます。これは、例えばゲームオブジェクトにマテリアルなどを追加するのと同じような感覚で考えるとよいでしょう。そしてゲームオブジェクトで何かあれば自動的に割り当ててあったスクリプトが実行されるのです。

ゲームオブジェクトには、「イベント」と呼ばれるものが用意されています。これは、さまざまな出来事があったときにそれを伝える信号のようなものです。

イベントは、出来事の種類ごとに多数のものが用意されています。例えば、アニメーションで表示が更新されたときのイベント、他のオブジェクトと衝突したときのイベント、といった具合です。イベントが発生すると、それに対応する処理が呼び出されます。

- 何か操作したりゲームシーンが動いたりする
  ↓
- そのイベントが発生する
  ↓
- 対応するスクリプトが実行される

このようなことを繰り返しながらゲームは動いていくのです。

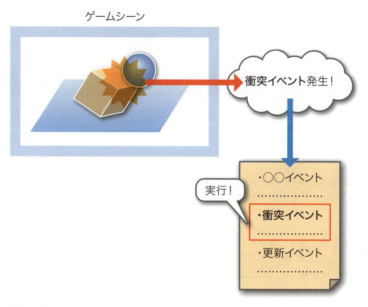

図8-2 ゲームオブジェクトで何かが起きると、イベントが発生し、そのイベント用に書いてあったスクリプトが実行される。

　まぁ、この「イベントの仕組み」というのは、今すぐ理解する必要はありません。頭の中だけで理解しようとしてもなかなか飲み込めるものではありませんから。「よくわからないけど、そんな仕組みで動いているようだ」という程度に頭に入れておけば十分です。

　プログラミングというのは、実は「習うより慣れろ」の世界なのです。難しい概念だのといったものを頭で理解するより、「実際に書いて動かす」ということが大切です。そして、何度も書いて動かしてみれば、あれほど「頭で理解しようとしても難しくてよくわからなかった仕組み」が、気がつけばなんとなくわかるようになっているものなのです。
　ですから、ここでプログラミングを始めても、「よくわからない」という状態で全然OKです。時々、「わからないことはそのままにしないで、わかるまで頑張るべきだ」という人もいますが、これはプログラミングに関する限り「間違い」です。わからないことは、「とりあえず放っておいて先に進む」のが正解だったりするのです。

Chapter 8 | オブジェクトを操作する：スクリプトプログラミング

わからないまま、先へどんどん進んでいろいろ動かしていると、あれほどわからなかったことが、「あれ？　なんとなくわかるかも？」と変わってくるものなのです。不思議ですが、本当にそうなのです。

「きっちり理解できるまで勉強しない」
「わかってもわからなくても先へ進む」

この2点をよく頭に入れておいてください。まぁ、もちろん「ろくに読まなくてもいい」ってことではありませんよ。きちんと読んで、スクリプト書いて動かして、それでもよくわからなかったらもう次へ進む。そういうことですね。

スクリプトで使う言語について

スクリプトを利用する際、頭に入れておきたいのは「使用言語」です。Unityは、複数のスクリプト言語に対応しています。以下のようなものです。

C#	これは、マイクロソフトの.NETという環境で動かすプログラムを作るのに用いられている本格プログラミング言語です。Unityのメイン言語といっていいでしょう。
ビジュアルスクリプト	最近サポートになったもので、マウスで図を描くようにしてプログラムを作成していくものです。

問題は、「どちらを使うべきか？」でしょう。これは、「C#を使う」と考えてください。本書でも、C#をベースに説明します。

ビジュアルスクリプトは、自分でスクリプトをがしがし書かなくていいし、マウスで図を描いていくようにしてプログラムが作れるので、一見すると初心者に向いているように思うかもしれません。しかし、ビジュアルに作成していくため、「ちょっとしたことで動かない」ということになりがちなのです。

部品と部品をつなぐのを忘れていた、つなぎ方を間違えていた、部品の設定をしていなかった、そんな細かなことでプログラムは動かなくなります。しかも、それは「ひと目見ただけではわからない」のです。1つ1つの部品をよく見て正しく設定できているか確認しながら間違いを探していかないといけません。

C#というプログラミング言語は、確かに難しそうに感じるかもしれませんが、「お手本とまったく同じことを書けば、必ず動く」のです。プログラミング言語は、コード（言語で書いたプログラムリスト）がすべてです。コードを間違いなく書けば、必ず動きます。この「こうすれば必ず動く」という道が用意されているのは、ビギナーにとって何より重要なのです。

ゲームシーンを用意しよう

まずは、実際にスクリプトを使うために、新しいシーンを作ることから始めましょう。「ファイル」メニューから「新しいシーン」を選び、「Base (URP)」テンプレートを選んでシーンを作成してください。作成後、「ファイル」メニューの「保存」でシーンを保存しておきましょう。名前は「ScriptScene」としておきます。

図8-3 Base (URP)テンプレートで新しいシーンを作る。

平面を作成する

地面となる平面を1つ用意しましょう。「ゲームオブジェクト」メニューから、「3Dオブジェクト」内の「平面」を選んでください。そしてTransformの値を以下のように調整しておきましょう。

位置	X = 0, Y = 0, Z = 0
回転	X = 0, Y = 0, Z = 0
スケール	X = 10, Y = 1, Z = 10

オブジェクトを用意できたら、適当なマテリアルを設定しておきましょう。

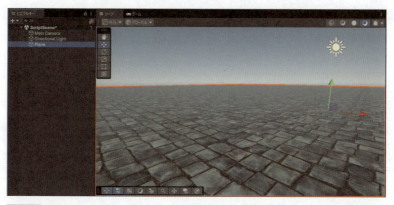

図8-4 平面を1つ配置し、マテリアルを設定する。

スフィアを作成する

続いて、操作するモデルとしてスフィア（球）を作りましょう。「ゲームオブジェクト」メニューから、「3Dオブジェクト」内の「スフィア」を選んでください。そしてTransformの値を以下のように調整します。

位置	X = 0, Y = 1, Z = 0
回転	X = 0, Y = 0, Z = 0
スケール	X = 1, Y = 1, Z = 1

名前はデフォルトの「Sphere」のままにしておきます。これも作成後、適当なマテリアルを設定しておくとよいでしょう。

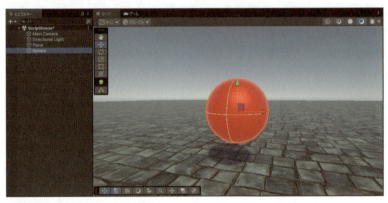

図8-5 スフィアを1つ作成する。

カメラの位置を設定

配置したカメラの位置を調整しておきましょう。Transformで以下のように設定してください。

位置	X = 0, Y = 1, Z = -5
回転	X = 0, Y = 0, Z = 0
スケール	X = 1, Y = 1, Z = 1

これで、カメラの正面にスフィアが表示された状態になります。

スクリプトを使おう | 8-1

図8-6 カメラの位置を調整しておく。

プレイボタンで表示を確認！

これで基本的な部品はできました。プレイボタンで実行し、表示を確認しましょう。表示位置がうまく調整できなければ、カメラの位置を調整してください。

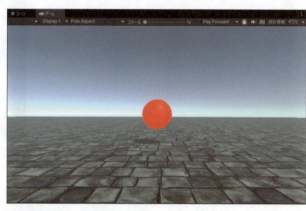

図8-7 実行して表示を確認する。

スクリプトを追加する

では、作成したスフィアオブジェクトにスクリプトを追加してみましょう。

スクリプトを利用するには、まずスクリプトファイルを作成します。「アセット」メニューにある「作成」メニューから「MonoBehaviourスクリプト」を選んでください。これでスクリプトファイルが作成されます。

作成したファイルには、「MoveSphere」と名前をつけておきましょう。

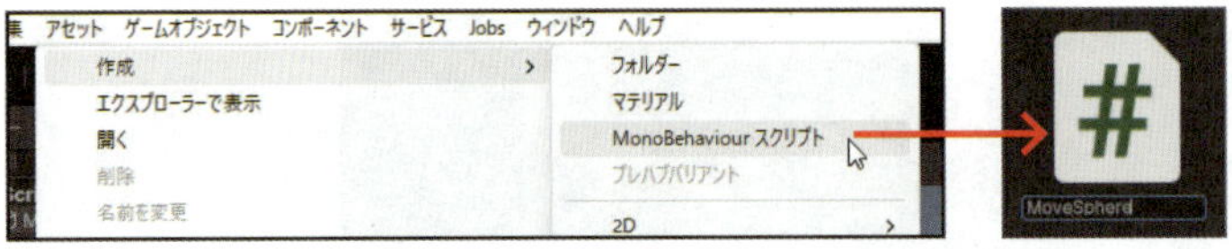

| Chapter 8 | オブジェクトを操作する：スクリプトプログラミング |

図8-8 「MonoBehaviourスクリプト」メニューを選び、「MoveSphere」ファイルを作成する。

スフィアにスクリプトを設定する

作成したスクリプトは、ドラッグ＆ドロップでゲームオブジェクトに組み込めます。「MoveSphere」ファイルのアイコンを、シーンのスフィアにドラッグ＆ドロップしてください。

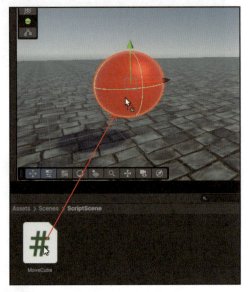

図8-9 MoveSphereをスフィアにドラッグ＆ドロップする。

スクリプトのコンポーネントが追加される

スフィアのインスペクターに、「Move Sphere (スクリプト)」という項目が追加されます。この中の「スクリプトという項目には、選択した「MoveSphere」が設定

図8-10 インスペクターに「Move Sphere (スクリプト)」というコンポーネントが追加された。

されているのがわかるでしょう。これで、MoveScriptに書かれたスクリプトが、スフィアで実行されるようになりました！

Visual Studioを開こう

作成したスクリプトファイルは、専用のスクリプト編集ツールを使って開き、編集します。「プロジェクト」パネルで、「MoveSphere」のアイコンをダブルクリックしてください。しばらく待っていると、新たにウィンドウが現れます。これは、Microsoft Visual Studioという開発ツールです。

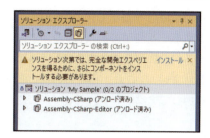

図8-11 この表示が現れたら「インストール」リンクをクリックする。

このツールを使ってプログラミングをするのですが、おそらくほとんどの人は、開いたウィンドウの「ソリューションエクスプローラー」というところに、「〜さらにコンポーネントをインストールする必要があります」といったメッセージが表示されたはずです。

これは、Visual StudioでUnityのコードを編集するために必要なものをインストールしてください、といっているのです。ここに表示されている「インストール」リンクをクリックしてください。

「Visual Studio Installer」というアプリが起動します。ここで、足りないコンポーネントをインストールします。ウィンドウが現れたら、「インストール」ボタンをクリックしてインストールを実行してください。

図8-12 「Visual Studio Installer」が現れたら「インストール」ボタンをクリックする。

しばらく待っているとインストールが完了します。そうしたら、「Visual Studio Installer」を終了してください。なお、インストール終了の際に、ネットワークアクセスへの許可を要求する表示が現れるかもしれません。これが出たら、「許可」ボタンを押してアクセスを許可してください。

図8-13 このような警告が現れたら「許可」ボタンを選択する。

Visual Studioで編集可能になった！

再びVisual Studioに戻ると、ソリューションエクスプローラーというところに「Assembly-CSharp」「Assembly-CSharpEditor」といった項目が表示され、これをダブルクリックして展開すると、その中身が表示されるようになります。最初の「Assembly-CSharp」を展開していくと、作成した「MoveSphere.cs」というファイルが見つかります。

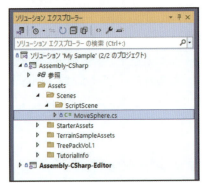

図8-14 ソリューションエクスプローラーに、Unityプロジェクトの内容が表示されるようになった。

では、MoveSphere.csをダブルクリックして開いてみましょう。すると、専用のエディターでファイルが開かれ、中身が編集できるようになります。後は、エディターでスクリプトを書いていくだけです！

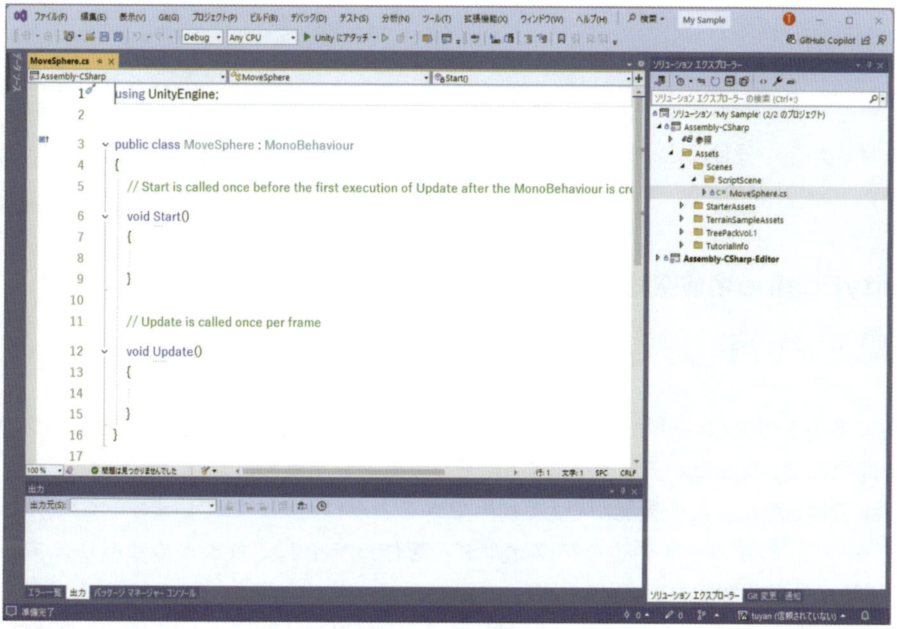

スクリプトを使おう | 8-1

(図 8-15 のスクリーンショット)

図8-15「MoveSphere.cs」ファイルを開いて編集する。

MoveSphereのスクリプトをチェック！

　では、MoveSphereの内容をチェックしましょう。ここには、すでに簡単なスクリプトが書かれています。こういうものです。

リスト8-1
```
using UnityEngine;

public class MoveSphere : MonoBehaviour
{
  // Start is called once before the first execution of Update after the 
MonoBehaviour is created
  void Start()
  {
    
  }
  
  // Update is called once per frame
  void Update()
  {
```

329

```
    }
}
```

これは、大きく分けると3つの部分に整理できます。それぞれの役割を整理しておきましょう。

◉ UnityEngine 名前空間の宣言

```
using UnityEngine;
```

最初にあるこの文は、「UnityEngine」という名前空間の利用を宣言するための文です。名前空間なんて、なんだか難しそうですが、そうでもありません。

Unityでは、たくさんの機能がC#で利用できるように用意されています。あまりにたくさんあるので、わかりやすいようにフォルダーを作ってそれぞれまとめてあります。このフォルダーが「名前空間」です。

つまり、これは「UnityEngineというフォルダーを使いますよ」ということと考えてください。こうすることで、「UnityEngine」というフォルダー（名前空間））にまとめてある機能が使えるようになるのです。

これは「最初に必ず書くもの」と考えてください。

◉ MoveSphere クラスの定義

```
public class MoveSphere : MonoBehaviour {……
```

C#では、プログラムは「クラス」という形で作ることになっています。クラスというのは、「ある事柄について、必要な値や処理をまとめたもの」です。例えば、「このスフィアを操作するプログラム」を作ろうとしたら、「スフィアを操作するためのクラス」というのを定義して、その中にスフィア操作に必要な値や処理をすべてまとめて用意しておく、というようになっているのですね。

このクラスは、こんな具合に定義します。

```
public class クラス名: 受け継ぐクラス {
    ……ここに内容を書く……
}
```

クラスを作るとき、「そのクラスに必要なもの」はすべて自分で用意しないといけません。例えば「スフィアを操作するクラス」なら、操作するスフィアや、そのスフィアを動かしたり

する機能も全部自分でコードを書かないといけないのです。これは大変です。

　そこで、「あらかじめ作ってあるクラスを取り込んで、その機能をすべて受け継いで新しいクラスを作れる」ような機能が用意されています。これを「継承」といいます。

　ここでは、MonoBehaviourというクラスを継承してMoveSphereクラスを作っているのですね。継承するMonoBehaviourには、ゲームオブジェクトを扱うためのさまざまな機能がすでに組み込み済になっているので、それらを使って簡単にオブジェクトを操作できるようになっているのです。

◉ メソッドの定義

```
void Start ()
{


}

void Update ()
{


}
```

　クラスでは、「Start」と「Update」という2つのメソッドを定義しています。

　「メソッド」というのは、「クラスに用意できる、実行する処理をひとまとめにしたもの」のことです。Unityでは、クラスにメソッドを作ってプログラムを作成します。

　メソッドは、{と}の間に実行する処理を書いて作成します。見ると、ちょうど間に1行、空白の行がありますね？「ここに処理を書いて！」ということなのですね。

Startメソッドについて

　メソッドの中には、最初から役割が決まっているものがあります。それは「イベントに対応したメソッド」です。あるイベントが発生すると、指定の名前のメソッドが自動的に実行されるような仕組みになっているのです。

　Starメソッドは、プログラムを実行したときに発生する「Start」というイベント用のメソッドです。つまり、このStartメソッドに何かの処理を書いておけば、ゲームを実行したときに最初にそれが実行される、というわけです。

Updateメソッドについて

もう1つの「Update」は、ゲーム画面の表示が更新されたときに発生するイベントです。

テレビや映画などではなめらかに映像が動きますが、これは別に中のグラフィックが本当に動いているわけではありません。1秒間に何十回も画面を書き換えて、少しずつ変化する絵を高速で切り替え表示しているのですね。

Unityのアニメーションも、考え方は同じです。少しずつ変化していく画面を高速で切り替え表示しているのです。

図8-16 Unityでは、少しずつ変化していく画面を高速で切り替え表示してアニメーションしている。この1つ1つの画面を「フレーム」という。

この高速で表示される1つ1つの画面を「フレーム」といいます。Unityでは、あるフレームから次のフレームに表示が切り替わるときに、画面の表示を更新する「Update」というイベントが発生します。このときに実行されるのが、このUpdateメソッドなのです。

ここに処理を書いておくと、フレームが切り替わって画面表示が更新される度に指定の処理を実行させることができます。

StartとUpdateの働きだけわかればOK

ざっとスクリプトの内容を説明しましたが、今すぐ正確な内容を理解する必要はありません。とりあえず、「Startって関数に何か書けば、最初に実行できる」「Updateって関数に何か書けば、画面がパタパタ切り替わる度に何か実行できる」ということだけわかればOKです。

後は、とにかくスクリプトを書いて、動かしながら覚えていくことにしましょう！

Chapter 8　オブジェクトを操作する：スクリプトプログラミング

Section 8-2　スクリプトでオブジェクトを動かそう

Update イベントでオブジェクトを操作する

　では、実際にスクリプトを使ってみましょう。まずは、スクリプトでオブジェクトをいろいろと動かす基本から考えていくことにしましょう。

　ここでは、Unityのもっとも大切なイベント「Update」を使ってみます。Updateは、画面の表示を更新するときに実行されるものでしたね？　ってことは、ここにオブジェクトを移動する処理を書けば、表示が更新される度にそれが実行される、つまりちょっとずつ動いていくようにできるわけです。

　先ほど説明した、Updateメソッドの部分を見てください。この部分ですね。

```
void Update ()
{

}
```

　この真ん中の空白の行に、実行させたい文を書けばいいのです。そうすると、フレームが切り替わるごとにこのメソッドが実行され、スフィアを操作したりできるようになるのですね。

AIと相談しながらコードを作ろう

　しかし、一体どんなことを書けばいいのでしょうか。何をどうすればスフィアを動かせる？　Unityには、ゲームオブジェクトを操作するための機能はたくさん用意されていますが、膨大な機能の中から使いたい機能を調べて、それをどう実行すればいいのか考えてコードを組み立てていく……。想像しただけで気が遠くなりそうですね。

　以前ならば、「とにかく頑張って勉強するしかない」でおしまいだったのですが、今は違います。なんでも教えてくれる家庭教師がタダでパソコンの中に入っているのですから。そう、「AI」ですよ！

　本書では、C#プログラムを書いてUnityを動かしていく方法を説明しますが、本気でこれをやろうと思ったらこんな本一冊ぐらいではとても収まらないぐらいの知識が必要です。ここでできることは、プログラミングのほんの入口部分を学ぶことだけです。それが終わったら、後は自分で勉強してUnityの扱い方を学んでいかないといけません。

Chapter 8 オブジェクトを操作する：スクリプトプログラミング

そこで、「Unityのプログラミングの基本」をただ教えるのではなく、「どうやって教えてもらえばいいか」も教える（？）ことにしました。つまり、AIに「これを教えて」と質問して、もらった答えを使って「こういうことか」と学ぶ。そういう形で学習を進めていこうと思うのです。

そうすれば、本書を読み終わった後、ここで習わなかったことをさせようと思ったとしても、Unityのリファレンスガイドをひっくり返して調べて頭をかきむしることはありません。AIに「○○を実行するC#のコードを教えて」と訊いて、その回答を利用し「なるほど、こうすればいいのか」と学んでいけばいいのです。これなら、本書を読み終わった後も自分で学習していけますね！

AIにコードを生成させる

では、「スフィアを移動する」ということからやってみましょう。AI（ここでは、ChatGPTを使っています）に以下のように質問をしてみましょう。

リスト8-2

Unityで、SphereというゲームオブジェクトをゆっくりZ軸方向に動かすC#スクリプトを詳しいコメントを付けて書いて。

AIにコードを生成してもらうとき、注意すべきは「必要な情報を、なるべく詳しく正確に記述する」という点です。例えば今回の例ならば、「UnityのC#のスクリプトを作る」「ゲームオブジェクトをZ軸方向に動かす処理」「詳しいコメントを付ける」といった要望をプロンプトにまとめて送っていたわけです。

「要望をうまくテキストにまとめるのは大変だ」という人は、内容を箇条書きで用意しておいてもいいでしょう。例えば、こんな具合です。

リスト8-3

Unityのコードを作成してください。仕様は以下のとおりです。
* 使用言語はC#とする。
* クラス名はMoveSphereとする。
* Sphereというゲームオブジェクトを操作する。
* 作成するのは、Z軸方向に動かす処理。
* 極力、シンプルなコードにする。
* 詳しいコメントを付ける。

このように、思いついたことをすべて箇条書きで記して送信すれば、思い通りのコードを生成させることができるでしょう。

スフィアを移動させよう

　プロンプトを送信すると、AIから回答として以下のようなコードが返されてきました。おそらく、皆さんが実行しても、これとまったく同じものにはならないことでしょう。が、だいたい同じような処理を実行する内容にはなるでしょう。

リスト8-4

```
using UnityEngine;

public class MoveSphere : MonoBehaviour
{
  // Z軸方向に移動する速度
  public float speed = 0.1f;

  // 毎フレーム呼び出されるUnityの標準メソッド
  void Update()
  {
    // ゲームオブジェクトを移動
    transform.Translate(0, 0, speed);
  }
}
```

　//で始まる文は「コメント」です。これは、プログラムではありません。プログラムに注釈などをつけるためのものです。コメントを使って、1行ずつ説明を書いてもらったわけです。

　では、Visual Studioに切り替えて、MoveSphere.csファイルの内容を上記のリストに書き換えましょう。そして、Ctrlキー＋「S」キーでファイルを保存し、Unityに戻って実行してみてください。すると、スフィアがどんどん遠ざかっていくはずです。これが、スクリプトでスフィアを動かすサンプルです。

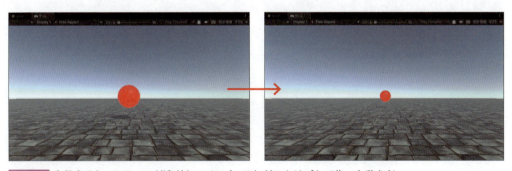

図8-17　実行すると、スフィアが遠ざかっていく。これがスクリプトで作った動きだ。

Chapter 8 | オブジェクトを操作する：スクリプトプログラミング

Translateメソッドを覚えよう！

では、ここで作成したスクリプトを見てみましょう。今回は2つの文が書かれています。まずは、この文です。

```
public float speed = 0.1f;
```

これは、クラスの{}の中に書かれていますね。この文は、変数に値をいれるものです。変数というのは、値を一時的に保管しておく入れ物です。この文は、以下のようなことを書いています。

public	公開される（どこからでも使える）変数ですよ、という宣言
float	floatは、実数の値を表すタイプ
speed	変数の名前
= 0.1f;	0.1fという値を変数に保管する

C#では、さまざまな値を使います。そしてそれぞれの値は「こういう種類の値」という内容が決まっています。これを「タイプ」といいます。整数のタイプ、実数のタイプ、テキストのタイプ、というように値の内容ごとにさまざまなタイプがあるのです。

ここでは「float」という、実数の値のタイプを使っています。このfloatという値は、例えば「1f」というように数字の後に「f」をつけて書きます。

つまり、この「public float speed = 0.1f;」という文は、「floatというタイプの変数speedに、0.1fという値を入れて保管する」という意味だったのですね。

Translateで移動する

さて、Updateメソッドに書いてあるもう1つの文が、実際にスフィアを動かしているものです。この文ですね

```
transform.Translate(0, 0, speed);
```

いきなり難しそうな文になりました。が、基本的にメソッドは()のところに必要な値をカンマで区切って記述して書けばいいのです。

```
transform.Translate( X軸の移動幅 , Y軸の移動幅 , Z軸の移動幅 );
```

transform.Translateという単語の後に、()があって、この()の中に3つの数字をカンマで区切って書いてありますね。この()内の値は「引数」といいます。transform.Translateという文は、こういうものになります。

transform	オブジェクトのTransformコンポーネント
Translate	位置を移動する

　ゲームオブジェクトのインスペクターには、必ず「Transform」というものがありましたね。これは「Transform」というコンポーネントなのです。transformは、このスクリプトが組み込まれているゲームオブジェクト（つまり、スフィア）のTransformコンポーネントが入っているのですね。
　そして、そこから「Translate」というものを実行しています。これは、Transformコンポーネントにあるメソッドです。メソッドということは、Transformコンポーネントもクラスの形になっているのですね。
　C#では、あらゆるものがクラスとして定義されています。ゲームオブジェクトも、その中に組み込まれているコンポーネントも、すべてクラスなのです。そこにある機能は、すべてメソッドになっていて、それを実行すると動くようになっているのです。
　このtransform.Translateは、Updateメソッドの中に書いてあります。Updateは、画面の表示を更新するときに実行されるものでした。つまり、表示が更新されるごとに、transform.Translateでちょっとずつスフィアの位置が移動するわけです。それが、アニメーションとして見ると、なめらかに動いていくように表示されていたのですね。

> **Column**
> ### クラスとインスタンス
> 　クラスというのは、利用する変数や実行する処理のメソッドなどを記述したもので、いわば「設計図」のようなものです。実際のプログラムの中では、クラスをそのまま使うわけではありません。
> 　クラスを利用する場合は、設計図であるクラスをメモリ内にコピーして実際に使える部品を作って利用します。このような値は「インスタンス」と呼ばれます。transformには、Transformコンポーネントのクラスのインスタンスが入っていたのですね。

Chapter 8 | オブジェクトを操作する：スクリプトプログラミング

オブジェクトを回転する基本を覚えよう

続いて、オブジェクトの「向き」を変える、つまり回転する処理についてです。オブジェクトの回転は、スフィアではちょっと見てもわかりにくいでしょうから、キューブを追加しておくことにしましょう。

「ゲームオブジェクト」メニューの「3Dオブジェクト」から「キューブ」を選んで、シーンにキューブを1つ配置してください。名前はデフォルトの「Cube」のままにしておきます。適当なマテリアルを設定し、位置を以下のように調整しておきましょう。

| 位置 | X=1, Y=1, Z=-1 |

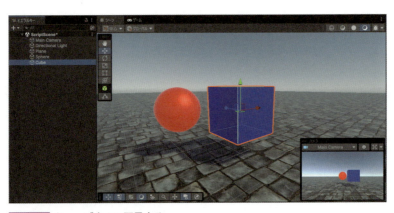

図8-18 キューブを1つ配置する。

キューブを回転する

では、作成したキューブを回転させるにはどうすればいいのか、AIに質問しましょう。以下のようにプロンプトを送信してみます。

リスト8-5

Unityで、Cubeというゲームオブジェクトをゆっくり全方向に回転するシンプルなC#スクリプトを書いて。

これで、簡単なスクリプトを作成してくれました。では、キューブにスクリプトを割り当てましょう。

「アセット」メニューの「作成」から「MonoBehaviourスクリプト」メニューを選び、「MoveCube」という名前でスクリプトファイルを作成しましょう。作成したら、キューブにドラッグ＆ドロップして組み込んでください。

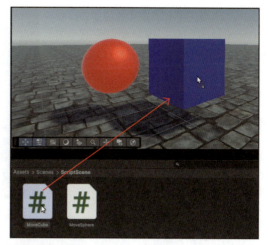

図8-19 MoveCubeファイルを作ってキューブに組み込む。

スクリプトを記述する

では、Visual StudioでMoveCube.csファイルを開き、AIに作ってもらったコードを記述しましょう。今回は、以下のようなものが作成されました。

リスト8-6

```
using UnityEngine;

public class MoveCube : MonoBehaviour
{
    // 回転速度を設定（単位：度/秒）
    public float rotationX = 0.1f; // X軸回転速度
    public float rotationY = 0.2f; // Y軸回転速度
    public float rotationZ = 0.3f; // Z軸回転速度

    // 毎フレーム呼び出されるUnityの標準メソッド
    void Update()
    {
        // 現在の回転に追加
        transform.Rotate(rotationX, rotationY, rotationZ);
    }
}
```

実際には、生成されたコードのクラス名など細かな点が違っていたため、少し手直ししてあります。では、Visual Studioに切り替え、MoveCube.csファイルを開いて内容を上記リストに書き換えてください。

記述ができたらファイルを保存し、Unityに戻ってシーンを実行しましょう。すると、配置したキューブがゆっくりと回転するのがわかります。

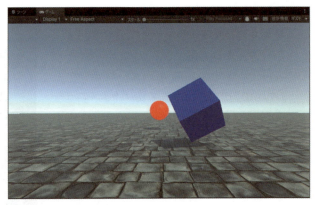

図8-20 キューブがゆっくりと回転する。

オブジェクトを回転する

では、作成されたコードを見てみましょう。ここでは、まずX, Y, Zの各方向に回転させる回転量を変数に用意してあります。

```
public float rotationX = 0.1f;
public float rotationY = 0.2f;
public float rotationZ = 0.3f;
```

いずれも「float」というタイプを指定して、rotationX, rotationY, rotationZという名前の変数を用意してあります。

そして実際に実行している処理は、Updateメソッドに記述した以下の文になります。

```
transform.Rotate(rotationX, rotationY, rotationZ);
```

Translateの部分がRotateに変わっただけですね。やっぱり、その後の()の部分（引数）にX, Y, Zの各軸を中心とした回転量を指定します。これは「1回転＝360度」として測った角度の値です。

このように移動や回転は、transformという値の中にメソッドとして用意されているのです。

スクリプトのプロパティについて

これで、ゲームオブジェクトを移動したり回転したりする基本の操作ができるようになりました。次に進む前に、ちょっと「作成したスクリプトのコンポーネント」がどんなものかチェックしておきましょう。

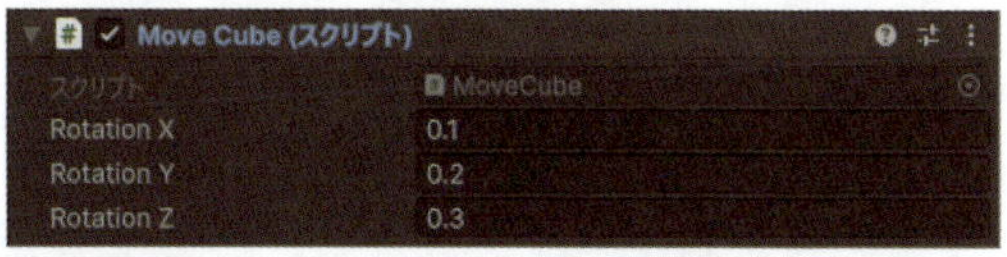

図8-21 Move Cube コンポーネントに設定が追加されている。

キューブには、MoveCubeというスクリプトのコンポーネントが組み込まれていました。では、配置したキューブを選択し、インスペクターでこのコンポーネントを確認してみましょう。すると、最初はなかった「Rotation X」「Rotation Y」「Rotation Z」といった設定項目が追加されていることに気がつきます。

これらは、MoveCubeクラスに用意した変数なのです。先ほど、MoveCubeにコードを記述した際、「rotationX」「rotationY」「rotationZ」といった変数が用意されていましたね。これらには、すべて冒頭に「public」というものがつけられていました。

このように、「クラスにpublicをつけた変数が定義されている」と、それらは「公開された値」として、外部から利用できるようになります。そして、こうした値は、スクリプトのコンポーネントに項目として用意され、自由に値を変更できるようになるのです。

もう1つのスフィアもチェックしてみてください。こちらも、やはり「速度」という項目が用意されているのがわかります（「Speed」という変数名は、日本語環境では自動的に「速度」に置き換えられます）。

インスペクターに表示されるということは、後から自由に値を設定できるようになる、ということです。実際に、インスペクターからこれらの項目の値を書き換えてシーンを実行してみてください。すると、キューブの回転速度が入力した値に応じて変化します。

この値の設定は、シーン実行中でも可能です。実行している最中に、インスペクターから値を変更すると、瞬時に回転速度が変わります。コードを書き換えなくとも、このようにインスペクターから値を変更することでゲームの細かな設定が変えられるようになるのです。

相対的な移動は？

とりあえずこれで、動かしたり回転したりといった基本はわかりました。けれど、今覚えた移動は、「絶対座標を使った移動」です。つまり、「X軸の値をいくつ増やす」というような形での移動ですね。

だけれど、実際のゲームでは、「キャラクター自身から見た、相対的な移動」というのも重要になります。例えば、「前に進め」とか「右に進め」といった動きですね。

キャラクターというのは、だいたい「正面」が決まっています。そして、「前に進む」とか「右に動く」というように、そのオブジェクト自身から見た方向に動くわけです。

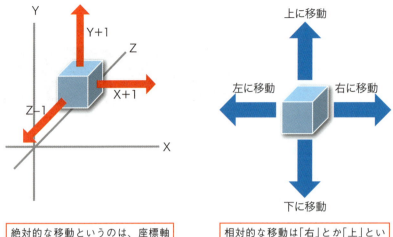

絶対的な移動というのは、座標軸にもとづいてX,Y,Zの値を足したり引いたりする

相対的な移動は「右」とか「上」というように、オブジェクト自身から見た方向で動く

図8-22 絶対的な移動というのは、座標軸にもとづいてX, Y, Zの値を足したり引いたりする。相対的な移動は「右」や「上」というように、オブジェクト自身から見た方向で動く。

　オブジェクトは、どっちを向いているのかわかりません。ですから、「右へ進め」となったとき、右の方向がX軸でいくつ、Z軸でいくつ増やすのか、わかりません。だけれど、こういう動かし方はとても重要なのです。

　これは、自分で全部計算して行うことになったらけっこう大変そうですね。けれど、心配はいりません。Unityにはちゃんとこうした「右へ動く」「前へ進む」といった動きを作るための仕組みも用意されているのです。

モデルを右向きに回そう

　では、相対的な移動を使ってみましょう。ここでは、スフィアを「右回りに、ぐるっと輪を描いて動かす」ということをやってみます。これは、「前に進みながら右に回転する」ということを繰り返していけば可能ですね。

　では、AIに質問してスクリプトを作ってもらいましょう。

リスト8-7

> Unityで、Sphereというゲームオブジェクトを動かすシンプルなC#スクリプトを書いて。仕様は以下のとおり。
>
> 1フレームごとに1度右回りに回転する。
> 1フレームごとに0.1進行方向に進む。

　これでスクリプトが出力されました。では、MoveSphereのスクリプトを書き換えてみましょう。Visual Studioで以下のように修正し、保存してください。

リスト8-8

```
using UnityEngine;

public class SphereController : MonoBehaviour
{
  // 回転速度（1フレームごとに1度回転）
  public float rotationSpeed = 1.0f;

  // 移動速度（1フレームごとに0.1単位進む）
  public float moveSpeed = 0.1f;

  void Update()
  {
    // Z軸を基準に右回りに回転
    transform.Rotate(0, rotationSpeed, 0);

    // 前方方向に移動
    transform.Translate(Vector3.forward * moveSpeed);
  }
}
```

　実際にシーンを実行してみてください。球が右回りに輪を描いて回ります。「円を描くように動く」というと難しそうな気もしますが、意外と簡単に作れるのです。

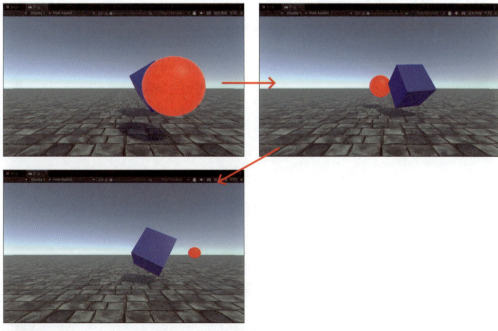

図8-23 実行すると、スフィアが円を描くように移動する。

相対的な位置の示し方

　ここでは、「向きを変える」「前に進む」という2つの操作を行っています。向きを変えるのは、transform.Rotateですね。そして移動するのは、transform.Translateでした。が、今回のtransform.Translateは、()の部分がちょっと違っています。
　「Vector3.forward」というものが書かれていますね。これは、「前に1だけ進んだ地点」を示すものなのです。つまり、このVector3.forwardを()に書くと、そのオブジェクトを1だけ前に進められます。
　実際にやってみると、「1進む」っていうのは、「びゅん！」と目に見えないぐらいの速さで移動してしまうので、ここでは0.1をかけて、10分の1だけ進むようにしてあります。また、こういう「相対的な位置」を示す値は、他にもあります。整理しておきましょう。

◉前に進む

```
transform.Translate(Vector3.forward * 進む量 );
```

　すでに使いました。前に進むには、()内に「Vector3.forward」を指定します。これは前に1進んだ位置を示すものなので、これに1フレームあたりどれだけ進むかを掛け算します。先ほどのサンプルでは、0.1を指定していました。

◉右に進む

```
transform.Translate(Vector3.right * 進む量 );
```

　右に進む場合は、()内に「Vector3.right」というものを指定します。これは、右に1歩進んだ位置を示すものです。これに、1フレーム当たりの進む距離の値をかけてやります。

◉上に進む

```
transform.Translate(Vector3.up * 進む量 );
```

　上に進むには、()内に「Vector3.up」を指定してやります。これに、1フレーム当たりの進む距離の値をかけてやります。

　これで、上下左右前後の6方向すべてに移動させることができます。「右に移動するのはわかったけど、左に移動するのはどうするんだ？」と思った人。Vector3.rightにマイナスの値をかければいいのですよ。
　上と下、右と左、前と後ろ。これらのように「反対の方向」というのは、数値で表現した場

合、「プラスとマイナス」の正反対の値になります。ですから、例えば右に「Vector3.right * 0.1」というように進むなら、同じように左に進むには「Vector3.right * -0.1」とすればいいことになります。

この「マイナスをかければ逆方向に進む」ということを覚えておけば3種類の単語で6方向すべてを指定できますね！

指定の位置に移動する

スクリプトを汎用的にまとめて利用する基本的な仕組みがわかったところで、いろいろとスクリプトを考えていくことにしましょう。

次は、「移動先の場所を指定して、そこまでアニメーションして移動する」ということを行ってみましょう。

リスト8-9

Unityで、ゲームオブジェクトが指定した位置までゆっくりと移動するシンプルなC#スクリプトを作成してください。

これで、以下のようなコードが生成されました。ではMoveSphere.csの内容を書き換えてください。

リスト8-10

```
using UnityEngine;

public class MoveToTarget : MonoBehaviour
{
    // 移動の目標位置
    public Vector3 targetPosition = new Vector3(20, 10, 20);

    // 移動速度
    public float speed = 0.01f;

    void Update()
    {
        // 現在位置から目標位置へなめらかに移動
        transform.position = Vector3.MoveTowards(
            transform.position, targetPosition, speed);
    }
}
```

345

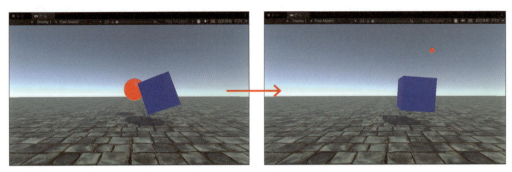

図8-24 X=10, Y=10, Z=20の地点までゆっくり移動する。

シーンを実行すると、X = 10, Y = 10, Z = 20の場所まで動いていき、その地点まで来ると止まります。ある地点から別の地点まで移動し、そこで止まる、というものなのですね。

指定場所に移動する処理は？

指定した場所に向かって移動する処理は、いくつかの要素を組み合わせて行っています。「今いるところから指定の場所に移動する処理」ならば、まず「移動する地点」の値を作成しておきます。

```
public Vector3 targetPosition = new Vector3(20, 10, 20);
```

ここで作成しているのは「Vector3」というタイプの値です。これは、縦横高さからなる「位置」を示すための値です。3Dのプログラムでは、このように「縦横高さ」の3つで示す位置の値が多用されます。そのため、専用のクラスが用意されているのです。それが「Vector3」です。

こうしたクラスは、インスタンスというものを作って使うのでしたね。インスタンスは「new」というものを使って作成します。Vector3の場合、以下のようにしてインスタンスを作ります。

```
変数 = new Vector3( 左右の位置, 上下の位置, 前後の位置);
```

このように、new Vector3の後に()で3つの値をカンマで区切って記述します。これで移動先の位置がVector3の値として用意できました。

指定した位置まで移動する

Updateメソッドで実際に移動を行っているのは、この文になります。

```
transform.position = Vector3.MoveTowards(
    transform.position, targetPosition, speed);
```

　なんだか難しそうですね。これは、「オブジェクトの位置を、Vector3.MoveTowardsというもので得られた位置に設定する」ということを行っています。transform.positionというのは、Transformコンポーネントにある「オブジェクトの位置を示すpositionプロパティ」を表しています。

　ここまで利用したtranslateは、位置を移動するメソッドでした。しかし、それとは別に「現在の表示位置」を示すプロパティもあります。それがpositionです。このpositionの値を変更すれば、表示位置を変えられるのです。

　ここで設定しているのは、Vector3クラスにある「MoveTowards」というメソッドです。これは以下のようにして呼び出します。

```
Vector3.MoveTowards(現在の位置, 移動する位置, 移動量 );
```

　これでゲームオブジェクトを動かすための位置の値を作っているのですね。この値を、「transform.position」というものに設定すると、ゆっくりと指定の場所に動くように位置が設定できるのです。

　この2つの文を覚えてしまえば、意外と簡単に「目的地に向かって移動する」ということができるようになります。

わからないときはAIに訊こう

　やることが複雑になるにつれ、少しずつコードも難しくなってきます。MoveTowardsなど、新たに登場するメソッドも次々と出てきます。それぞれ簡単に説明をしていますが、それだけではよくわからない、という人も多いでしょう。

　そんなときは、AIを活用してください。「MoveTowardsというメソッドの働きは？」などとAIに質問すれば、詳しく説明してくれます。また、説明が難しいようなら「プログラミング未経験者にもわかるように説明して」というように指示すれば、わかりやすく説明をしてくれます。

　プログラミングは、とにかくたくさんの命令や関数やメソッドといったものが登場します。それらすべてを暗記するのは無理ですが、「これはこういうことをするものだ」と理解することは非常に重要です。何をしているのか、その意味がちゃんとわかっていれば、難しそうな処理も少しずつ理解していけるのですから。

　わからないことはそのままにしておかず、AIに訊いて理解できるようにしましょう。完璧に、正確に、ではなくていいのです。「だいたいこういうことなのだな」というイメージがつかめるぐらいにはなってください。

Chapter 8 オブジェクトを操作する：スクリプトプログラミング

Section
8-3 インタラクティブな操作

矢印キーで動かす！

　基本的なモデルの操作はわかってきました。次に覚えるべきは、「ユーザーからの入力処理」でしょう。ゲームというのは、ユーザーが何かを操作してゲーム内のキャラクターを動かしていきます。例えばキーボードで動かしたり、マウスでクリックして操作したりするわけです。

　まずは、キーボードによる操作からやってみましょう。パソコンのゲームなどでよく用いられるのは、「矢印キーを使ってキャラクターを動かす」というやり方です。これをやってみましょう。

リスト8-11

Unityで、矢印キー入力にもとづいてゲームオブジェクトを移動させるC#スクリプトを作成してください。

　これで作成されたコードを掲載しましょう。MoveSphere.csを以下のように書き換えてください。

リスト8-12

```
using UnityEngine;

public class ObjectMover : MonoBehaviour
{
  // 移動量を調整する変数
  public float moveSpeed = 0.01f;

  void Update()
  {
    Vector3 direction = Vector3.zero;

    if (Input.GetKey(KeyCode.UpArrow))
    {
      direction.z += 1;
    }
    if (Input.GetKey(KeyCode.DownArrow))
    {
      direction.z -= 1;
```

```
    }
    if (Input.GetKey(KeyCode.RightArrow))
    {
      direction.x += 1;
    }
    if (Input.GetKey(KeyCode.LeftArrow))
    {
      direction.x -= 1;
    }

    transform.Translate(direction * moveSpeed);
  }
}
```

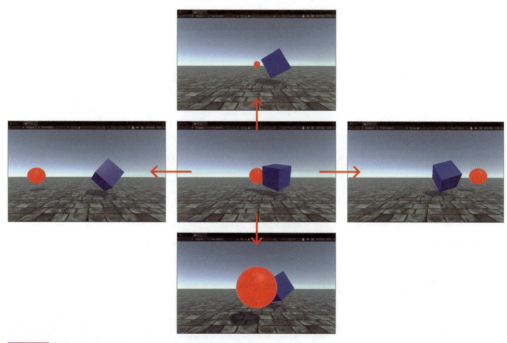

図8-25 矢印キーを押すと、前後左右に球が移動する。

　実行して動作を確認しましょう。矢印キーで上下左右に動かすと、球が前後左右に動きます。カメラの位置によっては動く方向がずれて見えるかもしれませんが、その場合はMain Cameraの位置を調整してください。

Chapter 8 | オブジェクトを操作する：スクリプトプログラミング |

スクリプトの働きを整理しよう

では、キーのチェックについての処理部分を見てみましょう。最初に、「全部ゼロのVector3」というのを用意してあります。

```
Vector3 direction = Vector3.zero;
```

これは、全部ゼロですから「どこにも移動しない」値になりますね。この値に、移動するだけの値を足したり引いたりして移動先の位置を作るわけです。

矢印キーの処理

この後には、「どのキーを押したか」をチェックして処理を行う文が、チェックするキーの数だけ記述されています。これは整理するとこんな形をしています。

```
if (Input.GetKey(KeyCode.キーの種類 )){
    ……実行する処理……
}
```

ここでは、「Input」というクラスを使っています。これは、入力関係全般を扱うためのものです。ここにある「GetKey」というメソッドでキーの状態を調べています。このメソッドは、引数に指定したキーが押されているかどうかをチェックするものです。

引数には「KeyCode」という値を指定します。これは「キーの種類」のところに、チェックするキーの種類を示す値が入ります。矢印キーの場合、UpArrow、DownArrow、RightArrow、LeftArrowといったものがここに指定されます。この他のキーの値もいろいろと用意されていますが、とりあえずはこの4つの矢印キー用の値を使えるようになりましょう（なお、ifについてはもう少し後で説明します）。

移動する位置は？

キーごとに、移動先の位置を用意していくのですが、これはdirectionの値を変更して行います。例えば、前に進む場合は以下のようになります。

```
direction.z += 1;
```

directionにあるzの値を1増やしています。Vector3には、x, y, zというプロパティが用意されています。これらの値は、direction.zというようにインスタンスの後にドットを付

インタラクティブな操作 | 8-3

けてプロパティを指定します。

　Vector3は、xが左右の位置、yが上下の位置、zが前後の位置を示しています。押された キーに応じて、これらの値を足したり引いたりしているのです。

　すべてのキーチェックが終わったら、Translateメソッドでdirectionの値だけ移動します。

```
transform.Translate(direction * moveSpeed);
```

　Translateは、x, y, zをそれぞれ引数に指定するやり方だけでなく、このようにVector3 の値を引数に指定して移動することもできます。

Column

キーと移動方向は「カメラ」位置で変わる？

　キー操作でオブジェクトを動かすような処理を作成したとき、考えなければいけないのが、「ど のキーを押したら、どっちに動かせばいいか」です。2次元的な移動の場合、インスペクターの TransformのPositionにあるXとZの値を操作することで位置を移動できますね？ では、どの 値をどう変えれば「前」に動くのでしょう？

　3Dゲームでの操作は、「前」とか「右」とかいった相対的な方向で動かすものであって、「X方向 に動く」というようなものではない、ということを頭に入れておく必要があります。動く方向がX とZのどの値を増減すればいいのかは、「カメラがどこから見ているか」によって変わってくるの です。ある方向に進むのが「右に動いている」ように見えたとしても、カメラの位置が反対側に移 動すれば「左に動いている」ように見えるはずです。

　ですから、「右へ移動するときはXを増やす」というように、固定した形で「移動する方向」と「X, Zの増減」を考えないようにしましょう。「ここにカメラがある場合は、この値を増やせば右に動 くはずだ」というように、その場その場の状況に応じて考える習慣をつけましょう。

物理演算の場合の動かし方

　「キャラクターを動かす」ということを考えた場合、「位置を移動する」というやり方の他 にもう1つの「動かし方」があります。それは「重力で動かす」という方法です。

　すでに、物理演算というものを使えば物が落ちたりぶつかったりする処理を自動で行え る、ということはわかっています。ならば、例えば球が乗っかっている盤面を傾けたりする ことで、重力を使って球を動かしたりすることもできるはずですね。これもやってみましょ う。

　この「重力で動かす」という方法は、いろいろと準備する必要があります。順番にやってい きましょう。

351

Chapter 8 オブジェクトを操作する：スクリプトプログラミング

では、スフィアを物理演算対応にします。シーンに配置したスフィアとキューブを選択し、「コンポーネント」メニューの「物理」メニュー内から「リジッドボディ」を選んでください。

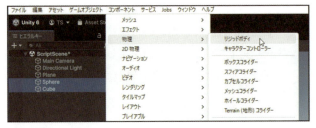

図8-26 スフィアとキューブにリジッドボディを追加する。

キューブを選択し、インスペクターに追加された「Rigidbody」の「重力を使用」をOFFにしてください。キューブは、重力の影響を受けないようにしておきます。

図8-27 キューブの「重力を使用」をOFFにしておく。

球を押して転がそう

重力を利用する場合、ゲームオブジェクトの動かし方は、「オブジェクトを押す（力を加える）」ということです。重力演算を使った世界では、モデルの位置を移動して動かすのはあまりよいやり方ではありません。重力を無視して移動してしまいますから。

それより、動かしたい方向に力を加えて転がすほうが自然でしょう。重力のある世界では、それが正しいやり方といえます。

この「モデルを押して転がす」という処理そのものは、それほど難しくはありませんが、先ほどとは異なり、今度は「盤面は操作せず、球をスクリプトで動かす」ということになるので、そのための設定などが必要となります。

リスト8-13

Unityで、矢印キー入力にもとづいてスフィアを動かすC#スクリプトを作成してください。以下の条件を満たす必要があります。

* Rigidbodyコンポーネントで重力を使用する。
* 矢印キーの入力を検知し、対応する方向に力を加えて動かす。

今回は、物理演算を利用した場合の動かし方なので、そのあたりが明確に伝わるようにプロンプトを用意する必要があります。

では、これで作成されたスクリプトをあげておきましょう。MoveSphere.csの内容を以下のリストのように書き換えてください。

リスト8-14

```
using UnityEngine;

public class SphereMover : MonoBehaviour
{
  // 力の大きさを調整する変数
  public float forceAmount = 0.1f;
  // Rigidbodyコンポーネント
  private Rigidbody rb;

  void Start()
  {
    // Rigidbodyコンポーネントを取得
    rb = GetComponent<Rigidbody>();

    // Rigidbodyがアタッチされていない場合の警告
    if (rb == null)
    {
      Debug.LogError("Rigidbodyがアタッチされていません！");
    }
  }

  void Update()
  {
    // 入力を検知して対応する方向に力を加える
    Vector3 forceDirection = Vector3.zero;

    if (Input.GetKey(KeyCode.UpArrow))
    {
      forceDirection.z += 1;
    }
    if (Input.GetKey(KeyCode.DownArrow))
    {
      forceDirection.z -= 1;
    }
    if (Input.GetKey(KeyCode.RightArrow))
    {
      forceDirection.x += 1;
    }
    if (Input.GetKey(KeyCode.LeftArrow))
    {
      forceDirection.x -= 1;
```

```
    }

    // 力を加える
    rb.AddForce(forceDirection * forceAmount);
  }
}
```

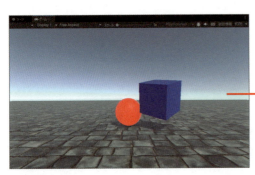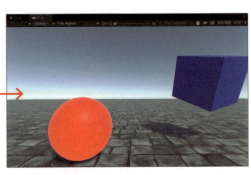

図8-28 矢印キーでスフィアを動かす。キューブにぶつかると両者が弾かれて離れていく。

　実行したら矢印キーでスフィアを動かしてみましょう。キーを押すと、ゆっくりとスフィアが転がりはじめます。キーを離しても、しばらくは慣性の力で転がり続けるでしょう（逆方向のキーを押すとゆっくり停止します）。

　また、スフィアを動かしてキューブにぶつけると、弾かれてゆっくり動いていくのがわかります。物と物が衝突している感じがよくわかるでしょう。

Rigidbodyコンポーネントを得る

　ここでは、力を調整するためのプロパティと、オブジェクトのリジッドボディのコンポーネントを補完しておくプロパティを用意しています。

```
public float forceAmount = 0.1f;
private Rigidbody rb;
```

　リジッドボディは、Rigidbodyというクラスのインスタンスとして用意されます。この値は、Startメソッドで設定しています。Startは、シーンが実行される際に一度だけ呼び出されるメソッドです。ここに、ゲームオブジェクトの初期処理などを用意するのですね。

```
rb = GetComponent<Rigidbody>();
```

　これが、Rigidbodyインスタンスを取り出しているところです。「GetComponent」とい

インタラクティブな操作 | 8-3

うのは、このSphereMoverクラスが継承しているMonoBehaviourというクラスに用意されているもので、ゲームオブジェクトに組み込まれているコンポーネントを取り出すためのものです。

メソッド名の後に、<Rigidbody>というものがありますが、これは「ジェネリクス（総称型）」というものです。「GetComponentでは、<>でクラスを指定すると、そのコンポーネントが得られる」と考えておいてください。

コンポーネントがない場合の処理

これでRigidbodyが得られましたが、万が一、「コンポーネントが見つからない」という場合のことも考えておく必要があります。

```
if (rb == null)
{
  Debug.LogError("Rigidbodyがアタッチされていません！");
}
```

これは、「if」文というものを利用しています。if文は「制御構文」と呼ばれる特別な構文の1つです。これは、条件をチェックして、それが成立するかどうかで実行する処理を決めるもので、以下のように記述します。

```
if ( 条件となるもの )
{
    ……成立したら実行する……
}
else
{
    ……成立しないと実行する……
}
```

ifの後に()で条件を記述し、それが成立するならその後の{}部分を実行します。さらにその後にelseという文も追記でき、ここで条件が成立しなかった場合の処理を用意することもできます。

条件について

rb == nullというのは、変数rbの値がnullかどうか、ということです。nullというのは「何もない状態」を示す特別な値です。つまりこれは、「変数rbに値がない」ということを表しているのですね。

355

| Chapter 8 | オブジェクトを操作する：スクリプトプログラミング |

ifのように「条件をチェックする」という構文は他にもあります。こうしたものでは、2つの値を比較する「比較演算」というものを使って条件を指定します。

■比較演算の式

A == B	AとBは等しい
A != B	AとBは等しくない
A < B	AはBより小さい
A <= B	AはBと等しいかBより小さい
A > B	AはBより大きい
A>=B	AはBと等しいかBより大きい

これらの式で2つの値を比較して、「AとBが等しいときはこれを実行する」というように処理を作成できるのですね。

なお、ここで実行している「Debug.LogError」というのは、エラーメッセージを出力するものです。デバッグ用によく使われるもので、ゲームの画面や実行には何の影響も与えません。

リジッドボディに力を加える

では、実際にスフィアを動かしている部分を見てみましょう。これは以下のように行っています。

```
rb.AddForce(forceDirection * forceAmount);
```

「AddForce」は、Rigidbodyに用意されているメソッドです。これは、引数にVector3インスタンスを指定すると、それに用意された値だけリジッドボディに力を加えます。ここでは、forceDirectionにforceAmountをかけて加える力の大きさを調整するようにしてあります。

このAddForceは、Vector3を指定する他に、3方向それぞれの力を引数で指定することもできます。

```
transform.rigidbody.AddForce( X軸方向の力 , Y軸方向の力 , Z軸方向の力 );
```

こんな具合ですね。()の中には、X, Y, Zのそれぞれの方向にどれぐらいの力を加えるかを数値で指定します。Translateと同様に、どちらの書き方もできるように覚えておきましょう。

インタラクティブな操作 | 8-3

マウスクリックでジャンプする

　キー操作がわかったら、マウスも使ってみましょう。簡単なところで、「クリックしたらなにかする」ということを行ってみます。

　では、これもAIに尋ねてみましょう。

リスト8-15

Unityで、矢印キー入力にもとづいてスフィアを動かすC#スクリプトを作成してください。以下の条件を満たす必要があります。

* Rigidbodyコンポーネントで重力を使用する。
* 矢印キーの入力を検知し、対応する方向に力を加えて動かす。
* マウスボタンをクリックしたらジャンプする。

　先ほどの質問とほぼ同じですね。最後に「マウスボタンをクリックしたらジャンプする。」という文を追記しただけです。先ほどの質問に続けて再質問すれば、同じコードをベースに書き足してくれるはずです。

　作成されたスクリプトは以下のようになっていました。

リスト8-16

```csharp
using UnityEngine;

public class SphereController : MonoBehaviour
{
    // 力の大きさを調整する変数
    public float moveForce = 0.1f; // 水平方向の移動力
    public float jumpForce = 300f; // ジャンプ力

    private Rigidbody rb;

    void Start()
    {
        // Rigidbodyコンポーネントを取得
        rb = GetComponent<Rigidbody>();

        // Rigidbodyがアタッチされていない場合の警告
        if (rb == null)
        {
            Debug.LogError("Rigidbodyがアタッチされていません！");
        }
    }
```

357

```csharp
void Update()
{
    // 矢印キー入力による移動
    Vector3 moveDirection = Vector3.zero;

    if (Input.GetKey(KeyCode.UpArrow))
    {
        moveDirection.z += 1;
    }
    if (Input.GetKey(KeyCode.DownArrow))
    {
        moveDirection.z -= 1;
    }
    if (Input.GetKey(KeyCode.RightArrow))
    {
        moveDirection.x += 1;
    }
    if (Input.GetKey(KeyCode.LeftArrow))
    {
        moveDirection.x -= 1;
    }

    // Rigidbodyに水平方向の力を加える
    rb.AddForce(moveDirection * moveForce);

    // マウスボタン（左クリック）を押した場合にジャンプ
    if (Input.GetMouseButtonDown(0))
    {
        rb.AddForce(Vector3.up * jumpForce);
    }
}
}
```

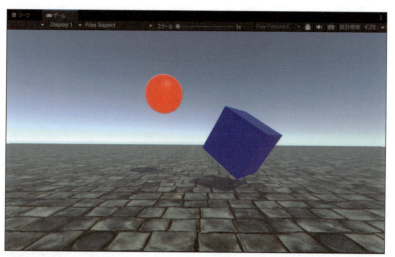

図8-29 マウスボタンをクリックするとスフィアがジャンプする。

　実行したら実際にキーボードとマウスを操作してみましょう。キーボードは先ほどと同じく矢印キーでスフィアを動かします。そして左のマウスボタンをクリックすると、スフィアがジャンプします。

マウスボタンをチェックする

　マウスボタンの状態を調べるのには、キーボードと同じく「Input」クラスを使います。この中には、マウスボタンを調べるものとして以下のようなメソッドが用意されています。

◉指定したボタンが押されている

```
Input.GetMouseButton(番号)
```

◉指定したボタンを押した

```
Input.GetMouseButtonDown(番号)
```

◉指定したボタンをはなした

```
Input.GetMouseButtonUp(番号)
```

● マウスボタンの番号

0	左ボタン
1	右ボタン
2	中央ボタン

　GetMouseButtonは、マウスボタンが押されているかどうかをチェックするものです。これに対し、GetMouseButtonDownとGetMouseButtonUpは「押した瞬間」「離した瞬間」をチェックします。つまり、この2つのメソッドは、押したときに一度だけ、あるいは離したときに一度だけしか反応しません。GetMouseButtonは、ボタンを押している間、常に反応し続けます。

　ここでは、「左ボタンを押したらジャンプする」というのを以下のように実装しています。

```
if (Input.GetMouseButtonDown(0))
{
  rb.AddForce(Vector3.up * jumpForce);
}
```

　Vector3.upは、上向きのVector3インスタンスです。これにjumpForceをかけて、AddForceで上向きに力を加えジャンプさせていたのですね。

衝突判定について

　リジッドボディを利用して動かす場合、避けてはとおりないのが「衝突判定」です。つまり、物と物が接触した場合になにかの処理を行うものですね。これはリジッドボディを利用しなくとも、コライダーがあれば利用できる機能ですが、リジッドボディで物理的な動きを行う場合は特によく利用されます。

　では、リジッドボディを利用している場合の衝突判定がどのようなものか、実際にコードを作ってもらいましょう。

リスト8-17
　Unityで、矢印キー入力にもとづいてスフィアを動かすC#スクリプトを作成してください。以下の条件を満たす必要があります。
* Rigidbodyコンポーネントで重力を使用する。
* 矢印キーの入力を検知し、対応する方向に力を加えて動かす。
* 配置されている他のゲームオブジェクトと接触したら、そのオブジェクトが消える。
* ただし床面となる平面と接触しても消えない。

ここでは、「衝突した相手が消える」という処理を作らせてみました。ただし注意しないといけないのが「床」です。スフィアは、床となる平面の上を転がっていますが、これも「衝突している」と見なされます。ですから、「床面とは衝突しても処理は行わない」ようにしておく必要があります。

タグの設定を行う

作成されたスクリプトでは、タグを使って平面かどうかをチェックするようになっていました。そこで、まずは平面にタグを付けておかないといけません。その作業をしておきましょう。

平面を選択し、インスペクターの「タグ」の値部分をクリックしてプルダウンメニューを開きます。そして「タグを追加」メニューを選びます。

図8-30 「タグを追加」メニューを選ぶ。

インスペクターが「Tag & Layer」という表示に変わります。「タグ」のところにある「＋」アイコンをクリックし、「Floor」というタグを追加してください。

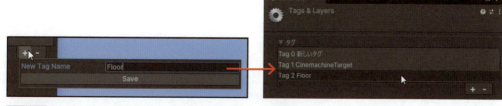

図8-31 「＋」アイコンをクリックし、「Floor」タグを追加する。

追加したら、平面のインスペクターで「タグ」の値をクリックし、プルダウンメニューから「Floor」を選択しておきましょう。

図8-32 平面のタグを「Floor」に設定する。

衝突判定のスクリプトを作る

これでタグの準備はできました。では、AIが生成した衝突判定のスクリプトを記述しましょう。以下のようになります。これもMoveSphere.csに記述してください。

リスト8-18

```
using UnityEngine;

public class SphereMover : MonoBehaviour
{
    // 力の大きさを調整する変数
    public float forceAmount = 0.1f;
    // 床と判定するタグ
    public string floorTag = "Floor";

    private Rigidbody rb;

    void Start()
    {
        // Rigidbodyコンポーネントを取得
        rb = GetComponent<Rigidbody>();

        // Rigidbodyがアタッチされていない場合の警告
        if (rb == null)
        {
            Debug.LogError("Rigidbodyがアタッチされていません！");
        }
```

```csharp
void Update()
{
    // 入力を検知して対応する方向に力を加える
    Vector3 forceDirection = Vector3.zero;

    if (Input.GetKey(KeyCode.UpArrow))
    {
        forceDirection.z += 1;
    }
    if (Input.GetKey(KeyCode.DownArrow))
    {
        forceDirection.z -= 1;
    }
    if (Input.GetKey(KeyCode.RightArrow))
    {
        forceDirection.x += 1;
    }
    if (Input.GetKey(KeyCode.LeftArrow))
    {
        forceDirection.x -= 1;
    }

    // 力を加える
    rb.AddForce(forceDirection * forceAmount);
}

// 他のオブジェクトと接触したときに呼び出される関数
void OnCollisionEnter(Collision collision)
{
    // 接触したオブジェクトが床の場合は何もしない
    if (collision.gameObject.CompareTag(floorTag))
    {
        return;
    }

    // 接触したオブジェクトを削除
    Destroy(collision.gameObject);
}
}
```

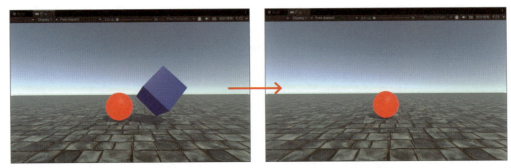

図8-33 スフィアがキューブに接触するとキューブが消える。

では、シーンを実行してスフィアを操作してみましょう。そしてスフィアをキューブに接触させてください。すると、触れた瞬間にキューブが消えます。衝突判定の処理がちゃんと機能していることがわかりますね。

衝突関連のイベントについて

では、衝突判定がどのように行われているのか見てみましょう。これも、StartやUpdateなどと同じように「イベントに対応するメソッド」として実装をします。オブジェクトとオブジェクトが接触すると、それに応じたイベントが発生し、対応するメソッドが呼び出されるようになっているのですね。

では、どのようなメソッドが用意されているのか整理しましょう。

●触れた瞬間に一度だけ実行される

```
void OnCollisionEnter(Collision collision)
```

●離れた瞬間に一度だけ実行される

```
void OnCollisionExit(Collision collision)
```

●触れている間、常に実行され続ける

```
void OnCollisionStay(Collision collision)
```

引数に用意されている「Collision」というのは、オブジェクトの衝突に関する情報をまとめたクラスのインスタンスです。

衝突関連のイベントは、「オブジェクトどうしが触れたとき」「触れている間」「離れたとき」の3種類のものが用意されています。OnCollisionEnterとOnCollisionExitはそれぞれ触れたときと離れたときに1度しか実行されませんが、OnCollisionStayは触れている

間、エンドレスで実行し続けられます。

触れた瞬間の処理

今回のサンプルには、OnCollisionEnterメソッドが用意されています。こんな具合にメソッドが書かれていますね。

```
void OnCollisionEnter(Collision collision)
{
    ……実行する処理……
}
```

ここに処理を書いておけば、スフィアが別のオブジェクトに触れた瞬間にそれが実行されるわけですね。

タグをチェックする

ここでは、まず「接触した相手は、床か？」をチェックしています。そして床の場合は何もしないでおきます。

```
if (collision.gameObject.CompareTag(floorTag))
{
    return;
}
```

collisionは、引数で渡される「セッションに関する情報をまとめたもの」でしたね？　その中にはgameObjectというプロパティがあり、そこに接触した相手のゲームオブジェクトが保管されています。

ここのゲームオブジェクトにある「CompareTag」というメソッドは、引数に指定したタグがゲームオブジェクトに設定されているかどうかをチェックするものです。もし、タグにfloorTagの値が設定されていたなら、何もしないでメソッドを抜けます。「return」というのは、メソッドを抜けるためのものです。

接触したオブジェクトを削除

そうでない場合は、触れたゲームオブジェクトをシーンから削除しています。これは「Destroy」というメソッドを利用します。

```
Destroy(collision.gameObject);
```

Chapter 8 オブジェクトを操作する：スクリプトプログラミング

引数には、collision.gameObjectを指定していますね。これで、指定したオブジェクトがシーンから削除されます。削除してしまうと、もうそのオブジェクトを操作したりできなくなりますから使い方は慎重にしましょう。

基本の操作ができれば、何か作れる！

さあ、これで「オブジェクトを動かす」「キーやマウスボタンで操作する」といった必要最低限のことができるようになりました。またオブジェクトどうしの衝突判定のやり方もわかりましたね。

まだまだできないことばかりですが、しかしこれだけでも、ちょっとしたプログラムは作れるはずです。もちろん、ちゃんとしたゲームを作るにはもう少し知識が必要でしょうが、ゲームオブジェクトをいろいろ操作するだけでも面白いことはできるはずです。

まずは、実際にいろいろと動かして、「プログラムでオブジェクトを操作する」ということに慣れましょう。

Chapter **9**

ゲーム作りのテクを学ぼう：
UIを覚えてゲームを作ろう

いよいよ、ちゃんと遊べるゲームの作成に挑戦しましょう。
そのためには、UIの作成と使い方や、
アプリケーションのビルドについても学ぶ必要があります。
それらを学習しながら、手キャラを避けて
ゴールを目指すミニ迷路ゲームを作りましょう！

Chapter 9　ゲーム作りのテクを学ぼう：UIを覚えてゲームを作ろう

Section 9-1　UIを表示しよう

いくつもある、UnityのUI！

　ここまで、ゲームオブジェクトを利用するためのさまざまな機能について説明してきました。基本的な知識はだいぶ身についてきましたから、最後に「ゲームの形にまとめていく」ということを考えてみましょう。

　本格的なゲームを作る場合、これまでの「ゲームオブジェクトの操作」だけでは足りないものがあります。その1つは「UI」です。

　UIというと、ボタンやフィールドなどのあるフォームのようなものを想像するかもしれません。「まだ、そんな本格的なUIなんていらないよ」と思う人もいるでしょう。しかし、例えばスコアを表示したり、「GAME OVER」と画面に表示したりするのも、やはり「UI」の機能なのです。画面にちょっとした情報を表示する、それができるだけでもぐっとゲームらしくなります。

Unityの3つのUI

　このUIについての説明が、実は非常に難しいのです。なぜなら、UnityにはUIの機能がいくつも用意されているからです。主なものをざっと整理してみましょう。

IMGUI	もっとも古くからUnityに搭載されている即時モードのUIです。C#のコードで作成され、実行すればその場でUIが表示されます。UIを作るためのツールなどはなく、すべてコードで作成します。
Unity UI	ゲームオブジェクトをベースにして作成されたUIです。画面にオブジェクトを配置して作成できます。現在、おそらく一番広く利用されているものでしょう。
UI Toolkit	もっとも新しいUIツールです。XMLベースで作成されるUIです。専用ツールでデザインでき、XMLベースなのでプログラミングの知識がなくとも細かな編集ができます。まだ登場したばかりで、今後少しずつ改良されていくことでしょう。

　ここ数年の間、もっとも広く利用されていたのは「Unity UI」でしょう。これはゲームオブジェクトベースで作られているため、感覚的に非常に扱いやすいものです。しかし、新たに登場したUI ToolkitはXMLベースでUIを作成するため、格段にわかりやすくなっており、今後、急速に利用が広がっていくと予想されます。これからのことを考え、本書はもっとも新しい「UI Toolkit」を使うことにしましょう。

新しいシーンを用意しよう

では、UIの作成に入る前に、新しいシーンを用意しておきましょう。「ファイル」メニューの「新しいシーン」を選び、「Basic (URP)」テンプレートを選択してシーンを作成してください。作成後、「ファイル」メニューの「保存」を選んで、「SampleUIScene」という名前でシーンを保存しておきましょう。

図9-1 「Basic (URP)」テンプレートで新しいシーンを作る。

エディターウィンドウを作成する

では、UI Toolkitを利用してみましょう。UIToolkitは、「エディターウィンドウ」というアセットとして作成をします。「アセット」メニューの「作成」から、「UIツールキット」という項目の中にある「エディターウィンドウ」を選んでください。画面に作成のためのパネルが現れます。

この「C#」という項目に「SampleUI」と名前を入力し、「Confirm」ボタンをクリックしてください（その他の項目は自動で入力されます）。これでエディターウィンドウのファイルが作成されます。

図9-2 「エディターウィンドウ」メニューを選び、パネルに「SampleUI」と入力して作成する。

作成される3つのファイル

では、作成されたファイルを見てみましょう。エディターウィンドウを作ると、実際には3つのファイルが作成されます。

図9-3 作成された3つのファイル。

SampleUI.cs	C#のスクリプトです。これがプログラム本体になります。
SampleUI.uss	スタイル情報を記述したファイルです。
SampleUI.uxml	UI定義をXMLで記述したファイルです。

ussは、Webのcssファイルに相当するものです。基本は、csファイルとuxmlファイルとなります。これらのファイルを編集して、UIを作成していくのですね。

プレビュー表示

エディターウィンドウが作成されると同時に、「SampleUI」とタイトル表示されたウィンドウも開かれているはずです。これは、SampleUIのプレビューです。ここには、SampleUI.uxmlで作成されたUIが表示されます。

デフォルトでは、3行のテキストが表示されている（最後の行だけスタイルが設定されている）のがわかるでしょう。これらは、それぞれ「C#で表示したメッセージ」

図9-4 プレビューウィンドウで表示を確認する。

「XMLに記述したメッセージ」「スタイルを設定したメッセージ」のサンプルです。

SampleUI.uxmlとSampleUI.ussを書き換えると、リアルタイムにこのプレビューウィンドウの表示が更新されます。ここで表示を確認しながらUIを作成していけばいいわけですね。

Visual StudioでUIのファイルを確認する

では、作成されたファイルの中身をチェックしましょう。これはVisual Studio側で行います。エクスプローラーから「Assembly-CSharp」の「Assets」フォルダー内から

SampleUIの3ファイルを探して開いてみてください。

　SampleUI.csはC#のスクリプトなので、これは後回しにしましょう。まずは、uxmlの内容から見てみましょう。

リスト9-1 SampleUI.uxml

```xml
<?xml version="1.0" encoding="utf-8"?>
<engine:UXML
  xmlns:xsi="http://www.w3.org/2001/XMLSchema-instance"
  xmlns:engine="UnityEngine.UIElements"
  xmlns:editor="UnityEditor.UIElements"
  xsi:noNamespaceSchemaLocation="../../../UIElementsSchema/UIElements.xsd"
>
  <Style src="project://……SampleUI.ussの指定……" />
  <engine:Label text="Hello World! From UXML" />
  <engine:Label class="custom-label" text="Hello World! With Style" />

</engine:UXML>
```

　XMLがまったくわからない場合は「何をしているかわからない」と思うでしょうが、WebなどでXMLの知識がある人は、なんとなくやっていることがわかるのではないでしょうか。

UXMLの基本構造

　では、UIがどのように記述されているのか、その基本構造を見てみましょう。UI ToolkitのXMLは、「UXML」（Unity XML）と呼ばれます。XMLは通常、＜○○＞や＜/○○＞といったタグを組み合わせて記述をします。その基本的な構造を整理すると以下のようになります。

```xml
<?xml version="1.0" encoding="utf-8"?>
<engine:UXML …略…>
  <Style src="……ussの指定……" />

  ……ここにUIの内容を書く……

</engine:UXML>
```

　UMXLは、<engine:UXML>～</engine:UXML>というタグの中にすべてを記述します。最初に、<Style />というタグで、USS（Unity CSS）のスタイルシートファイルをリンクしています。その後に、UIの内容が記述されます。
　デフォルトでは、「ラベル」を表示するタグが用意されています。これは以下のようになっ

ています。

```
<engine:Label text="…表示テキスト…" />
```

　UIのタグは、<engine:タグ名 />といった形になっています。ラベルは、<engine:Label>というタグになります。これには、textという属性（要素にさまざまな情報を設定するためのもの）を用意します。ここにテキストを指定すると、それがラベルとして表示されます。
　表示テキストのスタイルを設定したい場合は、「class」という属性を用意します。サンプルでは、class="custom-label"というものが使われていました。これで、USSにある「custom-label」というクラス（C#のクラスとは別物です。まとまったスタイルを定義するもの）を割り当てているのです。

USSの基本構造

　続いて、USSファイルです。これはデフォルトで以下のような内容が記述されています。

リスト9-2 SampleUI.uss

```
.custom-label {
  font-size: 20px;
  -unity-font-style: bold;
  color: rgb(68, 138, 255);
}
```

　これも、WebなどでCSSを見たことがある人ならわかるでしょう。USSは、スタイルのクラスを定義するものです。クラスは、名前の後に{}という記号でスタイルの設定内容を記述して作ります。ここでは、.custom-labelという名前のクラスを定義していたのですね。
　ここでは、以下のようなスタイルを設定しています。

font-size	フォントサイズです。整数と単位を記述します。pxはピクセル数です。
-unity-font-style	Unity用のフォントスタイルを設定するものです。boldはボールドの指定です。
color	カラーの指定です。これは16進数で指定します。rgbというのは、色の値を生成する関数です。

　この他にもさまざまなスタイルが用意されていますが、基本は「スタイル名:値」という形になります。後は、必要に応じて使いたいスタイルを覚えていけばいいのですね！

UI Builderでデザインする

　UXMLとUSSの基本コードがわかったところで、実際にUXMLをデザインしてみましょう。デザインは、Unityに用意されているUXML専用のデザインツール「UI Builder」を利用して行います。これは、「プロジェクト」パネルからUXMLファイル（ここでは、SampleUI.uxml）のアイコンをダブルクリックして行います。

　ファイルを開くと新たなウィンドウが開かれます。これが「UI Builder」のウィンドウです。ここのウィンドウは、大きく3つのエリアで構成されています。

図9-5 UI Builderのウィンドウ。

◉ 左側のエリア

　USSのスタイルクラスと、UXMLのUI部品を管理します。また下部にはUI部品のライブラリがあり、ここから部品を選んで組み込みます。

◉ 中央のエリア

　上部の広いエリアは、UIをデザインするためのところです。ここにUI部品をドラッグ＆ドロップで配置し、位置や大きさなどを調整します。

　下部には、UXMLとUSSの現在の内容が表示されます。これでそれぞれのファイルの内容を確認できます。

● 右側のエリア

右側には、インスペクターが表示されます。配置したUI部品を選択すると、その設定内容がインスペクターに表示されます。ここで細かな設定内容を変更できます。

部品を配置し、設定する

UI BuilderによるUIデザインの流れは、整理すると以下のようになるでしょう。

1. 左側にあるライブラリからUI部品をドラッグし、中央のデザインエリアにドロップして配置する。
2. 右側のインスペクターで、配置したUI部品の設定を行う。
3. ファイルを保存し、プレビューウィンドウで表示を確認する。

この作業の繰り返しでUIをデザインします。「ライブラリ」「デザインエリア」「インスペクター」の使い方がわかれば、UIのデザインはそれほど難しくはありません。

スタイルを設定する

UI部品に割り当てたスタイルは、USSのファイルで設定しています。これはUXMLとは別ファイルですが、実はUI Builderのウィンドウで編集できます。

左側エリアの上部に「StyleSheets」という表示があり、そこに「.custom-label」といった項目が表示されていますね？　これが、USSファイルに記述されているスタイルクラスです。これをクリックして選択すると、右側エリアのインスペクターにその内容が表示されます。ここで設定内容を編集すればいいのです。

図9-6 スタイルクラスを選択すると、インスペクターで内容を編集できる。

サイズと色を変更する

では、インスペクターから「Text」という項目をクリックして展開表示してください。ここに、テキスト関係の主な設定がまとめられています。これを少し書き換えてみましょう。

- 「Size」は、フォントサイズです。デフォルトでは「20」になっていましたから、これを「24」にしてみます。
- 「Color」は、テキストの色です。色の表示部分をクリックしてカラーパレットを呼び出し、好みの色を選択しましょう。

これらを修正したら、Ctrlキー＋「S」キーでファイルを保存しましょう。これでプレビューを見れば、表示が反映されているのがわかります。

図9-7 インスペクターで、スタイルクラスの内容を変更する。

UIをシーンに配置する

UIデザインの基本的な流れがわかったところで、作成したデザインを実際にシーンに配置してみましょう。すでに新しいシーンは開いてありますね？ では、シーンにUIを追加しましょう。

UI Toolkitで作成したUIは、「UIドキュメント（UIDocument）」というゲームオブジェクトとしてシーンに組み込みます。「ゲームオブジェクト」メニューから、「UIツールキット」内の「UIドキュメント」メニューを選び、UIドキュメントをシーンに追加してください。

UIドキュメントは、何も表示されないゲームオブジェクトです。これ自体にUIが表示されるというわけではなく、これを組み込むことでシーンにUIの表示が追加されます。

 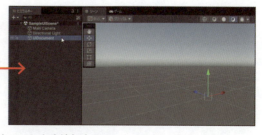

図9-8 「UIドキュメント」メニューでシーンにUIドキュメントを追加する。

375

ソースアセットを設定する

では、表示するUIを設定しましょう。配置したUIドキュメントを選択し、インスペクターを見てください。「UI Document」という項目があり、そこに「Source Asset」という設定が用意されています。これが、UIドキュメントで使うUIのアセットです。

図9-9 UIドキュメントのSource AssetにSampleUIを割り当てる。

この項目の◎アイコンをクリックし、現れたウィンドウから「SampleUI」を選択してください。これで、UIドキュメントにSampleUIが割り当てられます。

シーンを実行する

では、シーンを実行しましょう。すると、SampleUIの表示が画面の左上にSampleUI.uxmlに記述したUIが表示されます。スタイルの変更もちゃんと反映されているのが確認できるでしょう。

このように、UI Toolkitで作成したUIは、UIドキュメントのSource Assetに設定するだけで画面に表示できるようになるのです。

図9-10 実行すると、SampleUIのUIが画面に表示される。

ボタンを配置しよう

UIの作成から表示までひと通りできたところで、次の一歩として「ユーザーからの入力」について考えることにしましょう。ごく簡単なところで、「ボタンをクリックして何かする」ということをやってみます。

ボタンを作成する

では、UIにボタンを用意しましょう。左側エリアの下部にある「Library」から「Button」を探して、デザインエリアまでドラッグ＆ドロップしてください。これでボタンが配置されます。

9-1 UIを表示しよう

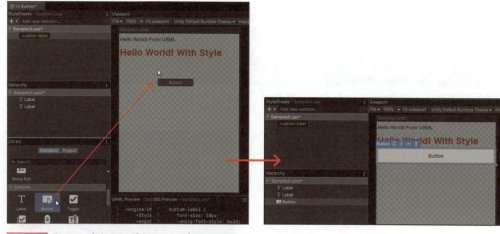

図9-11 Buttonをドラッグ＆ドロップして配置する。

名前をつける

続いて、スクリプト内からUIを扱うのに必要な名前の設定をしておきましょう。UIに配置してあるラベル（スタイルを設定してあるもの）を選択し、インスペクターで「MyLabel」と名前を設定してください。

続いて、作成したボタンを選択し、インスペクターで「MyButton」と名前をつけておきましょう。

図9-12 ラベルとボタンに名前をつけておく。

ボタンにスタイルを追加しよう

配置したままでは面白くないので、ボタンにもスタイルを設定しましょう。まず、SampleUI.ussにスタイルを作成します。エディターウィンドウの左側上部にある「StyleSheets」という項目の入力フィールドに、「.custom-button」とスタイルクラスの名前を入力してください（必ず、「.」で始まる名前にしてください）。そしてEnterキーを押すと、スタイルクラスが追加されます。

Chapter 9 ゲーム作りのテクを学ぼう：UIを覚えてゲームを作ろう

図9-13 「.custom-button」というクラスを追加する。

　作成した「.custom-button」というスタイルクラスを選択し、インスペクターで表示内容を設定します。先ほどのラベルと同様、SizeとColorを適当に設定しておきましょう。

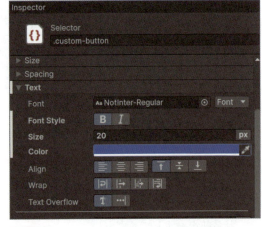

図9-14 .custom-buttonのスタイルを設定する。

スタイルをボタンに設定する

　スタイルクラスが用意できたら、これをボタンに設定しましょう。作成したボタンを選択し、インスペクターの「Stylesheet」内の「Style Class to List」というところにあるフィールドに「.custom-button」と入力し、「Add Style Class to List」ボタンをクリックします。これでボタンに.custom-buttonクラスが設定され、デザインパネルの表示にすぐさま反映されます。

図9-15 クラス名を記入し「Add Style Class to List」ボタンを押せばスタイルクラスがボタンに設定される。

UIを表示しよう | 9-1

SampleUI.csのスクリプト

では、スクリプトを書いて、ボタンをクリックした処理を作成してみましょう。SampleUIには、標準で「SampleUI.cs」というスクリプトファイルが用意されていました。これは一体、どういうものなのでしょうか。デフォルトで作成されているスクリプトを見てみましょう。

リスト9-3

```
using UnityEditor;
using UnityEngine;
using UnityEngine.UIElements;

public class SampleUI : EditorWindow
{
  [SerializeField]
  private VisualTreeAsset m_VisualTreeAsset = default;

  [MenuItem("Window/UI Toolkit/SampleUI")]
  public static void ShowExample()
  {
    SampleUI wnd = GetWindow<SampleUI>();
    wnd.titleContent = new GUIContent("SampleUI");
  }

  public void CreateGUI()
  {
    // Each editor window contains a root VisualElement object
    VisualElement root = rootVisualElement;

    // VisualElements objects can contain other VisualElement following ↵
      a tree hierarchy.
    VisualElement label = new Label("Hello World! From C#");
    root.Add(label);

    // Instantiate UXML
    VisualElement labelFromUXML = m_VisualTreeAsset.Instantiate();
    root.Add(labelFromUXML);
  }
}
```

なんだか難しそうな処理が書いてありますが、これは、実はUnityのシーンで動くスクリプトではありません。クラスのところを見ると、「EditorWindow」というクラスを継承していることがわかります。これは、エディターウィンドウのスクリプトなのです。エディターウィンドウというのは、画面に「SampleUI」というタイトルでUIが表示されていたプレビュー表示のウィンドウのことです。あのプレビューとして表示されていたウィンドウは、実はこのスクリプトで実行されていたのですね。

ここには2つのメソッドが用意されています。1つ目は、こういうものです。

```
[MenuItem("Window/UI Toolkit/SampleUI")]
public static void ShowExample()
```

不思議な記述がメソッド名の手前にありますが、これは「ウィンドウ」メニューの「UIツールキット」というところに用意される「SampleUI」というメニューを選んだときの処理です。ここで、プレビュー表示のエディターウィンドウに「SampleUI」という項目を用意していたのですね。

CreateGUIでUIを作る

もう1つの「CreateGUI」というメソッドは、SampleUI.uxmlからUIを作成してそれをエディターウィンドウに表示する処理を行っています。ここはちょっと難しいので、理解する必要はありません。やっていることをざっとまとめておきましょう。

1. VisualElementというエディターウィンドウクラスのインスタンスを得る。
2. Labelを作成し、VisualElementに追加する。
3. VisualTreeAssetというインスタンスからVisualElementを取得する。
4. VisualElementをエディターウィンドウのVisualElementに追加する。

まぁ、これだけでは「VisualElementって何だ？」「VisualTreeAssetって何？」といった疑問が次々と沸き起こるでしょう。ここでは「VisualElementはUIのインスタンス」「VisualTreeAssetはUIのツリー構造のためのインスタンス」と考えてください。こういうクラスを使ってUIは操作されているのです。

スクリプトを書き換える

では、SampleUI.csを修正して、ボタンをクリックしたらラベルの表示を変更するようにしてみましょう。以下のようにスクリプトを書き換えてください。

リスト9-4

```csharp
using UnityEditor;
using UnityEngine;
using UnityEngine.UIElements;

public class SampleUI : EditorWindow
{
  [SerializeField]
  private VisualTreeAsset m_VisualTreeAsset = default;

  private VisualElement root;

  [MenuItem("Window/UI Toolkit/SampleUI")]
  public static void ShowExample()
  {
    SampleUI wnd = GetWindow<SampleUI>();
    wnd.titleContent = new GUIContent("SampleUI");
  }

  public void CreateGUI()
  {
    root = rootVisualElement;
    VisualElement label = new Label("Hello World! From C#");
    root.Add(label);

    VisualElement labelFromUXML = m_VisualTreeAsset.Instantiate();
    root.Add(labelFromUXML);

    // ボタンを取得
    var myButton = root.Q<Button>("MyButton");

    // クリックイベントを登録
    myButton.clicked += OnButtonClicked;
  }

  private void OnButtonClicked()
  {
    Debug.Log("Button clicked!");
    var label = root.Q<Label>("MyLabel");
    label.text = "You clicked!!";
  }
}
```

修正したらファイルを保存し、シーンを実行してからプレビュー表示のウィンドウを見てください。そしてボタンをクリックしましょう。すると、メッセージの表示が「You clicked!!」に変わります。ボタンの機能がちゃんと動いていることがわかりますね。

図9-16 ボタンをクリックするとメッセージが変更される。

ボタンクリックのイベント処理

では、ボタンクリックの処理がどうなっているのかざっと見てみましょう。最初に、VisualElementというインスタンスを取り出します。

```
root = rootVisualElement;
```

エディターウィンドウでは、rootVisualElementというプロパティにVisualElementインスタンスが保管されています。これをrootに取り出しておきます。

続いてラベルの追加などを行った後、MyButtonのボタンを取り出します。

```
var myButton = root.Q<Button>("MyButton");
```

ボタンは、「Button」というクラスのインスタンスとして用意されています。これは、VisualElementにある「Q」というメソッドで取り出せます。<Button>で取り出すのがButtonインスタンスであることを指定し、()に取り出す要素の名前を"MyButton"と指定することで、MyButtonという名前のButtonインスタンスを取り出せます。

後は、これにクリック時のイベント処理を追加します。

```
myButton.clicked += OnButtonClicked;
```

Buttonには「clicked」というクリックイベントを管理するプロパティが用意されています。これにOnButtonClickedというメソッドを「+=」という記号に追加してやります。

OnButtonClickedメソッドでラベルを書き換える

では、ボタンクリックで呼び出しているOnButtonClickedというメソッドでは何を行っているのでしょうか。

まず、デバッグ情報のメッセージを出力しています。

```
Debug.Log("Button clicked!");
```

これを実行すると、コンソールにメッセージを出力できます。現在の状態のチェックなどに便利なので覚えておくとよいでしょう。単なるデバッグ用のものですから、この文は書かなくても問題ありません。

続いて、MyLabelのラベルを取得します。

```
var label = root.Q<Label>("MyLabel");
```

これも、root.Qを使って取得します。<Label>と指定してLabelインスタンスを取り出しています。そうやってLabelが得られたら、表示テキストを変更します。

```
label.text = "You clicked!!";
```

Labelの「text」というプロパティが、表示テキストを保管しているところです。これの値を変更すれば、ラベルの表示がその場で変わるのです。

こんな具合に、UIの操作は「操作するUIのインスタンスを取り出す」「インスタンスのプロパティを変更する」という形で行っています。

シーンでUIを実行しよう

これで、UIを操作する基本的なやり方はわかりました。けれど、作成したのはエディターウィンドウで動くものです。実際にシーンに表示されているUIを操作する場合はどうするのでしょうか。

これは、スクリプトファイルを作成して行います。ゲームオブジェクトを操作するスクリプトは、MonoBehaviourというクラスを継承するものとして作成し、ゲームオブジェクトにコンポーネントとして組み込みました。これをUIドキュメントに対して行えばいいのです。では、やってみましょう。

スクリプトファイル作成

「アセット」メニューの「作成」から「MonoBehaviourスクリプト」メニューを選び、C#スクリプトファイルを作成してください。名前は「SampleUIScript」としておきましょう。

図9-17 新たに「SampleUIScript」という名前でC#スクリプトファイルを作る。

「プロジェクト」パネルで、作成した「SampleUIScript.cs」をドラッグして、「ヒエラルキー」パネルかシーンにある「UIDocument」までドロップします。これでスクリプトがUIDocumentに組み込まれます。

スクリプトを記述する

では、スクリプトを作成しましょう。Visual Studioに切り替え、作成したSampleUIScript.csを開いてください。そして以下のように記述しましょう。

リスト9-5

```
using UnityEngine;
using UnityEngine.UIElements;

public class SampleUIScript : MonoBehaviour
{
  private void OnEnable()
  {
    // UI DocumentのルートVisualElementを取得
    var root = GetComponent<UIDocument>().rootVisualElement;

    // ボタンを取得
    var myButton = root.Q<Button>("MyButton");

    // クリックイベントを登録
    myButton.clicked += OnButtonClicked;
  }

  private void OnButtonClicked()
  {
    Debug.Log("Button clicked!");
    // ここに処理を記述
    var root = GetComponent<UIDocument>().rootVisualElement;
    var label = root.Q<Label>("MyLabel");
    label.text = "You clicked!!";
```

```
    }
}
```

　修正したらファイルを保存し、シーンを実行してみましょう。そしてシーンに表示されたボタンをクリックしてください。ちゃんとメッセージが変わります。

図9-18 シーンを実行する。ボタンをクリックするとメッセージが変わった！

UIDocumentからVisualElementを得る

　ここでは、「OnEnable」というメソッドに処理を用意しています。これは、このスクリプトが利用可能になった際に呼び出されるメソッドです。UIドキュメントを利用した処理は、Startメソッドなどではなく、このOnEnableを利用するのが基本です。

　ボタンのクリック処理を実装している部分は、先ほどのエディターウィンドウ用のスクリプトと同じです。唯一の違いは、「UIエレメントからVisualElementを取り出す」部分です。

　今回は、以下のようにしてVisualElementを取り出しています。

```
var root = GetComponent<UIDocument>().rootVisualElement;
```

　GetComponentというのは、前章でゲームオブジェクトからRigidbodyコンポーネントを取り出すのに使いましたね。今回も同じです。GetComponentで、<UIDocument>を指定してコンポーネントを取り出します。そして、そこからrootVisualElementプロパティの値を取り出せばいいのです。

　「UIDocumentからrootVisualElementを取り出す」ということがわかっていれば、どこでもUIをスクリプトで利用できるようになりますね！

Chapter 9　ゲーム作りのテクを学ぼう：UIを覚えてゲームを作ろう

Section 9-2 ミニゲームを作ろう！

迷路を駆け抜けろ！

　UIの使い方もわかり、もういつでもちょっとしたゲームは作れる程度の知識が身についたはずです。ただし、実はもう1つだけ覚えておかないといけないことがあります。それは、「アプリケーションのビルド」です。

　Unityで作ったゲームは、Unityのプロジェクトのまま配布することはありません。スマホやパソコンのアプリとして作成し配布するのが一般的です。これには「ビルド」という作業を行います。ビルドを実行することで、さまざまなプラットフォーム用のアプリを作成し、配布できるようになります。

　ただし、そのためには実際にゲームを作ってみないといけませんね。そこで、最後に簡単なゲームを作成し、それをビルドしてアプリにしてみましょう。

敵キャラを避けながらゴールを目指せ！

　今回作成するのは、シンプルな迷路ゲームです。キャラクターを操作し、迷路の中を歩き回ってゴールまでたどり着く、というものです。ただし、途中に行く手を遮る敵キャラも用意してあります。

　アプリを起動すると、まずスタート画面が現れます。ここでプレイボタンをクリックするとゲームが開始します。

図9-19　スタート画面。ここで「Play!!」ボタンをクリックするとゲームが始まる。

ゲームをスタートすると、プレイヤーの操作するロボットが迷路に着地します。プレイヤーは矢印キーを操作してロボットを動かし、ゴールを探してください。

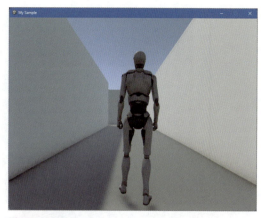

図9-20 迷路の中をロボットが歩き回る。

途中、2種類の敵キャラクターを用意してあります。1つはスフィア型のもので、プレイヤーに向かって転がってきます。もう1つは広い部屋の中を往復して動くキューブです。これらの敵キャラクターにプレイヤーが触れると、その時点でゲームオーバーとなり、スタート画面に戻されます。

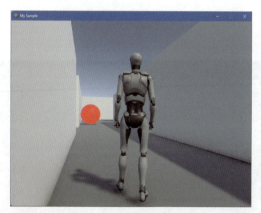 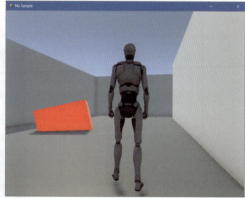

図9-21 敵キャラには転がってくるスフィアと動き回るキューブがある。

無事にゴールとなるスフィアまでたどり着いたら、ゲーム終了画面が現れます。

| Chapter 9 | ゲーム作りのテクを学ぼう：UIを覚えてゲームを作ろう |

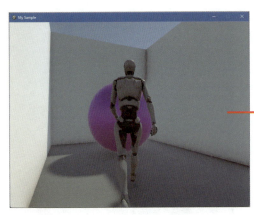 

図9-22 ゴールとなるスフィアに触れると、ゲーム終了の画面になる。

ゲームのシーンを作る

では、ゲームのシーンを作成しましょう。「ファイル」メニューの「新しいシーン」を選んでシーンを作成してください。例によって、「Basic (URP)」テンプレートを選択しておきます。作成後、「GameScene」という名前で保存をしてください。

床面を作る

では、シーンにゲームオブジェクトを作成していきましょう。まずは床面となる平面からです。「ゲームオブジェクト」メニューの「3Dオブジェクト」から「平面」を選んでシーンに作成してください。Transformは以下のように設定しておきます。

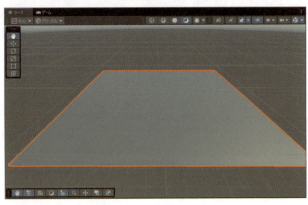

図9-23 平面を追加する。

位置	X=10, Y=-1, Z=10
回転	X=0, Y=0, Z=0
スケール	X=2, Y=1, Z=2

388

キューブで迷路を作る

続いて、キューブを配置して迷路を作成します。今回は、配置したキューブの大きさを縦横高さすべて2倍にしたものを縦横に配置して迷路を作ります。

以下に、配置する迷路の壁のキューブの位置情報を掲載します。Yの値はすべて「0」にします。またスケールは、X, Y, Zいずれもすべて「2」にしておきます。

■Z=0の列

1個目：X=0, Z=0	2個目：X=2, Z=0	3個目：X=4, Z=0
4個目：X=6, Z=0	5個目：X=8, Z=0	6個目：X=10, Z=0
7個目：X=12, Z=0	8個目：X=14, Z=0	9個目：X=16, Z=0
10個目：X=18, Z=0		

■Z=1の列

11個目：X=0, Z=2	12個目：X=8, Z=2	13個目：X=18, Z=2

■Z=2の列

14個目：X=0, Z=4	15個目：X=4, Z=4	16個目：X=8, Z=4
17個目：X=12, Z=4	18個目：X=14, Z=4	19個目：X=16, Z=4
20個目：X=18, Z=4		

■Z=3の列

21個目：X=0, Z=6	22個目：X=2, Z=6	23個目：X=4, Z=6
24個目：X=8, Z=6	25個目：X=12, Z=6	26個目：X=18, Z=6

■Z=4の列

27個目：X=0, Z=8	28個目：X=8, Z=8	29個目：X=18, Z=8

■Z=5の列

30個目：X=0, Z=10	31個目：X=4, Z=10	32個目：X=8, Z=10
33個目：X=10, Z=10	34個目：X=12, Z=10	35個目：X=18, Z=10

■Z=6の列

36個目：X=0, Z=12	37個目：X=4, Z=12	38個目：X=12, Z=12
39個目：X=18, Z=12		

■Z=7の列

40個目：X=0, Z=14	41個目：X=4, Z=14	42個目：X=8, Z=14
43個目：X=18, Z=14		

■Z=8の列

44個目：X=0, Z=16	45個目：X=4, Z=16	46個目：X=12, Z=16
47個目：X=18, Z=16		

■Z=9の列

48個目：X=0, Z=18	49個目：X=2, Z=18	50個目：X=4, Z=18
51個目：X=6, Z=18	52個目：X=8, Z=18	53個目：X=10, Z=18
54個目：X=12, Z=18	55個目：X=14, Z=18	56個目：X=16, Z=9
57個目：X=18, Z=18		

非常に数が多いので、間違えないようにしてください。最初にキューブを1つ作り、大きさやマテリアルなどを設定したら、後はそれをコピー＆ペーストして作成していくといいでしょう。

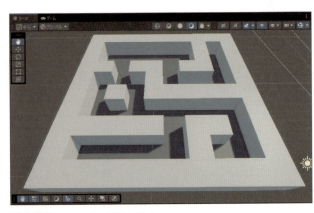

図9-24 キューブで迷路を作る。

迷路を作るスクリプト

でも、「1つ1つキューブを作れ」といわれても、はっきりいって、50個以上のゲームオブジェクトを作って並べていくのは苦行以外のナニモノでもありませんよね。「もっと便利な

ミニゲームを作ろう！ 9-2

方法はないのか？」と思った人のために、「迷路のキューブを自動生成するスクリプト」を掲載しておきます。

リスト9-6

```
using UnityEngine;

[ExecuteInEditMode]
public class CubeSpawner : MonoBehaviour
{
  // キューブを生成する位置を指定
  Vector3[] positions = new Vector3[]
  {
    // Z=0
    new Vector3(0, 0, 0), new Vector3(1, 0, 0), new Vector3(2, 0, 0),
    new Vector3(3, 0, 0), new Vector3(4, 0, 0), new Vector3(5, 0, 0),
    new Vector3(6, 0, 0), new Vector3(7, 0, 0),new Vector3(8, 0, 0),
    new Vector3(9, 0, 0),
    // Z=1
    new Vector3(0, 0, 1), new Vector3(4, 0, 1), new Vector3(9, 0, 1),
    // Z=2
    new Vector3(0, 0, 2), new Vector3(2, 0, 2), new Vector3(4, 0, 2),
    new Vector3(6, 0, 2), new Vector3(7, 0, 2), new Vector3(8, 0, 2),
    new Vector3(9, 0, 2),
    // Z=3
    new Vector3(0, 0, 3), new Vector3(1, 0, 3), new Vector3(2, 0, 3),
    new Vector3(4, 0, 3), new Vector3(6, 0, 3), new Vector3(9, 0, 3),
    // Z=4
    new Vector3(0, 0, 4), new Vector3(4, 0, 4), new Vector3(9, 0, 4),
    // Z=5
    new Vector3(0, 0, 5), new Vector3(2, 0, 5), new Vector3(4, 0, 5),
    new Vector3(5, 0, 5), new Vector3(6, 0, 5), new Vector3(9, 0, 5),
    // Z=6
    new Vector3(0, 0, 6), new Vector3(2, 0, 6), new Vector3(6, 0, 6),
    new Vector3(9, 0, 6),
    // Z=7
    new Vector3(0, 0, 7), new Vector3(2, 0, 7), new Vector3(4, 0, 7),
    new Vector3(9, 0, 7),
    // Z=8
    new Vector3(0, 0, 8), new Vector3(2, 0, 8), new Vector3(6, 0, 8),
    new Vector3(9, 0, 8),
    // Z=9
    new Vector3(0, 0, 9), new Vector3(1, 0, 9), new Vector3(2, 0, 9),
```

```
    new Vector3(3, 0, 9), new Vector3(4, 0, 9), new Vector3(5, 0, 9),
    new Vector3(6, 0, 9), new Vector3(7, 0, 9), new Vector3(8, 0, 9),
    new Vector3(9, 0, 9),
};

// Startメソッドでキューブを生成
private void Start()
{
  foreach (var position in positions)
  {
    CreateCube(position);
  }
}

// キューブを生成するメソッド
private void CreateCube(Vector3 position)
{
  GameObject cube = GameObject.CreatePrimitive(PrimitiveType.Cube);
  cube.transform.position = position * 2;
  cube.transform.localScale = Vector3.one * 2;
  Renderer renderer = cube.GetComponent<Renderer>();
  renderer.material.color = Color.white;
}
}
```

「アセット」メニューの「生成」から「MonoBehaviourスクリプト」を選んで「CubeSpawner」という名前でスクリプトを作成します。そして、このスクリプトを記述してください。

記述できたら、スクリプトをメインカメラにドラッグ＆ドロップして組み込みます。この段階で、57個のキューブが自動的に作成されます。

キューブができたことを確認したら、メインカメラに組み込まれたCubeSpawnerコンポーネントを削除して作業終了です。CubeSpawnerは、必ず削除してください。

プレイヤーを配置する

続いて、操作するプレイヤーのヒューマンモデルを用意しましょう。これは、先に使った「Starter Assets -Third Person」のロボットを使うことにしましょう。「プロジェクト」パネルで、「StarterAssets」フォルダー内の「ThirdPersonController」フォルダーの「Prefabs」フォルダーにある「PlayerArmature」プレファブをシーンに配置してください。Transformの値は以下のように設定しておきます。

位置	X=2, Y=-1, Z=16
回転	X=0, Y=180, Z=0
スケール	X=0.5, Y=0.5, Z=0.5

　スケールは、デフォルトの1.0のままでもいいのですが、迷路を大きく感じられるように2分の1の大きさにしておきました。

図9-25 PlayerArmatureをシーンに配置する。

メインカメラを組み込む

　続いて、メインカメラをPlayerArmatureの中に組み込みます。この中に組み込むことで、ロボットの動きに合わせてカメラも移動するようになります。

　「ヒエラルキー」パネルから、「Main Camera」の項目をドラッグし、「PlayerArmature」にドロップしましょう。これでPlayerArmatureの中に組み込まれます。

　PlayerArmatureの左側にある▶をクリックし、中を展開表示してください。そして、組み込んだ「Main Camera」を選択し、インスペクターからTransformを以下のように設定します。

位置	X=0, Y=1, Z=-2
回転	X=0, Y=0, Z=0
スケール	X=1, Y=1, Z=1

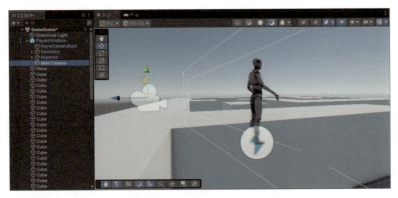

図9-26 Main Camera を PlayerArmature の中に組み込む。

ゴールを用意する

次は、ゴールとなるオブジェクトを用意しましょう。これはスフィアを利用することにします。スフィアを1つ作成し、適当なマテリアルを設定してから以下のように Transform を設定しましょう。

位置	X=16, Y=-0.5, Z=2
回転	X=0, Y=0, Z=0
スケール	X=1, Y=1, Z=1

設定後、インスペクターの「Sphere Collider」にある「トリガーにする」のチェックをONにしておきます。これは、このオブジェクトを「トリガー」というものに設定するものです。

トリガーというのは、「物」としてではなく、ある種のマーカーのようにゲームオブジェクトを利用するためのものです。トリガーにしたオブジェクトは物として

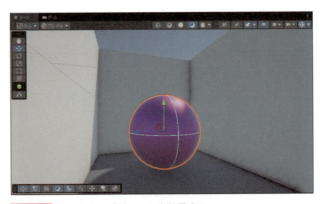

図9-27 ゴールのオブジェクトを設置する。

衝突せず、そのまま通過するようになります。そして他のオブジェクトがトリガーに接触すると専用のイベントが発生し、必要な処理を実行できるようになります。

動作を確認しよう！

　これで、迷路とプレイヤーの基本部分はできました。シーンを実行して、動作を確認しましょう。矢印キーでプレイヤーが迷路の中を動き回れます。もうこれだけで、ちょっとしたゲームをしている気分にはなりますね！

図9-28 プレイヤーで迷路の中を歩き回ってみる。

アニメーションで動く敵キャラを作る

　基本の「迷路とプレイヤー」ができたところで、後は敵キャラクターの作成ですね。ここでは2種類のものを作成します。1つは、アニメーションクリップを使って動き回る敵キャラです。

　では、キューブを1つ配置し、適当なマテリアルを設定してください。Transformは以下のように設定しておきます。

位置	X=16, Y=-1, Z=16
回転	X=0, Y=0, Z=0
スケール	X=1, Y=1, Z=1

　設定後、インスペクターから「Sphere Collider」の「トリガーにする」をONにしておきます。配置すると、半分、床にめり込んだような状態になってしまいます。普通なら、これは問題です。けれど、これはトリガーであり、物として触れたりすることはないのでまったく問題ないのです。

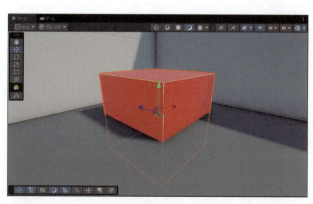

図9-29 キューブを1つ配置する。

アニメーションクリップを作る

続いて、「ウィンドウ」メニューから「アニメーション」内の「アニメーション」メニューを選んで、「アニメーション」ウィンドウを開きましょう。そして、作成したキューブを選択し、「アニメーション」ウィンドウ内の「作成」ボタンをクリックしてアニメーションクリップを作成します。名前は適当で構いません (「Cube1」など、自分でわかる名前なら何でも構いません)。

作成したら、「プロパティを追加」ボタンでTransformの「位置」と「回転」を追加します。

図9-30 アニメーションクリップを作成し、「位置」と「回転」のプロパティを追加する。

位置と回転は、それぞれキーフレームを使って動きを設定しておきます。これは、タイムラインからマウスで調整していくのは大変なので、直接キーフレームの値を入力して設定していくといいでしょう。

「アニメーション」ウィンドウの左上に並ぶ「プレビュー」の操作ボタンの右側に、フレーム数のフィールドがあります。この値を直接変更すれば、その位置に移動します。そのままプロパティの値を書き換えれば、その地点にキーフレームが作成されます。

では、設定するフレーム数の値を以下にまとめておきましょう。

■位置

0	X=16, Y=-1, Z=16
75	X=14, Y=-1, Z=14
150	X=16, Y=-1, Z=11
225	X=14, Y=-1, Z=7.5
300	X=16, Y=-1, Z=6
375	X=14, Y=-1, Z=7.5
450	X=16, Y=-1, Z=11
525	X=14, Y=-1, Z=14
600	X=16, Y=-1, Z=16

■回転

0	X=0, Y=0, Z=0
300	X=180, Y=180, Z=180
600	X=0, Y=0, Z=0

「回転」は、600フレーム（10秒）の間にゆっくりと一回転するようにしてあります。また位置は、左右に2の幅でジグザグに往復するようにしておきました。

図9-31 アニメーションクリップにキーフレームの値を設定していく。

設定できたら、アニメーションを実行してキューブが思ったとおりに動くか動作を確認しましょう。

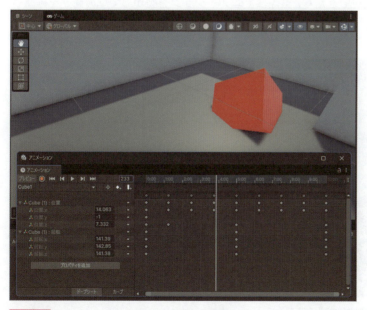
図9-32 アニメーションを実行して動きを確認する。

アニメーションで動く壁を作る

敵キャラではありませんが、よりゲームの難易度を高める工夫として「動く壁」を用意してみましょう。アニメーションを使い、壁が一定時間ごとに移動するようになったら、かなり面白くなりますね。

では、X=8, Z=14の位置にあるキューブを選択し、「アニメーション」ウィンドウの「作成」ボタンでアニメーションクリップを作成しましょう。名前は適当につけてください。そして、「プロパティを追加」ボタンでTransformの「位置」を追加しておきます。用意するキーフレームとその値は以下のようになります。

0	X=8, Y=0, Z=14
180	X=8, Y=0, Z=14
300	X=12, Y=0, Z=14
480	X=12, Y=0, Z=14
600	X=8, Y=0, Z=14

基本は、Xの値を操作して横に平行移動しているだけです。キーフレームの位置を調整し、「3秒停止したら2秒かけて次の位置に移動」という形で往復をしています。

キーフレームの設定ができたら、実際にアニメーションを動かして壁の動きを確認しておきましょう。

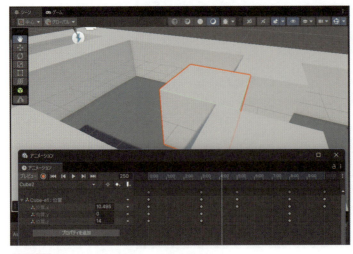

図9-33 キーフレームを設定して動く壁を作る。

スクリプトで動く敵キャラ

　もう1つ、スクリプトを使って動く敵キャラも作りましょう。スフィアを作成し、迷路の適当なところに配置し、何かマテリアルを設定しておいてください。配置したスフィアは、「コンポーネント」メニューの「物理」から「リジッドボディ」メニューを選んでリジッドボディを組み込んでおきます。「重力を使用」はONにしておきましょう。
　スクリプトは後で作成することにします。

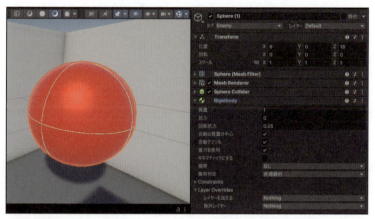

図9-34 スフィアを配置し、リジッドボディを組み込む。

タグを作成する

　これでゲームに必要な部品はひと通り揃いましたが、まだ足りないものがあります。それは「タグ」です。ゲームのスクリプトでは、他のオブジェクトと衝突したときの処理を作成します。このとき、相手が敵かどうかを判断できないといけません。またゴールにたどり着いたときも、やはり「接触したのはゴールかどうか」を判断できないといけません。
　こうした判断は、タグを使って行うのが一般的です。接触した相手のタグを調べ、それによって処理を行うようにするのです。

では、インスペクターの上部にあるタグの値から「タグを追加」メニューを選び、タグの管理画面を呼び出してください。そして、タグの一覧表示部分にある「+」を使って以下のタグを追加しておきます。なお、この「Floor」は8章で作成していますので、すでにある場合、作成は不要です。

図9-35 タグを追加する。

- Floor
- Enemy
- Goal

ゲームオブジェクトにタグを設定する

タグを作成したら、ゲームオブジェクトを選択してタグを設定しておきましょう。設定する必要があるのは以下のものです。

床となる平面	「Floor」タグ
ゴールのスフィア	「Goal」タグ
敵キャラすべて	「Enemy」タグ

その他のゲームオブジェクトは、特に設定する必要はありません。またPlayerArmatureにはデフォルトで「Player」タグが設定されているので、これはそのままにしておきましょう。

図9-36 ゲームオブジェクトを選択し、「タグ」のメニューからタグを選択しておく。

敵キャラのスクリプトを作成する

では、敵キャラのスクリプトを作成しましょう。「アセット」メニューの「作成」から「MonoBehaviourスクリプト」メニューを選び、「EnemyScript」という名前でファイルを作成してください。そして作成後、シーンに配置したすべての敵キャラのゲームオブジェクトに「EnemyScript」スクリプトをドラッグ＆ドロップして組み込んでください。

準備ができたら、Visual Studioを開き、EnemyScript.csのファイルを以下のように書き換えましょう。

リスト9-7
```
using UnityEngine;

public class EnemyScript : MonoBehaviour
{
  public GameObject Player;

  void Update()
  {
    Vector3 playerPos = Player.transform.position;
    Vector3 myPos = transform.position;
    Vector3 delta = (playerPos - myPos) * 0.01f;  // ☆
    GetComponent<Rigidbody>().AddForce(delta);
  }
}
```

ここで行っているのは、「プレイヤーの位置と自身の位置の差を計算し、AddForceで力を加える」という作業です。このあたりはベクトルの扱い方の話になりますが、ベクトルの値というのは、Unityでは四則演算できるのです。A地点からB地点を引けば、「BからAにかけてのベクトル」が得られます。これに必要に応じて調整の値を掛け算し、それをAddForceすれば、「BからAへむけて力を加える」ということができます。

プレイヤーを設定する

スクリプトを保存したら、まだやることがあります。Unityに戻り、スクリプトを設定した敵キャラのインスペクターから「Enemy Script（スクリプト）」の項目を見てみましょう。ここに

図9-37 「Enemy Script（スクリプト）」にある「プレイヤー」の項目にPlayerArmatureを設定する。

「プレイヤー」という設定が追加されています。

この項目の◎をクリックし、現れたウィンドウから「PlayerArmature」を探して選択してください。これで、スクリプトのPlayerという変数にPlayerArmatureのゲームオブジェクトが設定されます。

動作を確認しよう！

これで、プレイヤーの動きに応じて敵キャラのスフィアが転がって近づいてくるようになります。シーンを実行して動作を確認しましょう。ちゃんと敵キャラが近づいてくるようになりましたか。

転がってくるスピードが速すぎる、あるいは遅すぎる、というときは、☆マークの文の「0.01f」の値を増減して調整してください。値を大きくすればスピードは速くなり、小さくすると遅くなります。適度なスピードに調整しましょう。

スタートシーンを作ろう

後はプレイヤーに用意するメインプログラムを作るだけですが、その前に「ゲーム開始」と「ゲーム終了」のシーンを作成しておきましょう。

まずは、「ゲーム開始」のシーンからです。ここではタイトルとゲーム開始のボタンを用意し、クリックしたらゲームがスタートします。

では、最初にUI ToolkitでUIを作成しましょう。「アセット」メニューの「作成」から「UIツールキット」内の「エディターウィンドウ」メニューを選び、新しいUIを作成します。UIの名前は「GameStartUI」としておきます。

図9-38「エディターウィンドウ」メニューで「GameStartUI」という名前のUIを作る。

UIをデザインする

では、作成された「GameStartUI.uxml」をダブルクリックして開き、UIをデザインしましょう。今回は、ゲームのタイトル表示と、2つのボタンを用意します。

● タイトル表示

デフォルトで用意されているラベルを使えばいいでしょう。表示テキストを「Mini Game」のように変更し、適当なフォントサイズとカラーを設定しておいてください。

なお、デフォルトでは2つのラベルが用意されていますが、片方は使わないため削除しておきましょう。

● 1つ目のボタン

プレイ用のボタンです。「Play!」とテキストを表示しておきましょう。インスペクターで、ボタンの名前を「StartButton」に変更しておいてください。

● 2つ目のボタン

終了用のボタンです。「Quit」とテキストを表示しておきます。そしてインスペクターで「QuitButton」と名前を設定しておきましょう。

図9-39 ラベルと2つのボタンを用意する。

シーンを用意する

では、ゲーム開始のシーンを作りましょう。「ファイル」メニューの「新しいシーン」を選び、「Basic (URP)」テンプレートで新しいシーンを作成してください。シーンの名前は「GameStartScene」としておきます。

作成したら、「ゲームオブジェクト」メニューの「UIツールキット」から「UIドキュメント」を選んで作成します。

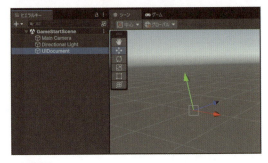

図9-40 UIドキュメントをシーンに作成する。

スクリプトを作って組み込む

続いて、スクリプトを作成します。「アセット」メニューの「作成」から「MonoBefaviourスクリプト」メニューでスクリプトのファイルを作ってください。名前は「GameStartScript」としておきます。作成後、シーンのUIドキュメントにスクリプトファイルをドラッグ＆ドロップして組み込んでおきます。

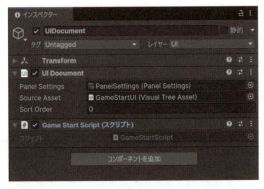

図9-41 GameStartScriptファイルを作成し、UIドキュメントに組み込んでおく。

では、Visual Studioに切り替えて、作成したGameStartScript.csを開きましょう。そして以下のようにスクリプトを記述してください。

リスト9-8
```
using UnityEngine;
using UnityEngine.SceneManagement;
using UnityEngine.UIElements;

public class GameStartScript : MonoBehaviour
{
    private void OnEnable()
    {
        // UI DocumentのルートVisualElementを取得
```

ミニゲームを作ろう！ 9-2

```
   var root = GetComponent<UIDocument>().rootVisualElement;

   // ボタンを取得
   var startbutton = root.Q<Button>("StartButton");
   var quitbutton = root.Q<Button>("QuitButton");
   // クリックイベントを登録
   startbutton.clicked += OnStartButtonClicked;
   quitbutton.clicked += OnQuitButtonClicked;

   // カーソルを表示
   UnityEngine.Cursor.lockState = CursorLockMode.None;
   UnityEngine.Cursor.visible = true;
 }

 private void OnStartButtonClicked()
 {
   Debug.Log("Start Button clicked!");
   SceneManager.LoadScene("GameScene");
 }
 private void OnQuitButtonClicked()
 {
   Debug.Log("Quit Button clicked!");
   Application.Quit(); // アプリを終了
 }
}
```

マウスポインタの設定

　OnEnableメソッドで行っている作業はいくつかあります。まず、ボタンクリックのイベント処理の登録。これは、すでに説明しましたね。その後にあるのは、マウスポインタの設定です。

```
UnityEngine.Cursor.lockState = CursorLockMode.None;
UnityEngine.Cursor.visible = true;
```

　マウスポインタは、UnityEngine.Cursorというクラスとして用意されています。「lockState」は、マウスポインタのロックに関するものです。アクションゲームなどでは、マウスポインタが表示されず操作できなくなっているものがありますね。あれが「ロックされた状態」です。

　スタート画面では、マウスで画面のボタンをクリックして操作するので、ロックされてな

Chapter 9 ゲーム作りのテクを学ぼう：UIを覚えてゲームを作ろう

い状態にしておく必要があります。lockStateの値をCursorLockMode.Noneにすると
ロックされていない状態になります。

また、「visible」はマウスポインタの表示を設定するものです。これをtrueにすることで、
マウスポインタが表示されるようになります。

シーンの表示

ボタンクリックで実行している処理は、いずれも簡単なものです。まず、
OnStartButtonClickedメソッドから。これは、「GameScene」シーンに移動するための
ものでしたね。

```
SceneManager.LoadScene("GameScene");
```

シーンの操作は「SceneManager」というクラスで行えます。「LoadScene」メソッドは、
引数に指定した名前のシーンをロードします。これにより、表示されるシーンが変更されま
す。

アプリの終了

もう1つのOnQuitButtonClickedメソッドで行っているのは、アプリケーションの終了
です。これは以下のように行っています。

```
Application.Quit();
```

「Application」クラスが、アプリケーションに関する操作をまとめたものになります。こ
の中の「Quit」を呼び出せば、アプリを終了します。

ここでいう「アプリ」とは、Unity本体のことではありません。プロジェクトをビルドして
作成したゲームのアプリケーションのことです。つまり、これで起動しているゲームアプリ
が終了できるのですね。

Unityのシーンの実行では、これを実行しても何も起こりません。

ゴールシーンを作ろう

続いて、ゴールまでたどり着いたら表示されるシーンを用意しましょう。これは、ゲームクリアの画面になります。

まず、UI ToolkitでUIを作成しましょう。「アセット」メニューの「作成」から「UIツールキット」内の「エディターウィンドウ」メニューを選び、新しいUIを作成します。UIの名前は「GameQuitUI」としておきましょう。

図9-42 GameQuitUIという名前でUIを作成する。

作成された「GameQuitUI.uxml」をダブルクリックして開き、UIをデザインします。今回は、ゲームクリアのメッセージとボタンを1つ用意します。

◉ メッセージ表示

デフォルトで用意されているラベルを使います。表示テキストを「Finished!!」のように変更し、適当なフォントサイズとカラーを設定しましょう。デフォルトで用意される2つのラベルのうち、使わない方は削除しておいてください。

◉ ボタン

アプリ終了のボタンです。「Quit」とテキストを表示し、インスペクターで、ボタンの名前を「QuitButton」と変更しておきます。

図9-43 GameQuitUI.uxmlを開いてUIを作成する。ラベルとボタンを用意する。

スクリプトを作って組み込む

UIができたら、スクリプトを作成しましょう。「アセット」メニューの「作成」から「MonoBefaviourスクリプト」メニューを選び、スクリプトファイルを作成します。名前は「GameQuitScript」とします。ファイルを作成したら、シーンのUIドキュメントにスクリプトファイルをドラッグ＆ドロップして組み込んでください。

図9-44 UIドキュメントにGameQuitScriptファイルを組み込む。

シーンが完成したら、Visual StudioでGameStartScript.csのスクリプトを作成します。以下のように内容を書き換えてください。

リスト9-9

```
using UnityEngine;
using UnityEngine.SceneManagement;
using UnityEngine.UIElements;

public class GameQuitScript : MonoBehaviour
{
  private void OnEnable()
  {
    // UI DocumentのルートVisualElementを取得
    var root = GetComponent<UIDocument>().rootVisualElement;

    // ボタンを取得
    var button = root.Q<Button>("QuitButton");
    // クリックイベントを登録
    button.clicked += OnButtonClicked;

    // カーソルを表示
    UnityEngine.Cursor.lockState = CursorLockMode.None;
    UnityEngine.Cursor.visible = true;
  }

  private void OnButtonClicked()
  {
```

```
        Debug.Log("Button clicked!");
        Application.Quit();  // アプリを終了
    }
}
```

　ここで行っていることは、GameStartScriptで行ったのと同じものですね。シーンの移動がなく、アプリの終了だけになっている点が違うだけです。先ほどのGameStartScriptの説明を読み返して内容を理解しておきましょう。

プレイヤーのスクリプトを作る

　これで、「ゲーム開始」「ゲーム画面」「ゲーム終了」と3つのシーンが用意できました。最後の最後に、GameSceneに配置してあるプレイヤーのオブジェクト（PlayerArmature）に組み込むスクリプトを作成します。

　「アセット」メニューの「作成」から「MonoBefaviourスクリプト」メニューを選び、スクリプトファイルを作成してください。名前は「PlayerScript」とします。作成したら、「GameScene」シーンを開き、配置されているPlayerArmatureにPlayerScript.csをドラッグ＆ドロップして組み込んでおきます。

図9-45 PlayerArmatureにPlayerScriptをコンポーネントとして組み込む。

　準備ができたら、Visual Studioに切り替え、スクリプトを作成しましょう。PlayerScript.csを開いて内容を以下のように記述してください。

リスト9-10
```
using UnityEngine;
using UnityEngine.SceneManagement;

public class PlayerScript : MonoBehaviour
{
    // 物理的接触イベント
    private void OnCollisionEnter(Collision collision)
    {
```

```
      Debug.Log(collision.gameObject.name);
      if (collision.gameObject.CompareTag("Enemy"))
      {
        Debug.Log("You are deaded...");
        SceneManager.LoadScene("GameStartScene");
      }
    }


    // トリガーイベント
    private void OnTriggerEnter(Collider other)
    {
      if (other.CompareTag("Enemy"))
      {
        Debug.Log("You are deaded...");
        SceneManager.LoadScene("GameStartScene");
      }
      if (other.CompareTag("Goal"))
      {
        Debug.Log("GOAL!! you are finished!!");
        SceneManager.LoadScene("GameGoalScene");
      }
    }
}
```

衝突時のイベント処理

　ここでは、2つのメソッドが用意されています。1つ目は「OnCollisionEnter」というものですね。このメソッドです。

```
private void OnCollisionEnter(Collision collision)
```

　これは前章で触れました。他のゲームオブジェクトと接触した瞬間に実行されるものでしたね。ここでは、敵キャラと接触したかどうかをチェックしています。

```
if (collision.gameObject.CompareTag("Enemy"))
```

　接触した相手のゲームオブジェクトは、collision.gameObjectで取り出せました。そして「CompareTag」は、そのゲームオブジェクトのタグが引数のものと同じかどうかをチェックするものです。これで、オブジェクトのタグが"Enemy"かどうかをチェックでき

ます。

Enemyだった場合は、デバッグ用のメッセージを出力し、SceneManagerを使って
GameStartSceneをロードします。

```
Debug.Log("You are deaded...");
SceneManager.LoadScene("GameStartScene");
```

これで、「敵キャラと接触したらゲーム開始シーンに戻る」という処理ができました。

トリガーとの接触

もう1つのメソッドは、「トリガーとのイベント」です。以下のようなメソッドが用意され
ていますね。

```
private void OnTriggerEnter(Collider other)
```

これは、トリガーと接触した際のイベントを処理するものです。トリガーにも、通常の
ゲームオブジェクトとの衝突判定と同様のメソッドが以下のように用意されています。

◉触れた瞬間に一度だけ実行される

```
void OnTriggerEnter(Collider other)
```

◉離れた瞬間に一度だけ実行される

```
void OnTriggerExit(Collider other)
```

◉触れている間、常に実行され続ける

```
void OnTriggerStay(Collider other)
```

注意したいのは、引数に渡されるのがCollisionではなく、「Collider」である、という点
です。Colliderは、コライダーのコンポーネントとなるクラスです。

コライダーですから、gameObjectでゲームオブジェクトを取り出したりはできません。
ただし、タグのチェックはColliderにあるメソッドで行えます。それを利用しているのが以
下のif文です。

◉ 敵キャラとの接触

```
if (other.CompareTag("Enemy"))
```

◉ ゴールとの接触

```
if (other.CompareTag("Goal"))
```

　このCompareTagも、GameObjectにあったCompareTagと働きは同じです。こんな具合に、接触した相手のタグが"Enemy"ならスタートシーンに戻し、"Goal"ならばゲーム終了のシーンに移動するようにしています。

　これで、必要なものはすべて用意できました。ただし！ まだプログラムは動きません。アプリ化するのに必要な設定が行われていないからです。このため、実行してもシーンの移動のところでエラーになってしまいます。動作確認は、もう少し待ってください。

ビルドの準備を行う

　最後の作業、「ビルド」のための準備を行いましょう。ビルドは、ただ「ボタンを押せばアプリを作る」というような単純なものではありません。事前にいろいろとやるべきことがあるのです。

エディターの処理を除去する

　最初に行っておきたいのは、「Unityのエディター側で動くスクリプトをすべて取り除く」という作業です。

　ビルドは、独立したアプリケーションとして動くプログラムを作成する作業です。これには、当たり前ですがUnityのエディターは含まれていません。したがって、エディター用のプログラムが含まれているとビルド時にエラーとなってしまいます。

　「Unityエディター用のプログラムなんて作っていないぞ？」と思った人。いいえ、作っていますよ。UI ToolkitでUIを作成した際、C#スクリプトのファイルが作成されましたね。こういうクラスが書かれているスクリプトです。

```
public class クラス名 : EditorWindow
```

　これは、UIのプレビューが表示されるウィンドウのためのスクリプトでした。このプレビューは、Unityのエディター機能の1つですから、アプリケーションをビルドする際には取り除かないといけません。

　Visual Studioに切り替え、UI Toolkitで自動作成されたスクリプト（EditorWindow

を継承したクラスが書かれているもの）を探して、すべて削除しましょう。「削除するのは不安だ」という人は、スクリプトの最初に「/*」を、最後に「*/」を追加してください。つまり、こうなるわけですね。

```
/*
……ここにスクリプトがある……
*/
```

　このようにして保存すると、すべてのスクリプトがコメントになり、動作しなくなります。こうしておけばビルドも問題なく行えます。

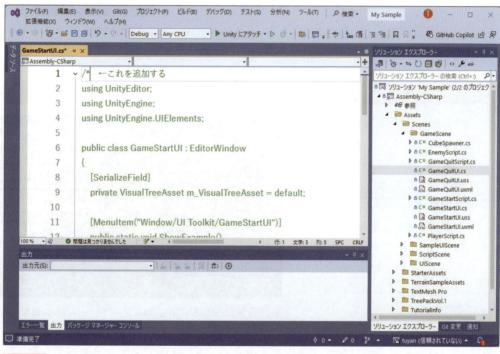

図9-46 Visual Studioで、UI Toolkitで自動生成されたスクリプトを開き、最初に/*を、最後に*/をつけて保存する。

Chapter 9 ゲーム作りのテクを学ぼう：UIを覚えてゲームを作ろう

ビルドプロファイルの設定

プロジェクトの準備が整ったら、ビルドに関する設定を行いましょう。この設定は「ビルドプロファイル」と呼ばれます。「ファイル」メニューから「ビルドプロファイル」を選択してください。これで設定のウィンドウが開かれます。

図9-47 「ビルドプロファイル」のメニューを選ぶ。

シーンリストを設定する

ウィンドウが開かれたら、左側にある項目のリストから「シーンリスト」というものをクリックして選択してください。現在、ビルドに追加されているシーンのリストが表示されます。

おそらく、デフォルトで用意されている「SampleScene」というシーンだけが追加されていることでしょう。

このシーンリストは、アプリ

図9-48 「シーンリスト」には、アプリケーションに追加するシーンが用意される。

ケーションに組み込むシーンを指定するものです。ここでシーンを追加すると、それがSceneManagerで管理できるようになります。ゲームの開始と終了のシーンを作成し、SceneManagerでこれらをロードする処理を作成しましたが、これが機能するためにはシーンリストにシーンが追加されていないといけないのです。

では、シーンを追加しましょう。「プロジェクト」パネルからシーンのファイルのアイコンをドラッグし、「シーンリスト」のリスト表示のところにドロップしてください。シーンが追加されます。これで「GameScene」「GameStartScene」「GameQuitScene」3つのシーンを追加しておきましょう。

図9-49 シーンリストに必要なシーンを追加する。

必要なシーンが用意できたら、不要なものを削除しておきます。アプリでは、SampleSceneは必要ありません。項目を右クリックし、「選択を解除」メニューを選ぶとシーンがリストから消えます。

削除したら、シーンの並び順を整えておきましょう。「GameStartScene」が一番上に来るように、項目をドラッグして並び順を入れ替えてください。この一番上にあるシーンが、アプリ起動時に表示されるシーンになります。

図9-50 不要なシーンを削除しておく。

ビルドの実行

シーンを用意できたら、ビルドを行います。これは、左側の項目のリストにある「プラットフォーム」という項目から、自分が使っているプラットフォームを選択して行います。Windowsならば、「Windows」の項目を選択してください。

ここに、ビルドに必要な設定がまとめられています。表示される項目は、先ほど設定したシーンリストと、「プラットフォーム設定」というものです。ここで必要な設定を行います。このあたりは今はよくわからないでしょうからデフォルトのままで問題ありません。

図9-51 ビルドの設定画面。これはWindowsのもの。

ビルドを行う

では、ビルドを行いましょう。表示の上部にある「ビルド」ボタンをクリックしてください。Windowsでは、ビルドを保存する場所を選択するダイアログが現れるので、適当なフォルダーを

図9-52 コンソールに出力されるメッセージでビルドの成功が確認できる。

選択しておきます。そして保存をすると、ビルドが実行されます。macOSの場合はアプリのファイル名を入力するとその名前でアプリが作成されます。

ビルドが完了すると、コンソールに「Build completed with a result of 'Succeeded'」といったメッセージが出力されます。これが確認できれば、ビルドは成功しています。

ビルドファイルを確認しよう

ビルドが完了したら、保存したフォルダーの中身をチェックしましょう。Windowsの場合、この中に「○○.exe」といった名前でアプリが保存されています。これがゲームのアプリになります。ただし、このEXEファイルだけあれば動くわけではありません。他に「アプリ名_data」フォルダー、「MonoBleedingEdge」フォルダー、「UnityPlayer.dll」ファイルなどが必要です。それ以外のファイルやフォルダーは、アプリの実行には影響ありません。

macOSの場合、.app形式でファイルが作成されます。アプリ単体が作成されるため、そのまま.appのアプリを配布できます。

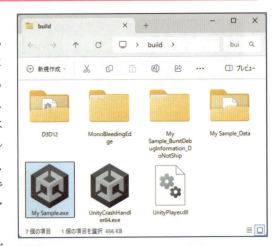

図9-53 Windowsでビルドすると複数のファイルやフォルダーが作られる。

ファイルを確認したら、実際にアプリを実行して動かしてみましょう。デフォルトでは、フル画面でアプリが起動するでしょう。

プラットフォームを追加する

Unityの最大の特徴は、マルチプラットフォームに対応している点です。デフォルトでは、自分が利用しているプラットフォームのビルドしか用意されていませんが、それ以外のものも後から追加できます。

では、実際に試してみましょう。ここでは例として、Webアプリとしてビルドしてみます。

図9-54 「Unity Hubでインストール」ボタンをクリックする。

ビルドプロファイルのウィンドウで、左側の「プラットフォーム」から「Web」という項目を選択しましょう。「モジュールWebはロードされていません」と表示されます。その下には「Unity Hubでインストール」というボタンが用意されます。これをクリックしてください。Unity Hubが起動します。

Unity Hubでインストールする

Unity Hubでは、「モジュールを加える」という表示が現れます。ここで、どのモジュールを追加するかを設定します。おそらく、「Web」のモジュールは開いた段階でONになっているでしょう（もしなっていなければONにしてください）。その他のプラットフォーム用のモジュールも、必要ならここでONにすれば一緒に追加できます。

追加する項目のチェックをONにしたら、「インストール」ボタンをクリックすればモジュールのインストールが実行されます。

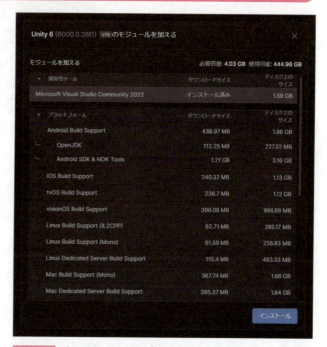

図9-55 インストールするプラットフォームのモジュールをONにする。

プラットフォームを切り替える

インストールが完了したら、一度Unityを終了し、再起動してプロジェクトを開きましょう。そして「ビルドプラットフォーム」メニューを選び、「Web」を選択し

図9-56 「ターゲットの切り替え」ボタンをクリックする。

てください。すると、今度はWebのビルド設定が表示されるようになります。ただし、まだ使えません。

Webアプリとしてビルドする場合は、右上にある「ターゲットの切り替え」ボタンをクリックしてください。これで、Webプラットフォームビルド対象として設定されます。

ターゲットの切り替えにはしばらく時間がかかります。待っていると、やがて切り替えが完了し、左側のプラットフォームのリストに表示されている「Web」の項目に「有効」というマークが表示されます。これでWebアプリへのビルドが行えるようになりました。

特定のプラットフォームへのビルドは、このように「プラットフォームをターゲットに切り替え、有効になったらビルドを実行する」という流れになります。

図9-57 「Web」が有効になり、ビルドが可能になった。

ビルドして実行

Webアプリの場合、ビルドして生成されたファイルの中にindex.htmlが用意されており、これにWebブラウザからアクセスすることでアプリが起動します。ただし！ ただindex.htmlをWebブラウザで開いても動作はしません。動かすには、WebサーバーにWebアプリのファイルをデプロイし、Webブラウザからアクセスしないといけません。

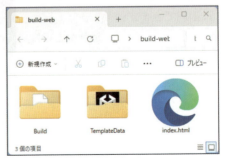

図9-58 Webアプリとしてビルドされたファイル。Webブラウザからindex.htmlにアクセスする。

その場で動作確認をしたい場合は、ビルドプロファイルの「Web」画面にある「ビルドして実行」ボタンを利用しましょう。これをクリックすると、Webアプリをビルドした後、Unityに搭載されているテスト用サーバーが起動し、Webブラウザでwebアプリが開かれます。Webアプリであるため、「Quit」ボタンは動作しませんが、ちゃんとゲーム自体はプレイできます。思った以上に動作も快適で、とてもWebで動いているとは思えないでしょう。

図9-59 「ビルドして実行」ボタンで、Webアプリが開く。

図9-60 Webブラウザでゲームを動かす。問題なく遊べる！）

完成したら動作をチェック！

さあ、これですべて完成しました。作成されたアプリを実行し、動作を確かめましょう。チェックすべき事柄は以下のようなものです。

- スタート画面のボタンをクリックしたらゲームを開始するか？
- ゲーム中のプレイヤーの動きに問題はないか？
- 敵キャラと接触したらゲーム開始画面に戻るか？
- ゴールと接触したらゲーム終了の画面に移動するか？

これらをひと通りチェックし、問題なく動くことを確認しましょう。敵キャラとの接触は、配置したすべての敵キャラについて確認をしてください。

ゲームを調整しよう

　動作が問題ないとしても、それで終わりではありません。ゲームの調整が必要です。ゲームの調整とは、例えばこのようなことです。

- 敵キャラの動き（動くスピードなど）はどうか。もっと速く、あるいは遅くしたほうがゲームとして面白くなるのでは？
- アニメーションで動く敵キャラの動きは？　アニメーションの動きをもっと大きくしたり、速くしたほうが難易度も上がって遊べるのでは？
- 動く壁は、1箇所だけでいい？　他にもいくつか同じような仕掛けを用意したほうが、より迷路が複雑になって楽しめるのでは？

　こうしたことを考えながら、ゲームを調整してください。ゲームは「全部問題なく動いたら完成」ではありません。「もっと楽しめるようにするためにはどうしたらいいか」を常に考えるようにしましょう。

バージョンアップを考えよう

　これらがひと通りできて「これで完成だ！」となっても、まだ終わりではありません。今回のアプリはこれで完成としても、さらにもっと改良したニューバージョンの開発の検討をするべきでしょう。例えば、こんなことが考えられますね。

- 迷路を見直す。もっと大きく複雑にする。
- 動く壁やアニメーションする敵を増やす。また第3のまったく新しい敵を考える。
- スコアを用意する。例えば経過時間を調べ、残り時間がスコアになる？　タイム・アウトしたらゲームオーバー？
- 敵キャラに接触したら即終わりではなく、例えばパワーゲージを用意し、触れたらパワーが減り、ゼロになったらゲームオーバーにする、などの方法にしては？
- ゲームのスタート画面、終了画面を再検討する。スタート画面にアニメーションなどを用意してビジュアルを考える？　ゲームオーバーとクリアの3種類の終了画面を用意する？　終了画面にはハイスコアを表示する？

　こうやって、「もっと面白く、もっと遊べるようにするにはどうしたらいいか」を考えましょう。もちろん、それらのアイデアを実行するには、もっともっとUnityを学ぶ必要があります。C#のプログラミング技術ももっと腕を磨く必要があるでしょう。
　ゲームの完成は、そこで終わりではありません。それは「始まり」なのです。あなたの「ゲーム開発者としてのキャリア」のスタートに、乾杯！

あとがき

　この本の中でずいぶんとたくさんのことを説明して来ました。あまりに次々と新しいことが出てくるので、とても覚えきれない！と思った人も多かったことでしょう。

　けれど、この本で皆さんに教えたかったことは、実はそうたくさんあるわけではありません。すべて整理して一文にまとめるなら、こういうことです。

　「何かを自分の手で作るということは何ものにも代えがたいほどに素晴らしい！」

　これさえしっかりとわかっていれば、後は何も不安はありません。覚えきれなくてほとんど頭に残ってない？　大丈夫。書いてあることがちっともわからなかった？　心配なし。この先、続けられるか不安？　いいえ、全然、まったく、何も問題ありません。

　知識や技術。それらは、誰だって簡単に身につくものではありません。今、Unityをすらすらと使いこなしている人だって、それまでの長い学習期間があればこそ、今があるのです。人によっては、同じ技術でも身につけるのに時間がかかる人もいるでしょう。しかし「簡単にマスターできる」人などいません。だから、この本を読んだだけでUnityをマスターできないのは当たり前です。

　むしろ、「ここからがスタート」なのです。本書で覚えるべきは、細々とした知識ではありません。「Unityを使ったゲーム開発というのはどんなものか」という、全体像をつかむことです。Unity開発の全体像が見えていれば、何かを学んでいる時も、「今、自分は何をしているのか、それは何のためのものか」がわかります。それがわかっていれば、学習もそう大変ではありません。本当に苦しいのは、先の見えない学習を続けることなのです。

　だから、「読み終えたけど、結局、何も身についてない気がする」というのは、全然心配ないのです。「さぁ、これでスタートラインに立てたぞ」ぐらいに考えて下さい。後は、走り出すだけ。中には短距離走で全力疾走する人も、マラソンと思って自分のペースで走る人も、日本縦断の気分でのんびりと歩き出す人もいるでしょう。それぞれ、自分のペースでスタートすればいいのです。あなたのゴールに向けて。

2025.2　掌田津耶乃

Index 索 引

記号・数字

-unity-font-style	372
3Dオブジェクト	31

A

Absolute	169
Add	176
Add Detail Mesh	209
AddForce	356
Additive	142
Alpha	141
Animator	309
AO密度	226
Application	406

B

Base Color	171
Base Map	236
Bend Factor	221
Blend Tree	313
BlendTree Parameters	316
Branch Group	226
Brush Masks	195
Built-In Render Pipeline	98

C

C#	322
class	330
Collider	48, 289
Collision	364
Combine	180
CompareTag	410
Cosine Time	169
Cursor	405
CursorLockMode	405

D

Debug.Log	383
Debug.LogError	355
Default Renderer	108
Delta Time	169
Destroy	365

D

Directional Light	30

E

Edit Glass Texture	207
EditorWindow	412
else	355
engine:Label	372
engine:UXML	371
Exponential	94
Exponential Squared	94

F

float	336
Foliage Mode	202
font-size	372
forward	344
FOV	107
FOV軸	107
Fragment	171

G

gameObject	365
GetComponent	354
GetKey	350
GetMouseButton	359
GetMouseButtonDown	359
GetMouseButtonUp	359
Global Volume	30

H

Halo	100
HDRP	99
High Definition Render Pipeline	99

I

if	355
IMGUI	368
Import Unity Package	192
Input	350

| 索 引 | Index |

K
KeyCode............................350

L
Lens Flare...........................101
Linear...............................94
Lit................................130
Litシェーダーグラフ...................164
LoadScene..........................406
LOD品質............................226

M
Main Camera.....................29, 104
Material Mode......................197
Materials............................45
MenuItem..........................380
Mesh Filter..........................43
Mesh Renderer.......................45
Metallic........................127, 135
Microsoft Visual Studio.............327
Microsoft Visual Studio Community 2022.....12
MonoBehaviour.....................330
MonoBehaviourスクリプト...........325
MoveTowards......................347
Multiply........................143, 175

N
NaNを停止..........................109

O
OnCollisionEnter...................364
OnCollisionExit.....................364
OnCollisionStay....................364
OnTriggerEnter.....................411
OnTriggerExit.......................411
OnTriggerStay......................411
Opacity............................195
Opaque........................127, 139
Open Shader Editor.................165
Optimized Bark Material............218
Optimized Bark Material(Material).........232
Optimized Leaf Material............218
Optimized Leaf Material(Material)..........235
Overlay Menu........................26

P
Package Manager....................191

Paint Details........................203
Paint Holes.........................194
Paint Texture.......................197
Paint Texture Settings...........197, 199
Particle Effect......................263
Particle System.....................267
PlayerArmature.....................307
position...........................347
Position...........................176
Premultiply........................142
public.............................330

Q
Q.................................382
Quit...............................406

R
Rigidbody.......................288, 354
Rise or Lower Terrain...............194
Root Node.........................226
rootVisualElement..................382
Rotate............................340

S
SceneManager......................406
Sculpt Mode.......................194
Set Height......................194, 196
Shader............................125
Sine Time..........................169
Size...............................195
Smooth Delta......................169
Smooth Height.....................194
Specular.......................127, 136
SpeedTree8_PBRLit..........218, 233, 235
Split..............................179
SRP...............................99
Stamp Terrain.....................194
Start..............................331
Starter Assets - ThirdPerson 300
StyleSheets........................374

T
Terrain Sample Asset Pack..............189
Terrain Tools.......................194
Terrain(地形)......................193
Time..............................168
transform.........................336

423

Index 索引

Transform......................................42
Transition....................................258
Translate.....................................336
Transparent..............................127, 139
Tree Collection Pack..........................214
Tree Prefab...................................221

U

UI Builder....................................373
UIDocument....................................375
UI Toolkit....................................368
UIツールキット..................................369
UIドキュメント..................................375
Uninitialized.................................111
UnityEngine...............................330, 405
Unity Hub.......................................6
Unity Personal..................................5
Unity UI......................................368
Unityアカウント..................................8
Unityエディター.................................10
Universal 3D...................................98
Universal 3D」..................................15
Universal Render Pipeline......................98
Update..331
URP...98
using...330
uxml..370

V

Vector3...................................344, 346
VisualElement.................................380
VisualTreeAsset...............................380

Z

zero..350

あ行

アクションを停止................................270
アクティブ状態を切り替える......................115
アセットストア..................................186
アニメーション..................................243
アニメーションクリップ..........................240
アニメーションコントローラー....................256
アバター...................................254, 309
アルファクリッピング............................128
アンカーオーバーライド...........................47
アンチエイリアス................................108

アンビエントオクルージョン......................226
移動ツール......................................33
インスタンス...................................337
インスペクター...................................21
枝グループ.....................................226
エミッター速度による生存制限....................266
エミッター速度モード............................270
エリアライト....................................81
オーバーレイ...............................26, 118
オクルージョンカリング..........................109
オクルージョンマップ............................162

か行

外径...79
開始時の3D回転..................................269
開始時の3Dサイズ................................269
開始時の生存時間................................268
開始速度.......................................269
開始の遅延.....................................268
解像度...72
回転ツール......................................34
角度減衰.......................................288
影を受ける.....................................128
影をレンダリング................................109
カプセル.......................................52
カリングマスク..............................70, 109
カリングモード.............................255, 270
環境...89
環境ライティング................................92
環境リフレクション...............................93
間接の乗数......................................69
キーを追加.....................................245
ギズモ...33
キネマティックにする............................288
キューブ.......................................31
鏡面..136
クアッド.......................................58
クッキー.......................................69
クラス..330
グラフインスペクター............................167
クリップ面.....................................107
グループシード.................................227
グローバルイルミネーションに影響................46
継承..331
継続時間.......................................268
ゲーム...20
ゲームエンジン..................................2

| 索 引 | Index |

ゲームオブジェクト............................32
ゲーム開始時に再生..........................270
言語パック..12
更新モード......................................255
剛体..286
コライダー..................................48, 289
コンソール..21
コントローラー............................254, 309
コントロールポイント.........................249

さ行

サーフェスオプション..................125, 127
サーフェスタイプ..............................127
サーフェス入力..........................125, 128
サイクルオフセット...........................256
最大パーティクル数..........................270
サブエミッター................................266
シーン..19
シーンリスト...................................414
シェーダー......................................123
シェーダーエディター........................165
シェーダーグラフ.............................163
ジェネリクス...................................355
時間をループ...................................255
事前準備..268
質量..288
自動テンソル...................................288
自動の質量の中心.............................288
自動ランダムシード..........................270
シミュレーション空間........................269
シミュレーション速度........................269
地面オフセット................................226
重力ソース......................................269
重力モディファイア...........................269
重力を使用......................................288
樹木..224
樹木シード......................................226
詳細マスク......................................208
衝突時の弾性処理モード.....................297
衝突時の摩擦処理モード.....................297
衝突判定..................................288, 360
シリンダー.......................................54
深度テクスチャー.............................109
スカイボックス............................88, 111
スカイボックスマテリアル.....................90
スクリプタブルレンダーパイプライン.........99
スケーリングモード...........................269

スタック..110
スフィア..50
スペキュラーマップ..........................137
スポットライト..................................78
制御構文..355
静止摩擦..297
生存期間の外力................................266
生存時間の速度................................266
生存時間の速度制限..........................266
成長角度..227
成長スケール...................................227
静的オブジェクト...............................84
静的シャドウキャスター.......................46
接触を生成......................................290
遷移..258
線形減衰..288
総称型..355
速度を継承......................................266
ソフトシャドウ..................................71
ソフトシャドウ品質............................72
ソリッドカラー.................................111

た行

ターゲットディスプレイ......................115
ターゲットの切り替え........................418
タイプ..67
太陽光源...89
タイリング......................................151
タグ..39
弾性力..297
地形レイヤー...................................197
ツールバー.......................................18
強さ..69
強さ定数...92
ディザリング...................................109
ディテール入力................................125
ディレクショナル...............................74
テクスチャーシートアニメーション.........266
テクスチャータイプ...........................157
デルタタイム...................................269
投影方法..106
透視投影..106
動的オクルージョン............................48
動摩擦..297
ドープシート...................................248
トリガーにする..........................290, 394

425

Index 索引

な行

内径	79
名前空間	330
なめらかさ	136
ニアクリップ面	72
ノード	168

は行

バースト	275
パーティクル	263
パーティクルエフェクト	272
パーティクルシステム	261
ハードシャドウ	71
バイアス	72
背景タイプ	111
ハイトマップ	160
葉グループ	230
パラメーター	315
ハロー	97
ヒエラルキー	19
比較演算	356
ビジュアルスクリプト	322
ビューツール	28
ビューポート矩形	117
ビルドプロファイル	414
フィルターと温度	69
フォグ	93
物理演算	284
物理カメラ	108
物理マテリアル	295
物理をアニメーション化する	255
不透明テクスチャー	109
ブラックボード	166
プラットフォーム設定	415
フレーム	332
プレファブ	210
ブレンドツリー	313
ブレンドモード	141
プローブ	46
プロジェクト	14, 20
プロパティ	173
ベイク	83
ベイクした影の角度	71
平行投影	106
平面	55
ベースマップ	128
変数	336

ま行

マスタースタック	166
マテリアル	45, 122
メインプレビュー	167
メタリック	135
メタリックマップ	135
メッシュ	44
メッシュフィルター	43
メッシュレンダラー	45
モーションベクトル	47
モード	68

や行

有効視野	107
優先度	109, 114

ら行

ライティング	85
ライトの色合い	68
ライトプローブ	47
リアルタイムシャドウ	71
リアルタイムのシャドウカラー	91
リジッドボディ	286
リングバッファモード	270
ルートモーションを使用	254
ループ	268
ループをポーズ	255
レイヤー	41
レンズフレア	101
レンダータイプ	105
レンダーパイプライン	99
レンダー面	127
レンダラー	108
レンダリングレイヤーマスク	48

わ行

ワークフローモード	127

ポイント行（ま行上部）

ポイントライト	75
放出	68, 80, 275
放出マップ	143
法線マップ	156
補間	288
ポストプロセス	103, 108
ポリゴン	56

プロフィール

掌田　津耶乃(しょうだ　つやの)

　日本初のMac専門月刊誌「Mac+」の頃から主にMac系雑誌に寄稿する。ハイパーカードの登場により「ビギナーのためのプログラミング」に開眼。以後、Mac、Windows、Web、Android、iPhoneとあらゆるプラットフォームのプログラミングビギナーに向けて書籍を執筆し続ける。

近著

「Angular超入門 第2版」(秀和システム)

「次世代AIモデルプログラミング入門」(ラトルズ)

「作りながら学ぶWebプログラミング実践入門 改訂版」(マイナビ出版)

「React.js 超入門」(秀和システム)

「ChatGPTで学ぶNode.js&Webアプリ開発」(秀和システム)

「Python in Excelではじめるデータ分析入門」(ラトルズ)

「ChatGPTで学ぶJavaScript&アプリ開発」(秀和システム)

Webプロフィール

https://gravatar.com/stuyano

ご意見・ご感想

syoda@tuyano.com

カバーデザイン：ツヨシ＊グラフィックス　下野ツヨシ

見てわかる
Unity 6 超入門

| 発行日　2025年　3月10日 | 第1版第1刷 |

著　者　掌田　津耶乃

発行者　斉藤　和邦
発行所　株式会社　秀和システム
　　　　〒135-0016
　　　　東京都江東区東陽2-4-2　新宮ビル2F
　　　　Tel 03-6264-3105（販売）Fax 03-6264-3094
印刷所　株式会社シナノ

©2025 SYODA Tuyano　　　　　　　　　Printed in Japan
ISBN978-4-7980-7432-0 C3055

定価はカバーに表示してあります。
乱丁本・落丁本はお取りかえいたします。
本書に関するご質問については、ご質問の内容と住所、氏名、
電話番号を明記のうえ、当社編集部宛FAXまたは書面にてお送
りください。お電話によるご質問は受け付けておりませんので
あらかじめご了承ください。